氢基质生物膜反应器及其去除水中氧化性污染物研究

Hydrogen-based Membrane Biofilm Reactor and Its Research on Removing Oxidative Pollutants in Water

李海翔　董　堃　周礼杰　姚　毅　徐宇峰　著

中国环境出版集团·北京

图书在版编目（CIP）数据

氢基质生物膜反应器及其去除水中氧化性污染物研究 / 李海翔等著. -- 北京 : 中国环境出版集团, 2025. 5.
ISBN 978-7-5111-6265-6

Ⅰ. X7

中国国家版本馆 CIP 数据核字第 2025P4N047 号

责任编辑 殷玉婷
封面设计 宋 瑞

出版发行 中国环境出版集团
（100062 北京市东城区广渠门内大街 16 号）
网 址：http://www.cesp.com.cn
电子邮箱：bjgl@cesp.com.cn
联系电话：010-67112765（编辑管理部）
发行热线：010-67125803，010-67113405（传真）

印 刷 北京中科印刷有限公司
经 销 各地新华书店
版 次 2025 年 5 月第 1 版
印 次 2025 年 5 月第 1 次印刷
开 本 787×1092 1/16
印 张 13
字 数 270 千字
定 价 75.00 元

前言

随着工业化和城镇化的飞速发展，饮用水中氧化性物质的污染越来越严重，已对人们的身体健康造成威胁。因此，从饮用水中去除这些有毒的氧化性物质逐渐引起人们的重视。近年来，我国持续强化氧化性污染物治理力度，水体中的氧化性污染物已取得了很好的控制效果。传统的氧化性物质去除方法（如离子交换、化学还原、物理吸附、反渗透电渗析）存在运行成本高、能耗大、易产生二次污染和后续浓缩液处理的问题，利用传统生物法去除污染物的效率较低。鉴于此，氢自养反硝化菌利用 H_2 作为电子供体还原水中氧化性污染物的技术受到越来越多人的关注。在适宜的条件下，H_2 可以以无泡扩散的形式穿过气透膜，从而达到良好的气体传质效果。将微孔膜曝气和氢自养还原工艺结合产生的一种用于处理氧化性物质的崭新技术——氢基质生物膜反应器（Hydrogen-based Membrane Biofilm Reactor，H_2-MBfR），将会成为今后的研究热点。当前，基于 H_2-MBfR 的饮用水氧化性污染物处理技术已在美国、日本、韩国等国家中展开了初步研究，并越发受到关注。国内已有许多试验研究和中试应用在采用 H_2-MBfR 处理含氧化性污染物的废水中达到了显著效果，但国内有关此类新型生物反应器的研究报道仍较为匮乏。由于 H_2 具有洁净、无毒、无污染、无滞留、生物产率低等优点，其作为电子供体还原饮用水中的氧化性物质的氢自养工艺近年来备受关注。

H_2-MBfR 是氢自养生物膜结合中空纤维膜曝气的新型生物膜技术，氢自养还原菌附着于中空纤维膜外表面，利用膜腔中扩散的 H_2 去除散装液体中的污染物（如高氯酸盐、硝酸盐和溴酸盐等）。因此，H_2-MBfR 具有以下特征：①利用无机碳源，无须投加外源有机碳，不产生二次污染。②双向底物传质，气态底物从中空纤维膜膜腔无泡扩散至生物膜区域，而污染物则从相反的散装液体中扩散，使其具有高效的气体传输特性和高效削减污染的特性。相较于传统的（同步扩散）生物膜反应器，其对污染物的去除效率能提高数倍。③鉴于 H_2 不会对饮用水造成二次污染，这一技术为饮用水中氧化性物质的处理及修复开辟了一条高效且清洁的途径，为我国"减碳降氮"在城市污水脱氮领域的工程应用提供了理论依据和技术支撑。

目前，国内外对于 H_2-MBfR 的研究和应用处于初步阶段，其中，反应器结构、膜材料的选择、工艺参数优化、氧化性物质的去除途径及机理等，都是 H_2-MBfR 技术进一步发展和研究的焦点问题。本书以饮用水中的 NO_3^--N、SO_4^{2-}、*p*-CNB、BrO_3^-、ClO_4^-、4-BP 为研究对象，基于 H_2-MBfR 的运行原理和优缺点，对 H_2-MBfR 在不同去除氧化性污染物方面的研究情况进行了总结、对比和评价，深入探讨了不同操作条件对生物还原效率的影响机制，对多种污染物同步去除的影响机理进行了深入的研究；通过剖析微生物群落结构与功能，揭示 H_2-MBfR 在处理多种氧化性污染物过程中的协同作用机理。本研究工作所获结果可以为反应器的实际运行和污染物的高效、稳定去除提供科学依据，同时能够为我国饮用水污染治理技术的发展提供有力支持，以期缩小该领域内我国与国际先进水平之间的差距，进而推动饮用水安全保障事业迈向新高度。

本书共分为 6 章。第 1 章主要从 H_2-MBfR 的原理、特征及其研究进展和工程应用等方面展开论述，同时阐述了 pH 对氢基质生物膜去除氧化性污染物的影响及控制的影响。第 2 章论述了利用中空纤维膜 H_2-MBfR 对 BrO_3^-的生物处理做出的相关研究，包括反应器对 BrO_3^-还原的性能、还原机理及影响因素的系统考察。第 3 章论述了 4-BP 的降解机制及还原降解的机理和 H_2-MBfR 中微生物群落特征分析结果。第 4 章论述了进水流速、氢分压、pH、NO_3^--N、NO_2^--N 等对还原性能的影响，进水负荷、氢分压、NO_3^--N 和 NO_2^--N 等对 ClO_4^-去除的影响，以及 ClO_4^-还原降解的机理。第 5 章主要论述了 H_2-MBfR 对 BrO_3^-

和 ClO_4^-同步降解的效果和影响因素，以及在 NO_3^-影响下微生物种群演替规律与污染物去除之间的关系。第 6 章主要论述了氧化性物质在同一反应系统中的去除效果、相互影响及转化机理，介绍了反应器对饮用水中氧化性物质的去除潜力。

本书是作者对承担的多项相关科研项目研究成果的总结，研究工作主要在桂林理工大学广西环境污染控制理论与技术重点实验室和同济大学污染控制与资源化研究国家重点实验室完成。本书的编写过程中，广泛参阅了国内外相关领域的前沿研究成果与权威文献，并得到桂林理工大学环境科学与工程学院本科生犟富江、葛从浩、杜超、廖辰晨，硕士研究生薛诗瀚，博士研究生孙瑞泽的专业协助。

本书得到了广西自然科学基金杰出青年基金（项目编号 2022GXNSFFA035033）、国家自然科学基金（项目编号 52470029）、广西八桂青年拔尖人才培养项目、广西环境污染控制理论与技术重点实验室（研究基地）开放基金——主任基金（项目编号桂科能 2301Z003）、广西自然科学基金（项目编号 2025GXNSFBA069116）、广西重点研发项目（项目编号桂科 AB24010118）、广西环境污染控制理论与技术重点实验室、桂林理工大学生态环保现代产业学院、广西岩溶地区水污染控制与用水安全保障协同创新中心、广西农业面源污染综合治理工程研究中心、广西高校碳排放与污染物协同控制重点实验室、广西水体修复新材料与设备人才小高地的资助，谨致以衷心的感谢。另外，作者对支持本书编写工作的桂林理工大学环境科学与工程学院同仁和同济大学夏四清教授表示诚挚的感谢。

2024 年 9 月

目录

第 1 章

氢基质生物膜反应器

1.1 H_2-MBfR 概述

传统的物化处理技术虽去除效果显著，但存在运行成本高、后续处理流程复杂等问题。相比之下，基于生物转化原理的去除方法不仅经济高效，尤其适用于氧化性物质的处理，且具备广阔的应用前景。在各种基于微生物处理水体 NO_3^--N 污染的技术中，虽然异养反硝化技术相对自养反硝化技术具有反硝化速率快且在实际工程应用中占比较高的特点，但是需要向反应体系中额外添加有机碳源（如甲醇、乙醇、醋酸盐等），且容易导致出水二次污染[1]。近年来，自养反硝化技术由于不需要额外投加有机碳源、剩余污泥产生量低、运行成本低等诸多优点逐渐受到青睐，其中关于硫自养和氢自养反硝化技术的报道较多。在硫自养反硝化技术中，反硝化效率通常会因为单质硫的低溶解性而受到抑制，此外，在反硝化过程中还会积累大量的 SO_2^-，造成二次污染[2,3]。与硫自养反硝化技术相比，氢自养反硝化技术利用清洁、无害的 H_2 为电子供体，能高效去除水中 NO_3^--N，因此受到了广泛的关注，是一种很有前景的 NO_3^--N 去除技术[1,4]。

早期的氢自养反微生物还原工艺是以曝气的方式供给 H_2，而 H_2 在水中的溶解度较低，容易造成 H_2 利用率低的问题，且过剩的 H_2 逸出还会引起爆炸，因此该工艺在实际工程应用中被限制大规模推广。2000 年，Lee 和 Rittmann 等[5,6]开发了一种以中空纤维膜（Hollow Fiber Membrane，HFM）为载体进行无泡供给 H_2 的氢基质生物膜反应器（Hydrogen-based Membrane Biofilm Reactor，H_2-MBfR），特别适用于以 H_2 为电子供体进行自养反硝化，H_2 在生物膜中的利用率可达 100%，因此反应器混合液/出水中的 H_2 浓度可为零，有效降低了反应器发生爆炸的风险。

微生物可以以氧化性物质为电子受体、以无机物或有机物为电子供体（如乙醇、醋酸盐、H_2 等）进行好氧呼吸和厌氧呼吸。外加的电子供体（如有机碳源）会造成水体二次污染，必须严格控制其用量，以适应其反应。近年来，生物自养工艺逐渐受到青睐，其中关于氢自养还原和硫自养还原工艺的报道较多。氢自养还原工艺是利用 H_2 作为电子供体还原水中的氧化性物质（电子受体）。将微孔 HFM 曝气和氢自养还原工艺相结合，诞生了新的处理技术——H_2-MBfR[7-11]。H_2 可以通过微孔无泡扩散至膜表面附着的生物膜层中被微生物利用，从而强化了气液传质，提高了 H_2 利用效率，降低了处理成本，且有效防止了爆炸性气体的产生。

1.2 H_2-MBfR 的原理与特征

H_2-MBfR 技术是将膜技术和氢自养还原工艺相结合的技术，即以 HFM 为生物膜载体，以 H_2 为膜表面微生物的电子供体还原水中的氧化性污染物（电子受体）。在 H_2-MBfR 中，受污染的水在膜层外部流动，H_2 以一定的压力通入 HFM 内，在压力的作用下从膜的内层通过微孔扩散到外层，并在通过纤维膜外生长的过程中被生物膜中的氢自养细菌当作电子供体利用，同时自养菌将水中的氧化性物质还原或降解，如将 NO_3^--N 转化为 N_2，从而达到净化水质的目的[7,11]。H_2-MBfR 还原 NO_3^--N 的原理示意图如图 1.1 所示。

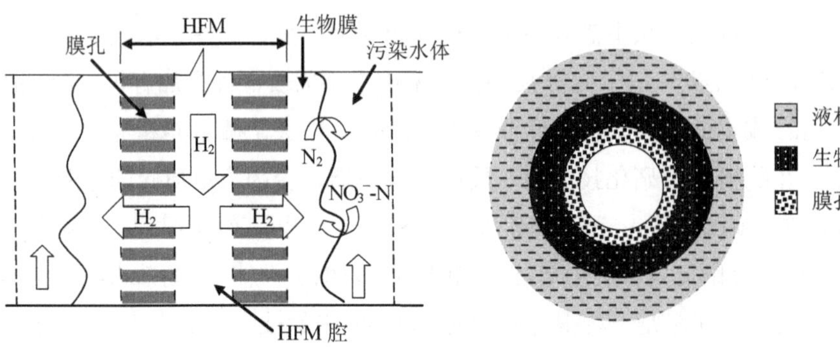

图 1.1 H_2-MBfR 还原 NO_3^--N 的原理示意图

不同于废水处理中的膜生物反应器（Membrane Bio-Reactor，MBR），H_2-MBfR 是由 H_2 代替水从 HFM 内部向外传质扩散，避免了膜被污染的困扰[6,12-14]。同时，在反应器中，水力循环作用使其具有良好的传质条件并实现了微生物在 HFM 外表面均匀地生长。H_2-MBfR 的重要组成是膜单元，其普遍采用 HFM，因为其膜外径不超过 0.1 mm，有较大的比表面积。膜材料根据性质不同可以分为亲水性膜和疏水性膜。疏水性膜材料包括聚烯烃和卤代聚烯烃（聚氯乙烯、聚偏氟乙烯等），亲水性膜材料主要有聚酯和聚酰胺等。当 HFM 孔径小于 2 nm 时，可被称为微孔膜[15]。疏水性 HFM 使气体更容易在膜孔中扩散并与污染物充分接触，使气体分子扩散更加均匀，传质效率更高，气体扩散速度比水分子更快[16,17]。图 1.2 揭示了疏水性 HFM 膜孔内没有聚集水分子，而亲水性膜孔内滞留了大量水分子。因此，疏水性 HFM 较适于气体扩散。Shin 等[18]在 H_2-MBfR 中采用了日本三菱的中空纤维复合膜，外层和内层为聚乙烯，孔径为 0.1 μm，气体以无泡扩散形式通过膜层，H_2 利用效率可达 90%以上。夏四清等[8]利用聚氯乙烯（PVC）HFM-（H_2-MBfR）处理 NO_3^--N 地下水，H_2 通过无泡扩散，利用效率高达 99%。

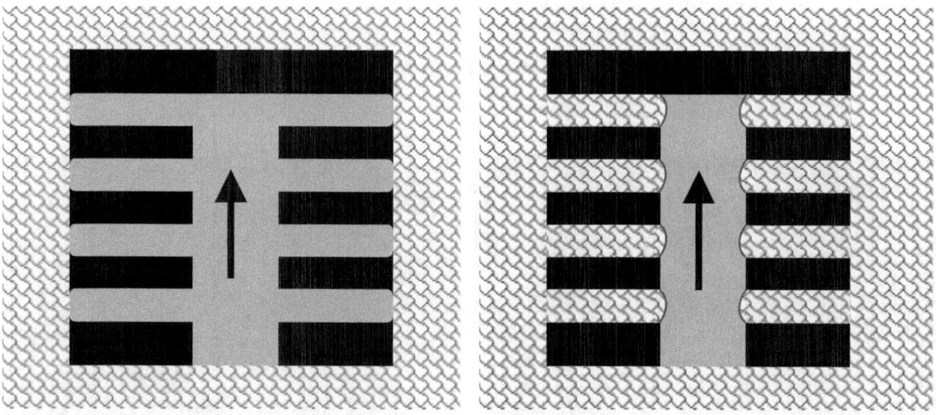

（a）疏水性 HFM　　（b）亲水性 HFM

图 1.2　疏水性和亲水性 HFM 孔内的气体传输

疏水性 HFM 的关键特征是能够在高压力下实现气体分子无泡扩散。当膜孔径很大、供气压力超过静水压力时就会产生气泡[19,20]；相反，当膜孔径很小时，水表面张力会阻止气泡的产生，此时可以适当提高供气压力。图 1.3 展示出提高供气压力对水膜半径大小的影响。供气压力最大时产生的水膜半径就是产生气泡的半径。因此，HFM 的供气压力一般小于最大压力值，而最大压力值可以根据膜孔半径和水表面张力计算（$P=4\sigma/D_p$）[21]。根据估算，1 μm 膜孔能够产生气泡的最大承受压力为 0.288 MPa（2.88 atm）。

在上述模型中，理想条件下的膜孔为圆形且膜表面平整光滑，但是实际 HFM 表面并不平整，膜孔不总是呈圆形（或无规则的），而水凹液面形状和位置受到膜表面纹理的影响。因此，实际的操作最大供气压力需要通过试验确定。图 1.4 为三菱聚乙烯膜（MHF200TL）外表面的扫描电镜图[22]，平均膜孔径为 0.15 μm 且为椭圆形，膜表面纹理不规则。

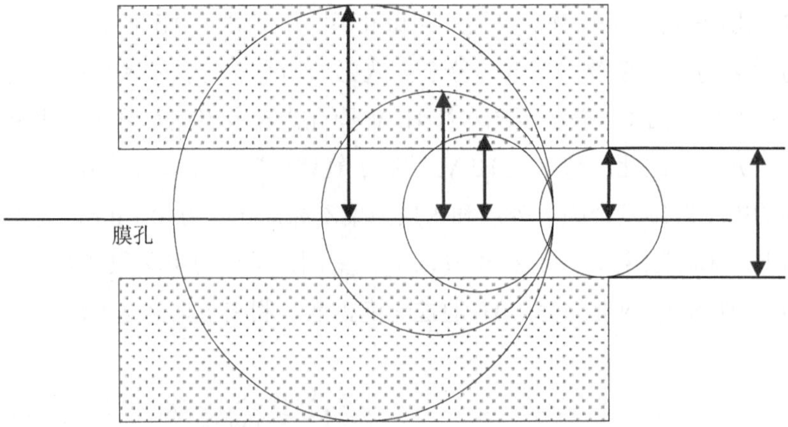

图 1.3 HFM 孔内水膜气泡产生机制模型

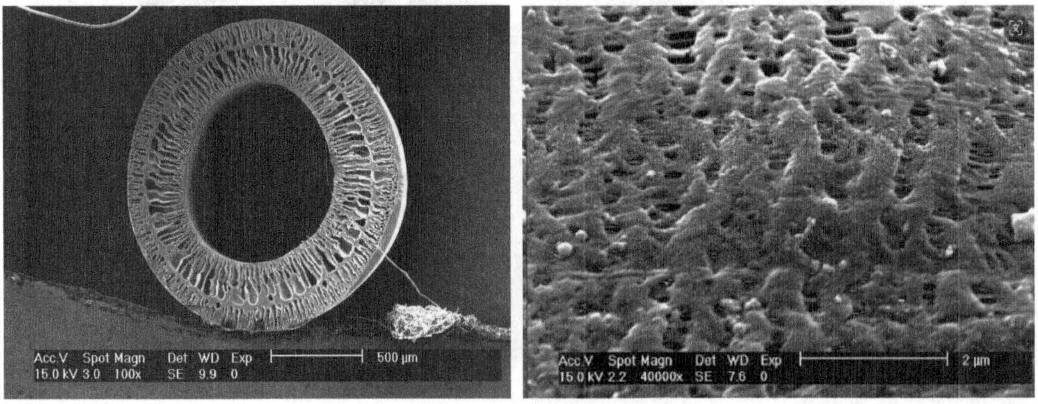

图 1.4 MHF200TL 外表面的扫描电镜图

当然，H_2-MBfR 在运行过程中也会出现不足或缺陷。膜表面逐渐聚集并生长出生物膜层，但是生物膜过厚会阻碍气体传输从而减少膜周围的作用区域[23]。此外，在处理地下水时，一些矿物质在膜表面的沉淀也会降低气体传输速率[24]。值得关注的是，生物膜的脱落及其细胞分泌的胞外聚合物（EPS）会导致出水中总有机碳（TOC）浓度与细菌总数升高，这一问题不容忽视。

H_2-MBfR 生物膜与传统 MBR 中的生物膜不同。在 MBR 中，微生物生长所需的底物［电子供体（S_d）和电子受体（S_a）］都是从反应器混合溶液（Bulk Liquid）向生物膜中扩散，称为同步扩散生物膜（Co-diffusional Biofilm）；在 H_2-MBfR 中，液态底物是从反应器混合液向生物膜中扩散，而气态底物则从另一侧 HFM 扩散至生物膜内，称为对向扩散生物膜（Counter-diffusional Biofilm）。两种生物膜中底物的浓度梯度曲线如图 1.5 所示[25]。在同步扩散生物膜中，由于所有底物浓度都沿生物膜附着基质（Substratum）一侧逐渐降低，微生物的活性由生物膜浅层向深层逐渐下降；在对向扩散生物膜中，气态底物和液态底物浓度分别向反应器混合液和 HFM 表面逐渐下降，根据多底物生长动力学，微生物的最高活性发生在多种底物均不受抑制的情况下，通常发生在生物膜的中部。

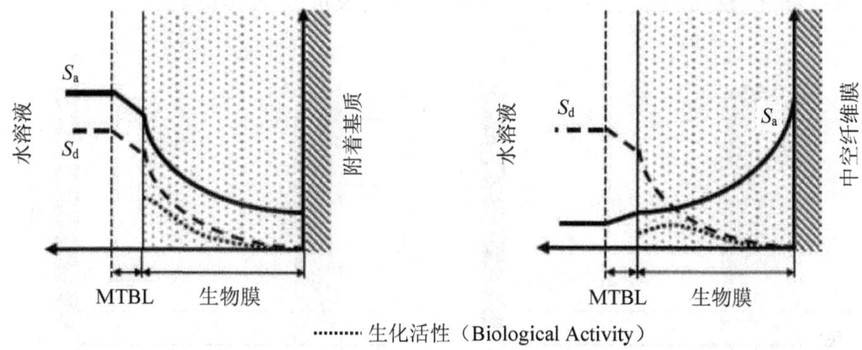

（a）同步扩散生物膜/传统生物膜　　（b）对向扩散生物膜

图 1.5　生物膜中底物浓度梯度及微生物活性示意图

H_2-MBfR 是一种新兴的以自养反硝化工艺为基础的微生物反应系统，与异养反应器相比，H_2-MBfR 是目前地下水 NO_3^--N 去除的更好选择。使用无毒和廉价的 H_2 作为电子供体（通常比使用普通有机碳源便宜 3～15 倍）和地下水中富含的无机碳（如碳酸盐）作为碳源，使 H_2-MBfR 在实际应用和推广中具有诸多优势，如出水中残留 COD 和剩余污泥量少，氢利用率高（如果设计和操作适当，H_2 利用效率可达 100%），同时还可对污水中共存的其他氧化性污染物（如 ClO_4^-、SO_4^{2-}、BrO_3^-、CrO_4^{2-}等）进行还原去除[5,26,27]。近几十年来，已有大量文献报告了在利用 H_2-MBfR 进行试验和数学模型模拟研究中，其对各种氧化性污染物的去除性能和影响因素[27-29]，扩展了我们对这项技术的理论和实践意义的认识。

1.2.1　H_2-MBfR 生物膜内气体传输机制

在 H_2-MBfR 中，H_2 从特殊的膜（疏水性微孔 HFM）内通过扩散传质到膜外附着的生物膜中被氢自养微生物利用，从而实现对水中氧化性污染物的还原去除[6]。膜孔内的 H_2 传输速度比生物膜内的速度快，因此气质传输仅限于生物膜内传输问题，而膜-生物膜边界的浓度相当于气体的平衡浓度[30]。

普通生物膜法中，生物膜生长在固体载体表面，电子供体和受体（污染物）从液相中同一侧同步向生物膜内部扩散（同步扩散）；而在 H_2-MBfR 中，电子供体和受体从不同侧向生物膜内进行扩散（逆向扩散），如图 1.6 所示。与同步扩散相比，H_2-MBfR 中 H_2 在生物膜中传质的推动力为生物膜中生物还原过程耗氢形成的浓度梯度[6,30]，它随着氧化性污染物负荷的变化而变化，因而提高了 H_2 的利用率（接近 100%），避免了反应器因 H_2 累积而发生爆炸的危险。另外，H_2 扩散膜具有较大的比表面积供微生物生长，可以保证反应器内维持较高的微生物量，从而减小生物反应器的体积。

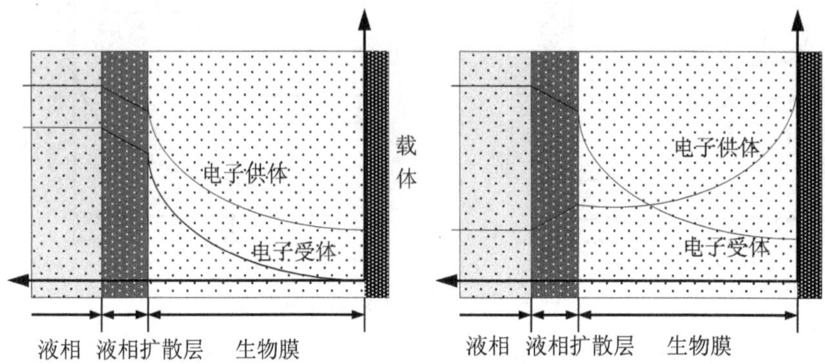

（a）同步扩散 （b）逆向扩散

图 1.6 物质的同步扩散（普通生物膜法）和逆向扩散（H_2-MBfR）

1.2.2 反硝化动力学速率

由于生物膜中底物浓度沿扩散方向逐渐降低，根据 Monod 动力学反应方程[式(1-1)]可知，在传统生物膜中微生物活性（动力学速率）通常由生物膜外侧向内逐渐降低[图 1.5(a)]。而在对向扩散生物膜中，假设生物膜内有反硝化菌（Denitrification Bacteria，DNB）存在，由于底物在生物膜中的浓度对向降低，动力学速率的最大值产生在电子供体和电子受体浓度都较高的位置（通常在生物膜中部）。

微生物活性动力学速率计算方式如下：

$$R_{DNB} = \mu_{max} \frac{S_{H_2}}{S_{H_2} + K_{H_2}} \frac{S_{NO_3}}{S_{NO_3} + K_{NO_3}} \tag{1-1}$$

式中，R_{DNB} —— 反硝化动力学速率，M/T；

μ_{max} —— 最大反硝化比速率，1/T，通常为常数，与不同微生物利用相关底物相关；

S_{H_2} —— 溶解 H_2 的浓度，M/L^3；

K_{H_2} —— 微生物利用 H_2 的半饱和常数，M/L^3；

S_{NO_3} —— NO_3 的浓度，M/L^3；

K_{NO_3}—— 微生物利用 NO_3 的半饱和常数，M/L^3。

注：M 为质量、L^3 为体积、T 为时间。

1.2.3 H_2 由 HFM 向生物膜的转运

气体从 HFM 的膜腔通过膜壁向生物膜中扩散转运的表达式如下[27,31]（此处以 H_2 为例）：

$$J_{H_2} = K_{m,H_2}\left(S_{H_2(g)} - \frac{S_{H_2(l)}}{H_{H_2}}\right) \tag{1-2}$$

$$S_{H_2(g)} = \frac{P_{H_2}}{RT} \tag{1-3}$$

式中，J_{H_2}—— 从 HFM 扩散至生物膜中的 H_2 的总通量，M/（$L^2 \cdot T$）；

K_{m,H_2}—— H_2 在 HFM 壁中的扩散系数，L/T;

$S_{H_2(g)}$—— HFM 中 H_2 浓度，M/L^3;

$S_{H_2(l)}$—— 水溶液/生物膜中 H_2 浓度，M/L^3;

H_{H_2}—— H_2 亨利常数;

P_{H_2}—— 绝对压力，M/（$L \cdot T^2$），此处为 HFM 内氢分压;

R—— 理想气体常数，J/（mol·K），8.314 41±0.000 26;

T—— 绝对温度，K。

注：L^2 表面积；L^3 表体积。

1.2.4 污染物从混合液向生物膜的转运

生物膜与反应器混合液之间存在传质边界层［Mass Transfer Boundary Layer，MTBL，也被称作液体扩散层（Liquid Diffusion Layer，LDL）］[25]。MTBL 会增加溶解性物质扩散进入生物膜的阻力，如果是双向扩散的生物膜，MTBL 还会抑制底物从生物膜向水溶液中扩散，如 H_2-MBfR 中 MTBL 的存在减缓了 H_2 从生物膜中逸出，一定程度上增加了 H_2 在生物膜中的利用率[26]。进入生物膜中的通量表达式为[27,29]（此处以处理水体中污染为例）：

$$J_{NO_3,bf} = \frac{D_{NO_3}}{L_{MTBL}}(S_{NO_3,bl} - S_{NO_3,bf}) \tag{1-4}$$

式中，$J_{NO_3,bf}$—— 进入生物膜的 NO_3^- 通量，M/（$L^2 \cdot T$）；

D_{NO_3}—— NO_3^- 在水中的扩散系数，L^2/T;

L_{MTBL} —— 传质边界层的厚度，L；

$S_{NO_3,bl}$ —— 混合液中 NO_3^-的浓度，M/L^3；

$S_{NO_3,bf}$ —— 生物膜与 MTBL 界面处 NO_3^-的浓度，M/L^3。

1.2.5 污染物去除性能评价指标

评价生物膜反应器对污染去除性能的一个最重要的指标为污染物的去除通量。污染物的去除通量表达式如下[27]（此处以 NO_3^-为例）：

$$J_{NO_3} = \frac{Q}{A}(S_{NO_3,in} - S_{NO_3,out}) \tag{1-5}$$

式中，J_{NO_3} —— NO_3^-的去除通量，M/（L^2·T）；

Q —— 反应器进水流速，L^3/T；

A —— HFM 或生物膜表面积，L^2；

$S_{NO_3,in}$ —— 进水中 NO_3^-的浓度，M/L^3；

$S_{NO_3,out}$ —— 出水中 NO_3^-的浓度，M/L^3。

1.3 H_2-MBfR 生物膜内物质的反应动力学

自养微生物通过利用 H_2 在 HFM 外表面生长，但是代谢速率比异养微生物缓慢得多，因此当生物膜的生长或脱落趋于平衡时，视为一种稳态生物膜（理想状态）。细菌生长的同时也利用底物进行代谢，其基质利用的动力学分析有助于了解 H_2-MBfR 的运行情况。

尽管生物膜内任意位置的生物量均处于动态变化之中（净增长或净衰减），稳态模型仍适用于该体系并具有重要的理论价值。将稳态概念用于生物膜的关键是必须将生物膜看作一个整体，这样，稳态生物膜的基本含义为单位表面积的生物量（X_fL_f）不随时间变化，但生物膜内任一点的微生物并不处于稳定状态。单位面积新生长的生物量（YJ）与单位面积上自身消耗的量（bX_fL_f）相平衡。稳态生物膜的基本方程如下[32]：

$$YJ - bX_fL_f = 0 \tag{1-6}$$

式中，Y —— 产率系数；

J —— 基质进入生物膜的通量；

b —— 总的生物膜损失速率；

X_f —— 生物膜内活性生物体密度；

L_f —— 有效扩散层的厚度。

图 1.7 为稳态生物膜对基质浓度变化的响应曲线。横坐标表示混合液基质浓度的对数，纵坐标表示基质通量的对数。纵坐标和单位面积生物量的累积成正比（$X_fL_f=YJ/b$）。

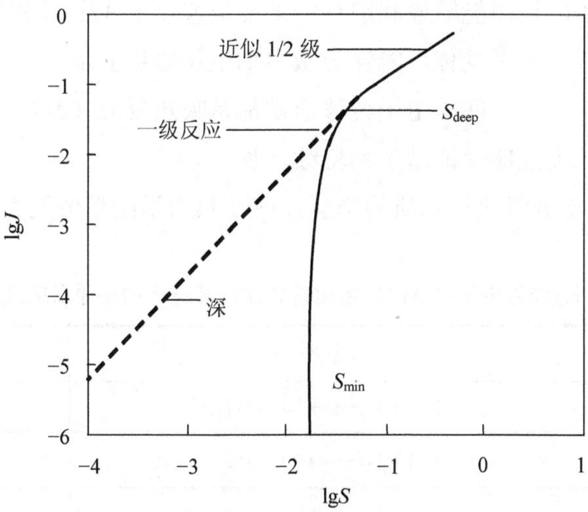

图 1.7 稳态生物膜对 S（基质浓度）的微小变动的响应

由图 1.7 可知[32]：

（1）当 $S<S_{min}$ 时，lg$J$ 趋于无穷大。此时增长速率为负且不能保持稳定的生物量。

（2）S 稍大于 S_{min}，J 随 X_fL_f 迅速增加。

（3）对应 $S>S_{min}$ 的某个 S 值，J 对 S 的斜率从无穷大降低到接近于 1.0。

（4）当 S 足够大时，通量等于厚生物膜通量。当 $S>S_{deep}$ 时，稳态生物膜为厚生物膜。使用厚生物膜的实际意义在于 J 不再依赖 $X_f L_f$，因为额外的生物膜厚度内 S_f 等于零，增加的生物量并不会增加反应速率。同时因为生物膜内的基质浓度会随 S 增加而升高，所以 J 和 X_fL_f 也会随 S 的增加而增加。

（5）当 S 非常大时，J 对 S 的斜率逐渐下降，最后达到极限情况的半级反应，即 $J=k^{1/2}S^{1/2}$。半级反应是厚生物膜中的一种特殊情况。反应级数的下降造成的实际影响是 S 的增加不能使 J 同比例增加，且当系统为厚生物膜时，载体表面基质去除通量的增量变小。

1.4 H_2-MBfR 对多种氧化性污染物的去除研究进展

氧化性物质的生物还原能够顺利进行，主要依赖以下 3 个因素[32,33]：

（1）污染物为异化电子受体，能够为微生物生长提供能量。

（2）电子供体与受体之间的电子转移通常都是吸热反应（$\Delta G° < 0$）。

（3）污染物的浓度能够保证微生物持续增长。

以 H_2 为基质的部分氧化性物质的降解反应及热力学函数值见表 1.1[34]。

表 1.1　H_2 作为电子供体还原氧化性物质所能进行的还原反应及其自由能

物质	反应式	$\Delta G°'$/（kJ/e^-）
溴酸盐	$BrO_3^- + 3H_2 \longrightarrow Br^- + 3H_2O$	−136
氯酸盐	$ClO_3^- + 3H_2 \longrightarrow Cl^- + 3H_2O$	−123
亚氯酸盐	$ClO_2^- + 2H_2 \longrightarrow 2H_2O + Cl^-$	−123
高氯酸盐	$ClO_4^- + 4H_2 \longrightarrow Cl^- + 4H_2O$	−118
硝酸盐	$NO_3^- + 2.5H_2 + H^+ \longrightarrow 0.5N_2 + 3H_2O$	−112
硒酸盐	$SeO_4^{2-} + 3H_2 + 2H^+ \longrightarrow Se^0 + 4H_2O$	−65
砷酸盐	$H_2AsO_4^- + H_2 + H^+ \longrightarrow H_3AsO_3 + H_2O$	−45
硫酸盐	$2SO_4^{2-} + 8H_2 + 3H^+ \longrightarrow H_2S + HS^- + 8H_2O$	−19
铬酸盐	$CrO_4^{2-} + 1.5H_2 + 2H^+ \longrightarrow Cr(OH)_3 + H_2O$	−9

H_2-MBfR处理水中的氧化性物质已在美国、日本、韩国等国家进行了初步研究，而中国在该类新型生物反应器的研究报道较少。亚利桑那州立大学的Rittmann等对H_2-MBfR的研究最为集中，该团队率先设计了早期反应器原型并成功应用于相关实验研究。该反应器采用内部回流实现液相均匀混合，并配备主、副两套膜组件：主膜组件由较多膜单元构成，用于污水处理；副膜组件膜单元数量较少，专用于生物膜取样分析，其具体结构见图 1.8[7]。

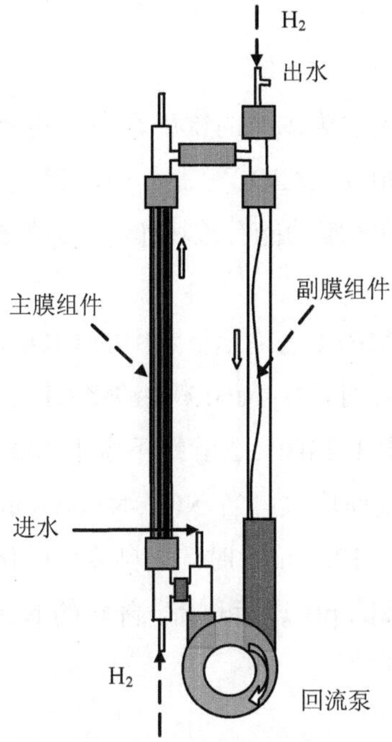

图 1.8 内循环式 H_2-MBfR

1.4.1 重金属离子

随着工业快速发展，水体重金属（如 CrO_4^{2-}、SeO_3^{2-}、AsO_4^{3-}等）污染越来越严重。重金属一般具有剧毒性，严重威胁着人们的健康。传统的处理工艺一般是通过物理和化学方法处理，但是会产生大量的沉淀污泥，容易导致二次污染。生物还原法是一种高效、节能、绿色的处理方法[35]。

夏四清等[36]和 Chung 等[37]利用 H_2-MBfR 对水中的 Cr（Ⅵ）进行去除研究时发现，当 Cr（Ⅵ）加入进水中时，Cr（Ⅵ）作为电子受体立即被氢自养微生物还原为低毒性的 Cr（Ⅲ），并形成 $Cr(OH)_3$ 沉淀被过滤而去除。王晨辉等[38]通过 H_2-MBfR 生物处理模拟含 Se（Ⅵ）废水的试验得出：在 NO_3^--N 浓度约为 10 mg/L、SO_4^{2-}浓度约为 25 mg/L 的进水浓度条件下，反应器设置氢分压为 0.04 MPa，进水 Se（Ⅵ）浓度在 0.25～2 mg/L，总 Se 的去除率可达到 80%及以上。通过提高氢分压和降低进水 Se（Ⅵ）浓度，可以提高 Se（Ⅵ）的还原速率及去除率[38-39]。Chung 等[40]利用 H_2-MBfR 处理含砷酸盐［As（Ⅴ）］的地下水时得出，H_2-MBfR 中 NO_3^--N 还原菌能够利用 H_2 作为电子供体，将 As（Ⅴ）还原为 As（Ⅲ），As（Ⅲ）与硫化物反应可形成沉淀。当 SO_4^{2-}对 As（Ⅴ）的还原不产生竞争时，As（Ⅴ）还原率可达到 68%，As（Ⅲ）有 11%与硫化物形成沉淀而被去除。

1.4.2 无机阴离子

目前，在以地下水或地表水为水源的饮用水中，其无机阴离子污染呈上升趋势，如 NO_3^--N、NO_2^--N、SO_4^{2-}、BrO_3^-、ClO_4^-等。其中，ClO_4^-被视为紧急突发类污染物，对人体内分泌会产生干扰，对甲状腺功能有破坏作用。国外饮用水规范中规定的 ClO_4^-浓度一般最高不能超过 4 μg/L。

Nerenberg 等[34]利用 H_2-MBfR 去除地下水中的 ClO_4^-时发现，在 ClO_4^-和 NO_3^--N 浓度分别为 5.6 mg/L 和 60 mg/L 时，H_2-MBfR 能够将 ClO_4^-浓度降到 4 μg/L 以下，去除率接近 100%。夏四清等[41]利用 H_2-MBfR 去除地下水中 NO_3^--N 得出，当 NO_3^--N 浓度较低时，降解速率随其浓度的升高而增大；当 NO_3^--N＜100 mg/L 时，其反应 24 h 后对总氮的去除率＞95%；当 NO_3^--N＞120 mg/L 时，氢自养反硝化细菌受到抑制，反硝化效率降低。随着反硝化的进行，溶液的 pH 逐渐升高，降解的 NO_3^--N 中一部分被还原成 N_2，另一部分则用于细菌的生长繁殖[42]。

1.4.3 卤代有机化合物

地下水中的卤代有机污染物主要有 *p*-CNB、三氯甲烷（TCM）、三氯乙烷（TCA）和三氯乙烯（TCE）等。这些物质都是“三致”（致癌、致突变、致畸）物质[43]，其中美国国家环境保护局（USEPA）规定饮用水中 TCM 和 TCA 的最大允许污染浓度分别为 80 μg/L 和 200 μg/L。

H_2-MBfR 的生物膜微生物可利用 H_2 将 *p*-CNB 生物还原生成对氯苯胺（*p*-CAN），*p*-CAN 再通过还原脱氯生成低毒的终产物苯胺（AN）[44]。在 H_2-MBfR 去除 *p*-CNB 试验中，当进水 *p*-CNB 浓度为 2 mg/L、水力停留时间为 4.8 h 时，*p*-CNB 的最大去除率达 99.3%，去除通量可达 0.058 g/（m^2·d）[45]。Chung 等[46]利用 H_2-MBfR 对水中的 TCA 和 TCM 进行处理，重点考察了氢分压和 SO_4^{2-}浓度对 TCA 和 TCM 脱氯速率的影响。结果表明，将 TCA 和 TCM 投加到 H_2-MBfR 中后会立即发生脱氯反应，且反应速率在 3 周内不断增大。提高氢分压可使脱氯反应速率和 SO_4^{2-}去除速率增加，而增大 SO_4^{2-}的浓度虽然对 SO_4^{2-}降解速率影响较小，但是会限制微生物脱氯反应的进行[47]。

1.4.4 含氯有机污染物

在 H_2-MBfR 中，氢自养还原菌可利用水中的含氯有机污染物进行新陈代谢，将含多个氯离子的有机物逐步降解为低含氯有机物甚至不含氯有机物，对部分有机物的降解甚至能达到完全矿化，大幅降低其生物毒性。大量的试验研究结果证明，H_2-MBfR 在降解含氯有机污染物方面表现出良好的效果[48-56]。

氯硝基苯是合成染料、药物、农药、树脂和防腐剂的重要原料，主要包括邻氯硝基苯（*o*-CNB）、间氯硝基苯（*m*-CNB）和 *p*-CNB 3 种，其中 *p*-CNB 毒性最大，能引起人类和哺乳动物的高铁血红蛋白症并具有致癌作用[57,58]。*p*-CNB 在好氧条件下苯环裂解较为困难，而在厌氧条件下容易被微生物还原为无毒或低毒产物。李海翔等在 H_2-MBfR 中，利用 H_2 为电子供体有效降解浓度为 2 000 μg/L 的 *p*-CNB，稳定阶段去除率可达 96.9%[44,49]。在变形菌门（Proteobacteria）和假单胞菌属（*Pseudomonassp*）等微生物作用下，首先将 *p*-CNB 上的硝基（—NO_2）还原成氨基（—NH_2），形成中间产物对氯苯胺（*p*-CAN），再通过进一步脱氯作用生成苯胺（AN），从而达到降解或降低毒性的目的。

氯酚是生产增塑剂、杀虫剂、除草剂和杀菌剂的重要原料，它们需要从废水和天然水中被去除[59]。Xia 等利用 H_2-MBfR 降解氯苯酚类污染物进行了大量研究[42,45,51]。Long 等[53,54]利用 H_2-MBfR 去除 100 mg/L 的对氯苯酚（4-CP）和 10 mg/L 的 NO_3^-，结果表明，被 H_2 激活的 4-CP 可以完成异养细菌介导的闭环降解，实现了 4-CP 的完全脱氯和矿化，并且没有发现 NO_3^-的累积。在 H_2-MBfR 内，H_2 将 4-CP 厌氧降解为苯酚，苯酚进一步被单氧活化为邻苯二酚或厌氧羧基化为苄基 CoA，进一步矿化为 CO_2。此外，他们还利用 H_2-MBfR 还原降解五氯苯酚（PCP），浓度高达 10 mg/L 的 PCP 被去除，中间累积最少。PCP 逐步被还原脱氯为苯酚，最终被矿化为 CO_2。他们还研究了 2-氯苯酚（2-CP）负载量、氢分压、NO_3^--N 负载量和 SO_4^{2-}负载量对降解 2-CP 的影响，并探寻出了 2-CP 的降解途径[51]。

1.5 pH 对氢基质生物膜去除氧化性污染物的影响及控制

H_2-MBfR 去除氧化性污染物的进一步开发和规模化应用仍面临着一个重要挑战——pH 控制，在去除氧化性污染物（如硝态氮、SO_4^{2-}、CrO_4^{2-}等）过程中，pH 的变化幅度过大会引起微生物的细胞膜电荷的变化，从而影响微生物对营养物质吸收和微生物代谢过程中酶的活性，进而导致反应运行性能下降[60]。不仅如此，H_2-MBfR 中 pH 过高还会导致中间产物（NO_2^--N、N_2O 等）的累积与硬度离子沉淀从而产生膜污染，反应器内混合液 pH 过低会严重影响生物膜的活性，导致反应器瘫痪[61]。因此，需要采取相应的 pH 控制措施来保证 H_2-MBfR 长期高效、稳定运行。

1.5.1 pH 对 H_2-MBfR 处理氧化性污染物的影响

近年来，H_2-MBfR 对氧化性污染物的去除已经取得了重要进展。研究表明，H_2-MBfR

能将各种氧化性污染物高效还原降解成无毒或毒性更低的终产物。表 1.2 为各种氧化性污染物的降解反应方程式。

表 1.2 各种氧化性污染物的降解反应方程式

氧化性污染物	反应方程式	ΔG°/kJ
硝酸盐	$NO_3^- + 2.5H_2 + H^+ \longrightarrow 0.5N_2 + 3H_2O$	−112
硫酸盐	$2SO_4^{2-} + 8H_2 + 3H^+ \longrightarrow H_2S + HS^- + 8H_2O$	−19
硒酸盐	$SeO_4^{2-} + 3H_2 + 2H^+ \longrightarrow Se^0 + 4H_2O$	−71
铬酸盐	$CrO_4^{2-} + 1.5H_2 + 2H^+ \longrightarrow Cr(OH)_3 + H_2O$	−9
砷酸盐	$H_2AsO_4^- + H_2 + H^+ \longrightarrow H_3AsO_3 + H_2O$	−45
溴酸盐	$BrO_3^- + 3H_2 \longrightarrow Br^- + 3H_2O$	−136
高氯酸盐	$ClO_4^- + 4H_2 \longrightarrow Cl^- + 4H_2O$	−118

由表 1.2 可知，以最常见的氧化性污染物 NO_3^--N 为例，微生物每还原 1 mol 的 NO_3^- 会消耗 1 mol 的 H^+，同时产生 1 mol 的 OH^-。当电子供体和无机碳充足时，还原氧化性污染物是一个耗酸产碱的过程，这使生物膜中的 pH 不断升高，直至反应器内混合液的 pH 都随之上升，最后超出微生物降解目标氧化性污染物的最佳 pH 范围，从而导致反应器性能下降。

pH 的升高还会引起反应器内无机离子沉淀。水溶液中大多含有 Ca^{2+}、Mg^{2+}等离子，在 H_2-MBfR 中常使用碳酸氢盐与磷酸盐分别作为无机碳源和缓冲液，由于 pH 升高会引起溶液中 CO_3^{2-}处于碳酸盐系列的主导地位，且磷酸盐通过水解作用生成 HPO_4^{2-}、PO_4^{3-}等离子，在碱性环境下 Ca^{2+}、Mg^{2+}容易与这些无机阴离子结合形成沉淀，pH 越高，沉淀越快。H_2-MBfR 中硬度离子沉淀包括碳酸钙、磷酸氢钙、磷酸二氢钙、羟基磷灰石和磷酸三钙，生物膜外碳酸钙（高达生物膜质量的 25%）的长期累积会使 H_2 传质阻力和营养物质的传质阻力增加、HFM 失去弹性，从而使膜材料钙化，最终导致膜材料的使用寿命降低。许多学者已经注意到 pH 对污染物还原过程以及反应器的降解效能均有着重要影响，并对此进行了相关研究，获得了反应器在不同运行条件下的最适 pH 范围。部分研究结果见表 1.3[33,37,58,62-64]。

表 1.3 H_2-MBfR 处理各种氧化性污染物工况

氧化性污染物	运行条件	最适 pH 范围
NO_3^--N	进水 NO_3^--N 浓度为 12.5 mg/L；H_2 压力为 42 kPa	7.7～8.6
p-CNB	氢分压为 0.04 MPa；进水 NO_3^--N 浓度为 10 mg/L；进水 SO_4^{2-}浓度为 50 mg/L，进水 *p*-CNB 浓度为 1 000 μg/L	7.2～8.2
SO_4^{2-}		6.7～8.2
SeO_4^{2-}	氢分压为 0.17 MPa，进水 SeO_4^{2-}、SO_4^{2-}和 NO_3^--N 浓度分别为 1 000 μg/L、78.5 mg/L 和 5 mg/L	7.5 左右
CrO_4^{2-}	氢分压为 0.17 MPa；进水 CrO_4^{2-}-Cr、NO_3^--N 和 SO_4^{2-}浓度分别为 1 000 mg/L、5 mg/L 和 78.5 mg/L	7.0 左右
AsO_4^{3-}	氢分压为 27.4 kPa，进水 AsO_4^{3-}浓度为 2 μmol/L、NO_3^--N 浓度为 0.08 mmol/L	7.4 左右
BrO_3^-	氢分压为 0.04 MPa，进水流速为 2 mL/min，进水 NO_3^--N 和 NO_2^--N 浓度分别为 5 mg/L、0 mg/L，回流速度为 20 mL/min	7.0～8.0
ClO_4^-		7.0～8.0

1.5.2 pH 控制方法

1.5.2.1 添加磷酸盐缓冲液

H_2-MBfR 中最常使用的 pH 控制方法是在进水中添加磷酸盐缓冲液。Xia 等[65]利用 H_2-MBfR 处理实际地下水中的硝态氮，反应器运行第 60 天时，出水 pH 达到了 9.4。为了防止高 pH 抑制反硝化过程和出现硬度离子沉淀，试验人员向反应器内添加 15 mmol/L 的磷酸盐缓冲液（KH_2PO_4+Na_2HPO_4），出水 pH 稳定在 8.5 左右，硝态氮去除率稳定在 80%左右。由于磷酸盐作为水体富营养化的重要指标并不能被降解，该方法不适用于实际工程。此外，H_2-MBfR 降解氧化性污染物过程中会一直产生碱度，添加的磷酸盐会与硬度离子相结合生成各种沉淀并累积在纤维膜上。

1.5.2.2 添加盐酸

在 H_2-MBfR 运行过程中，也可将添加盐酸（HCl）作为 pH 控制方法。Ziv-El 等[26]利用 H_2-MBfR 处理受 ClO_4^-、NO_3^-污染的高硬度地下水时，使用 3.7%浓度的 HCl 来维持 pH 稳定，在进水 pH 为 6.8、NO_3^--N 浓度为 9.4 mg/L、ClO_4^-浓度为 12 μg/L 的情况下，反应器运行稳定后出水 pH 为 7.3，且 2 周内 NO_3^-去除达到稳定状态，4 周内 ClO_4^-去除率＞95%。

1.5.2.3 添加二氧化碳

二氧化碳（CO_2）溶于水可形成 H_2CO_3，能够中和氢自养还原过程中产生的碱度并生成 HCO_3^-，为微生物生长提供无机碳源。Ghafari 等[66]发现通入 CO_2 时难以控制其通入率，混合液的 pH 会急剧下降至 5.5～6。Xia 等[67]在 H_2-MBfR 中创建了一种双膜模式，其中一个膜组件通入 H_2，另一个膜组件通入 CO_2，研究了高浓度 SO_4^{2-}对硝态氮生物还原的影响。结果发现，在添加 CO_2 后反应器的 pH 降至 6.0，由于还原反应产生了碱度，2 d 后其 pH 恢复至 7.3。反应器运行 50 d 后，实现了 100%的反硝化，pH 稳定在 7.9 左右，且未出现 $CaCO_3$ 沉淀，这证明 HFM 独立供应 CO_2 适用于反应器的长期运行。Jiang 等[68]设立了一个独立的 CO_2 供给设备，将有压力的 CO_2 从膜上扩散至水中，后与原水混合输送至 H_2-MBfR 中，精确地控制了 CO_2 的添加量。

Tang 等[69]分别用异养升流式反应器和 H_2-MBfR 处理高硬度地下水，并对反硝化过程进行了模型预测与校准，通过向进水中添加 HCl 和通入 CO_2 两种方式，考察 HCl 和 CO_2 的反硝化效果。试验结果表明，CO_2 作为 pH 控制方法更适合自养系统，其原因如下：①异养系统中由于脱氮和有机质的氧化产生的 CO_2 已经增加了碳酸盐缓冲系统的浓度且接近总碳浓度，为了避免出水中产生 CO_2 超饱和状态，其适用方法是向水中添加 HCl。②自养系统中碱度增加和 CO_2 消耗的共同效应导致其 pH 迅速增加，这表明自养系统比异养系统更容易产生硬度沉淀。通过 CO_2 是自养系统的首选方法，它不仅能提供无机碳源，还能作为碳酸盐缓冲系统控制反应器的 pH。

CO_2 添加方式除曝气、HFM 独立供应、进水添加外，还可与 H_2 混合供应。CO_2 与 H_2 按需要的比例混合后再通过 HFM 供应，消除了混合液产生的阻力以及由 CO_2 不足导致的一系列问题。Suárez 等[70]基于两种具有不同膜材料的 H_2-MBfR 处理高浓度 SO_4^{2-}（1 500 mg/L）和高浓度钙离子（600 mg/L）的实际采矿废水时，反应器进水 pH 为 7.5，此时采用 H_2∶CO_2=4∶1 的混合气体来控制反应器内的 pH，结果发现，使用 CO_2 作为 pH 控制方法时，两个反应器内 pH 都能保持在 7.5～8.5，出水 pH 变化极小。

H_2-MBfR 中不同 pH 控制方法的优缺点如表 1.4 所示。实际工程中采取有效、稳定、经济的 pH 调节手段是必需的，CO_2 作为 H_2-MBfR 的无机碳源和 pH 控制方法已被证明是最优选择，今后在 H_2-MBfR 中的应用也会越来越广泛。

表 1.4 H_2-MBfR 中不同 pH 控制方法的优缺点

pH 控制方法	添加方式	优点	缺点
$Na_2HPO_4^+$ KH_2PO_4	进水添加	适用于实验室研究，pH 控制稳定	长期使用磷酸盐会导致地表水富营养化，也会刺激微生物生长以及产生各种硬度离子沉淀
HCl	进水添加	适用于实际工程运用和异养反硝化系统且使用方便	增加运行费用，不适用于自养反硝化系统

pH 控制方法	添加方式	优点	缺点
CO_2	曝气	有效控制 pH，操作简便	CO_2 的添加量控制不好会导致 pH 显著下降，从而破坏自养反硝化系统的稳定，降低污染物去除效率
	HFM 独立供应	精确调节 CO_2 的供应量，运行高效	CO_2 通过液相进入生物膜会增加 CO_2 的传输阻力，也会产生相应的膜污染
	进水添加	精确调控 CO_2 的用量，减少 CO_2 泄漏的危险	增加 CO_2 的传质阻力，降低 H_2 的传质效率，成本高
	混合供应	pH 控制效果明显，减少 CO_2 的传输阻力，降低运行成本	操作灵活性差，CO_2 添加量固定，一旦泄漏会导致反应器酸化

1.5.3 pH 对微生物群落的影响

以往关于 pH 控制的研究普遍集中于工艺性能与动力学模型，而其对微生物群落结构的影响则相对缺乏系统性的报道。以反硝化为例，自养系统中的反硝化细菌通常属于变形菌门，还有小部分属于拟杆菌门和厚壁菌门等门。变形菌门中常见的有 α-变形菌纲、β-变形菌纲、ε-变形菌纲、γ-变形菌纲，pH 变化对这些功能细菌丰度和种类具有一定影响。Chen 等[71]发现在自养反硝化过程中，pH 从 6.5 增加至 8.5 时，变形菌门占 90%以上，其中 ε-变形菌纲为主要纲，其在 pH 为 6.5、7.5 和 8.5 的条件下占比分别为 69.05%、82.31%和 74.25%，这说明中性（pH=7.5）环境更适于 ε-变形菌纲富集，且此时硝态氮去除率达到最高（96.84%）；而 β-变形菌纲和 γ-变形菌纲的相对丰度在酸性（pH=6.5）或碱性（pH=8.5）条件下的比例均高于中性条件，β-变形菌纲和 γ-变形菌纲更适合在酸性和碱性环境下生存，NO_3^--N 去除效率分别为 66.45%和 87.05%；拟杆菌门在酸性或碱性环境下的相对丰度均高于中性环境表明酸性或碱性适合于拟杆菌门的富集。

环境的 pH 值偏离中性会降低自养反硝化关键功能菌的相对丰度，因其改变了适宜的微生物群落结构与代谢活性，最终导致硝态氮还原效率下降，其中酸性条件的负面影响尤为突出。因此，pH 控制对 H_2-MBfR 中自养反硝化格外重要。除 pH 对微生物群落产生影响外，pH 控制方法不同也会引起微生物群落的变化。Xing 等[1]在氢自养反硝化过程中，分别采用添加 HCl 和通入 CO_2 作为 pH 控制手段，TN 去除率均能达到 90%及以上，尤其是添加 CO_2 时 TN 去除率高达 96.5%。通过功能基因亚硝酸还原酶基因 *nirS* 和 *nirK* 的高通量测序发现，当添加 HCl 作为 pH 控制方法时，硫杆菌属、沙单胞菌属、热单胞菌属这些典型的自养反硝化菌属占主导地位；当添加 CO_2 时，硫杆菌属、热单胞菌属和沙单胞菌属的占比显著下降同时常见的异养反硝化细菌厌氧绳菌科、甲基孢囊菌科和脱氮菌属占比不断增加，NO_2^--N 还原酶基因 *nirS* 和 *nirK* 基因型反硝化细菌的丰度和多样性均有所降低。CO_2 的加入不仅改变了反硝化细菌的结构，还改变了厌氧绳菌科和甲基孢囊菌科等与有机碳代谢相关的微生物的丰度。CO_2 作为 pH 控制方法，虽然脱氮效率高，但会改变反硝化功能基因的丰度及多样性指数，减少自养反硝化细菌数量，并诱导有机碳的形成，从而导致异养反硝化菌增加，而异养反硝化细菌的增殖速率高于自养反硝化细菌，因而使自养系统中自养反硝化细菌逐渐失去优势。因此，在 H_2-MBfR 中，为保证反应器内氢自养还原菌处于主导地位，以 CO_2 作为 pH 控制方法对微生物群落的影响还需深入研究。

1.6 H_2-MBfR 工程应用进展和存在的问题

1.6.1 H_2-MBfR 工程应用进展

H_2-MBfR 具有清洁高效的反硝化性能和运行成本低等诸多优点，这不仅引起了广大环境科研工作者的关注，还在处理实际 NO_3^--N 污染中已有工程应用。2011 年，美国 APT water 公司首次生产了一套商用 H_2-MBfR 用于饮用水 NO_3^--N 污染，并将其命名为 ARoNite™[29]。

据研究报道，与传统活性污泥法相比，氧基生物膜反应器（O_2-MBfR）可节省 40%～75%的能耗[72,73]。2004 年，Montgomery Watson Harza 对 H_2-MBfR 系统处理饮用水进行了初步经济分析：该系统总处理费用及其他运营成本为 0.5～0.8 美元/1 000 GPM①[74]。与离子交换法相比，H_2-MBfR 在饮用水处理上具有显著的成本效益优势[75]。HFM 的置换成本被认为是限制 H_2-MBfR 在实际工程中进行应用和商业化的主要因素。随着制膜技术的日益成熟、成本的持续下降以及新型膜材料的不断涌现，H_2-MBfR 技术的推广与应用前景十分广阔。此外，能源成本的增加使 H_2-MBfR 的应用更具竞争力[29]。

然而，由于 H_2-MBfR 生物膜双向扩散的特殊性（如微生物的生长受多种底物双向扩散的限制，因而其对生物膜厚度较敏感），厘清双向扩散生物膜中底物的扩散转运规律以及生物膜中微生物的生长动力学反应特性，对有效提高 H_2-MBfR 的脱氮效率至关重要。此外，H_2-MBfR 的进一步开发和规模化应用仍面临着诸多挑战，如可扩展的优化工艺设计、合理的生物膜管理、生物膜基本原理的深入解析、pH 控制、硬度离子沉淀导致的膜污染和逆扩散作用带来的负面影响等。

① 1 GPM≈0.227 m^3/h。

1.6.2 存在的问题

（1）膜污染是影响膜性能的主要问题

生物膜的过度增殖以及矿物和金属沉淀物的形成会对透气性膜产生长期的不利影响[3]。过量的生物膜积聚限制了 NO_3^--N 的质量传递，导致去除效率低。另外，由于生物量限制，较少的生物膜积累导致 NO_3^--N 去除率低[29]。控制生物膜污染通常依赖于物理或化学清洗，但这会导致反硝化过程中断并产生额外运行成本[76]。Celmer 等人采用了较低的氢通量（18 mL/min），旨在创造饥饿条件以抑制细胞外聚合物（EPS）的过量产生[77]。通过限制 H_2 的策略，可有效控制生物质过度生长，从而维持反应器性能稳定。此外，虽可投加化学药剂（如氯化钠）或表面活性剂以缓解膜污染，但其成本更为高昂[78-80]。

（2）H_2 供应对工艺成本有显著影响

H_2 在水中的低溶解度可能导致反应器体积增大，且其固有的潜在爆炸风险也带来了安全问题，而相应的防护措施又会增加额外的运营与管理成本。Adham 等将容量为 0.158 m^3/s 的 H_2-MBfR 工厂的成本与现有离子交换（IE）系统的成本进行了比较。该工厂的总成本包括 H_2 供应、曝气后处理、多媒体过滤、建设和启动相关成本以及每年的运营成本和维护成本，总成本为 0.29 美元/m^3，与同等容量 IE 系统（0.35 美元/m^3）的成本相比更具有经济竞争力[81]。全尺度 H_2-MBfR 的经济对比分析表明，膜和电的成本是决定传统工艺膜工艺可行性的关键参数[82]。近年来，膜市场价格持续走低而能源成本持续上涨，使膜技术的竞争力日益凸显，为其未来的广泛应用注入了新动力。

（3）利用 H_2 的主要挑战是减少 H_2-MBfR 中的氧化污染物

一些研究人员已经找到了利用无气泡透气性 HFM 输送 H_2 的有效方法，可以提高 H_2 的输送效率并降低爆炸风险。然而，在各种情况下，H_2 的输送效率都低于 40%，这表明在利用 H_2 时存在潜在的安全风险[83]。

（4）相关膜的成本高

目前，不仅商业化膜的成本持续下降，专为 H_2-MBfR 系统设计的新型特种膜也有望实现显著的成本优化。然而，膜的更换与维护费用，以及氢气制备与供应过程中的成本，仍在很大程度上制约着 H_2-MBfR 技术的大规模应用。

1.7 分子生物学技术在 H_2-MBfR 处理技术中的应用

自 20 世纪 80 年代起，以微生物 DNA 或 RNA 为基础的分子生物学技术逐渐开始在环境生物处理中被应用并发展。16S rRNA 的主要目的是鉴定活体微生物的类型和群落结构，也是目前使用较多的技术之一[84]。常规分子生物学技术难以对某些重要微生物实现鉴定、培养与测序，而基因指纹图谱技术的出现有效弥补了这些局限。基因指纹图谱技术因其不依赖培养的特性，已成为现代微生物分子生态学研究的热点，广泛应用于微生物群落结构与动态解析，其中变性梯度凝胶电泳（DGGE）、荧光原位杂交（FISH）和末端限制性酶切片段长度多态性分析（TRFLP）应用最为广泛。基因表达分析不仅用于解析微生物群落的结构组成，更侧重于揭示其功能活性，即探究微生物群体的实际生理功能与代谢活动[85]。

基因和蛋白质组合的分子生物学技术能使环境工程研究人员更好地了解微生态系统，这些技术包括 PCR、16S rRNA、DGGE、FISH、Clone 等。通过使用分子生物学技术，能够了解活性污泥或生物膜中微生物群落结构、功能及其与周围环境之间的联系等。H_2-MBfR 在多种氧化性污染物去除方面展现出显著优势。为进一步优化其性能，亟需深入开展对膜表面生物膜内微生态系统的研究，并加强对微生物生理生化特性、污染物降解机理以及种群结构与功能关系等本质问题的理解。

近年来，分子生物学技术在 H_2-MBfR 系统微生物群落结构与功能解析中的应用已有较多报道，这些研究主要集中于以下方面：不同氧化性物质（作为电子受体）条件下生物膜内优势种群的鉴定与定量分析；不同工况或环境因子影响下微生物群落结构的动态响应；以及针对特定污染物的功能微生物的筛选与鉴定。表 1.5 列出了分子生物学技术及其在 H_2-MBfR 中微生物群落结构分析中的应用。

表 1.5 不同电子受体下 H_2-MBfR 中优势微生物群落

优势微生物种属	电子受体	电子供体	分子生物学手段	文献来源
脱氮单胞菌属	ClO_4^-，NO_3^-，O_2	H_2	PCR，Clone	[86]
红环菌属	NO_3^-	H_2	PCR，Clone，DGGE	[87]
脱氮单胞菌属 假单胞菌属	SeO_4^{2-}，CrO_4^-	H_2	PCR，Clone	[88]
脱氮单胞菌属	ClO_4^-，NO_3^-，O_2	H_2	PCR，DGGE，FISH	[89]
PCl	ClO_4^-，NO_3^-	H_2	PCR，Clone	[90]
红环菌属 噬氢菌属	NO_3^-	H_2	PCR，DGGE，FISH	[10]
脱卤拟球菌属	TCE	H_2	Clone，real-time PCR	[56]

通过各种分子生物学技术，可以鉴定 H_2-MBfR 中生物膜内微生物种群结构及其多样性。由表 1.5 可知，不同电子受体下，生物膜中微生物优势群落分布存在差异。如 ClO_4^- 和 NO_3^- 作为电子受体时，其优势微生物有脱氮单胞菌属、假单胞菌属等，从系统发育关

系上看属于变形菌门；SeO_4^{2-}和CrO_4^-生物还原的优势微生物为脱氮单胞菌属和假单胞菌属；在NO_3^-去除H_2-MBfR过程中，主要有红环菌属、脱氮单胞菌属、噬氢菌属等，微生物群落呈多样性分布；对TCE起还原脱氯作用的优势微生物为脱卤拟球菌属。上述分子生物学技术普遍运用的是PCR、Clone、DGGE、FISH等。在现代环境工程技术领域，基于基因工程的环境污染修复技术已取得显著进展，例如，针对特殊污染物的基因工程菌驯化和培养。以DNA为基础的分子生物学技术已在环境生物技术领域起到重要作用。

H_2-MBfR生物膜通常具有高度复杂的微生物群落结构，全面解析其群落组成与功能特性是保障反应器高效稳定运行的关键。微生物群落结构的评估通常依赖于基于基因组学的一系列方法，而微生物功能的测定则主要通过分析电子供体与受体的化学转化来实现，后者被视为最直接的功能表征手段[91]。将两种方法结合运用，有助于辨识反应器中起关键作用的微生物及其可能造成的不利影响。例如，Chen等利用高通量测序和主成分分析（PCoA）来识别厌氧甲烷氧化-反硝化（ANMO-D）和厌氧甲烷氧化-高氯酸盐还原（ANMO-PR）的关键微生物，分析群落结构与不同电子受体通量之间的关系。初始在CH_4-MBfR上接种厌氧阴离子（ANMOD）和铁细菌，使用ClO_4^-和NO_2^--N培养基培养后，微生物群落发生了显著变化，即古菌在40 d内消失，未培养的厌氧阴离子和铁细菌丰度均显著降低，而厌氧的甲烷氧化菌，尤其是甲基孢囊菌属显著增加，占细菌总数的25%以上，在试验结束前一直是细菌群落的主要组成部分。通过DO和COD/ρ（TN）分析得出结论，ANMO-D和ANMO-PR在甲烷氧化过程中起着重要作用，并与H_2-MBfR中多个电子受体的还原作用相耦合[92]。H_2-MBfR生物膜上的微生物群落按照功能分类如表1.6所示。

表1.6　H_2-MBfR中微生物群落分类

微生物功能	电子受体	微生物类型	代表菌种	文献
氧化阴离子还原	NO_3^-，ClO_4^-，SO_4^{2-}，SeO_4^{2-}	反硝化细菌，高氯酸盐还原菌，硫酸盐还原菌	*Dechloromonas*，*Methyloversatilis*，*Hydrogenophaga*；*Dechloromonas*，Thiotrichales，Ignivibacteriales	[93-96]
金属离子还原	Cr（Ⅵ），U（Ⅵ）		β-*proteobacteria*，*Meiothermus*，*Desulfovibrio*	[97-98]
同型产甲烷菌、同型产乙酸菌	氯乙烯	氯代呼吸菌	*Dehalococcoides mccartyi* strain 195^T	[99-100]
甲烷氧化	氧化阴离子	甲烷氧化菌	好氧甲藻（ANME）	[100-101]

需要注意的是，在 CH_4-MBfR 中，由于反硝化细菌和 SO_4^{2-}还原菌可以将 SeO_4^{2-}还原为 SeO，因此不需要特定的硒酸盐还原菌。在含有多种电子受体的还原金属离子反应器中，金属还原代谢过程及相应的微生物群落结构均会受到影响而发生显著变化。

参考文献

[1] Xing W，Wang Y，Hao T，et al. pH control and microbial community analysis with HCl or CO_2 addition in H_2-based autotrophic denitrification[J]. Water Research，2020，168：115200.

[2] Qiu Y，Zhang L，Mu X，et al. Overlooked pathways of denitrification in a sulfur-based denitrification system with organic supplementation[J]. Water Research，2020，169：115084.

[3] Di Capua F，Papirio S，Lens P N L，et al. Chemolithotrophic denitrification in biofilm reactors[J]. Chemical Engineering Journal，2015，280：643-657.

[4] Liang D，He W，Li C，et al. Remediation of nitrate contamination by membrane hydrogenotrophic denitrifying biofilm integrated in microbial electrolysis cell[J]. Water Research，2021，188：116498.

[5] Lee K C，Rittmann B E. A novel hollow-fibre membrane biofilm reactor for autohydrogenotrophic denitrification of drinking water[J]. Water Science & Technology，2000，41（4-5）：219.

[6] Lee K C，Rittmann B E. Applying a novel autohydrogenotrophic hollow-fiber membrane biofilm reactor for denitrification of drinking water[J]. Water Research，2002，36（8）：2040-2052.

[7] Rittmann B E，Nerenberg R，Lee K C，et al. Hydrogen-based hollow-fiber membrane biofilm reactor（MBfR）for removing oxidized contaminants[J]. Water Science & Technology Water Supply，2004，49（1）：223-230.

[8] Xia S，Zhang Y，Zhong F. A continuous stirred hydrogen-based polyvinyl chloride membrane biofilm reactor for the treatment of nitrate contaminated drinking water[J]. Bioresource Technology，2009，100（24）：6223-6228.

[9] Hasar H. Simultaneous removal of organic matter and nitrogen compounds by combining a membrane bioreactor and a membrane biofilm reactor[J]. Bioresource Technology，2009，100（10）：2699-2705.

[10] Zhang Y，Zhong F，Xia S，et al. Autohydrogenotrophic denitrification of drinking water using a polyvinyl chloride hollow fiber membrane biofilm reactor[J]. Journal of Hazardous Materials，2009，170（1）：203-209.

[11] Chen Y，Zhang Y，Liu H，et al. Hydrogen-based tubular catalytic membrane for removing nitrate from groundwater[J]. Environmental Technology，2004，49（2）：223-230.

[12] Chung J，Rittmann B E，Wright W F，et al. Simultaneous bio-reduction of nitrate，perchlorate，selenate，

chromate，arsenate，and dibromochloropropane using a hydrogen-based membrane biofilm reactor[J]. Biodegradation，2007，18（2）：199-209.

[13] Rittmann B E，Chung J W，Wright W F，et al. Remediation of perchlorate and other co-contaminants using the hydrogen-based membrane biofilm reactor[J]. Abstracts of Papers of the American Chemical Society，2005，230：101.

[14] Chung J，Rittmann B E，Her N，et al. Integration of H_2-based membrane biofilm reactor with RO and NF membranes for removal of chromate and selenate[J]. Water Air and Soil Pollution，2010，207（1-4）：29-37.

[15] Jiang S，Wang W，Ding Y H，et al. Preparation and characterization of antibacterial microporous membranes fabricated by poly（AMS-co-DMAEMA）grafted polypropylene via melt-stretching method[J]. Chinese Chemical Letters，2018，29（3）：390-394.

[16] Yang M，Cussler E L. Designing hollow-fiber contactors（p1910-1916）[J]. Aiche Journal，2010，32（11）：1910-1916.

[17] Ahmed T，Semmens M J. The use of independently sealed microporous hollow fiber membranes for oxygenation of water：model development[J]. Journal of Membrane Science，1992，69（1-2）：11-20.

[18] Shin J H，Sang B I，Chung Y C，et al. A novel CSTR-type of hollow fiber membrane biofilm reactor for consecutive nitrification and denitrification[J]. Desalination，2008，221（1-3）：526-533.

[19] Semmens M J，Ahmed T. Use of sealed end hollow fibers for bubbleless membrane aeration：experimental studies[J]. Journal of Membrane Science，1992，69（1-2）：1-10.

[20] Mulder M. Basic principles of membrane technology[M]. Dordrecht：Springer Netherlands，1996.

[21] Adams R P，Anderson L C，Bether B L，et al. Abstracts of papers to be presented at the joint sessions of the American society of plant taxonomists and the systematics section of the botanical society of America at the American Institute of Biological Sciences Meetings[J]. Systematic Botany，1972，24：117-130.

[22] Nerenberg R. Membrane biofilm reactors for water and wastewater treatment. Borchardt Conference：A Seminar on Advances in Water and Wastewater Treatment[J]. Ann Arbor，MI Conference Proceedings. 2005，February，23-25.

[23] Haugen K S，Semmens M J，Novak P J. A novel in situ technology for the treatment of nitrate contaminated groundwater[J]. Water Research，2002，36（14）：3497-3506.

[24] Visvanathan C，Hung N Q，Jegatheesan V. Hydrogenotrophic denitrification of synthetic aquaculture wastewater using membrane bioreactor[J]. Process Biochemistry，2008，43（6）：673-682.

[25] Nerenberg R. The membrane-biofilm reactor（MBfR） as a counter-diffusional biofilm process[J]. Current Opinion in Biotechnology，2016，38：131-136.

[26] Ziv-El M C，Rittmann B E. Systematic evaluation of nitrate and perchlorate bioreduction kinetics in groundwater using a hydrogen-based membrane biofilm reactor[J]. Water Research，2009，43（1）：173-181.

[27] Wu J，Yin Y，Wang J. Hydrogen-based membrane biofilm reactors for nitrate removal from water and wastewater[J]. International Journal of Hydrogen Energy，2018，43（1）：1-15.

[28] Karanasios K A，Vasiliadou I A，Pavlou S，et al. Hydrogenotrophic denitrification of potable water：A review[J]. Journal of Hazardous Materials，2010，180（1）：20-37.

[29] Martin K J，Nerenberg R. The membrane biofilm reactor（MBfR） for water and wastewater treatment：Principles，applications，and recent developments[J]. Bioresource Technology，2012，122：83-94.

[30] Essila N J，Semmens M J，Voller V R. Modeling biofilms on gas-permeable supports：Concentration and activity profiles[J]. Journal of Environmental Engineering-Asce，2000，126（3）：250-257.

[31] Perez-Calleja P，Aybar M，Picioreanu C，et al. Periodic venting of MABR lumen allows high removal rates and high gas-transfer efficiencies[J]. Water Research，2017，121：349-360.

[32] Rittmann B E，Mccarty P L. Envrionmental biotechnology：Principles and applications[M]. New York：McGraw-Hill Companies，2001.

[33] Chung J，Nerenberg R，Rittmann B E. Bioreduction of selenate using a hydrogen-based membrane biofilm reactor[J]. Environmental Science & Technology，2006，40（5）：1664-1671.

[34] Nerenberg R，Rittmann B E. Hydrogen-based，hollow-fiber membrane biofilm reactor for reduction of perchlorate and other oxidized contaminants[J]. Water Science and Technology，2004，49（11-12）：223-230.

[35] 王磊峰，王倩倩，魏丽琼，等. 生物法处理重金属废水研究状况[J]. 化工技术与开发，2013，42（1）：40-41.

[36] 夏四清，杨昕，钟佛华，等. 利用氢基质生物膜反应器去除地下水中的 Cr（Ⅵ）[J]. 同济大学学报（自然科学版），2010，38（9）：1303-1308，1328.

[37] Chung J，Nerenberg R，Rittmann B E. Bio-reduction of soluble chromate using a hydrogen-based membrane biofilm reactor[J]. Water Research，2006，40（8）：1634-1642.

[38] 王晨辉，徐晓茵，夏四清. 氢基质生物膜反应器去除水中硒酸盐研究[J]. 中国环境科学，2014，34（6）：1442-1447.

[39] Chung J，Nerenberg R，Rittmann B E. Bioreduction of selenate using a hydrogen-based membrane biofilm reactor[J]. Environmental Science & Technology，2006，40（5）：1664-1671.

[40] Chung J，Li X，Rittmann B E. Bio-reduction of arsenate using a hydrogen-based membrane biofilm reactor[J]. Chemosphere，2006，65（1）：24-34.

[41] 夏四清，钟佛华，张彦浩. 氢自养反硝化去除水中硝酸盐的影响因素研究[J]. 中国给水排水，2008，24（21）：5-8.

[42] Xia S，Zhong F，Zhang Y，et al. Bio-reduction of nitrate from groundwater using a hydrogen-based membrane biofilm reactor[J]. Journal of Environmental Sciences，2010，22（2）：257-262.

[43] 潘霖霖，武道吉，潘章斌，等. 零价铁降解地下水卤代烃技术研究进展[J]. 净水技术，2016，35（4）：31-36.

[44] 李海翔，徐晓茵，梁郡，等. 氢基质自养微生物还原降解水中对氯硝基苯的研究[J]. 环境科学学报，2012，32（10）：2394-2401.

[45] Xia S，Li H，Zhang Z，et al. Bioreduction of para-chloronitroben-zene in drinking water using a continuous stirred hydrogen-based hollow fiber membrane biofilm reactor[J]. Journal of Hazardous Materials，2011，192（2）：593-598.

[46] Chung J，Rittmann B E. Bio-reductive dechlorination of 1,1,1-trichloroethane and chloroform using a hydrogen-based membrane biofilm reactor[J]. Biotechnology and Bioengineering，2007，97（1）：52-60.

[47] 钟佛华，张彦浩，夏四清. 去除饮用水中氧化态污染物的氢基质膜生物反应器[J]. 工业水处理，2009，29（11）：7-10.

[48] Li K，Yang B，Wang L. Performance evaluation of a biotrickling filter for the removal of gas-phase 1,2-dichlorobenzene：Influence of rhamnolipid and ferric ions[J]. Chemosphere，2020，250：126261.

[49] 李海翔，杨昕，钟佛华，等. 氢自养生物还原去除地下水中对硝基氯苯（*p*-NCB）的试验研究[J]. 环境工程学报，2011，5（2）：246-250.

[50] Chung J，Krajmalnik-Brown R，Rittmann B E. Bioreduction of trichloroethene using a hydrogen-based membrane biofilm reactor[J]. Environmental Science & Technology，2008，42（2）：477-483.

[51] Xia S，Zhang Z，Zhong F，et al. High efficiency removal of 2-chlorophenol from drinking water by a hydrogen-based polyvinyl chloride membrane biofilm reactor[J]. Journal of Hazardous Materials，2011，186：1367-1373.

[52] Li H，Zhou L，Lin H，et al. Dynamic response of biofilm microbial ecology to para-chloronitrobenzene biodegradation in a hydrogen-based，denitrifying and sulfate-reducing membrane biofilm reactor[J]. Science of the Total Environment，2018，643：842-849.

[53] Long M，Ilhan Z E，Xia S，et al. Complete dechlorination and mineralization of pentachlorophenol（PCP）in a hydrogen-based membrane biofilm reactor（MBfR）[J]. Water Research，2018，144：134-144.

[54] Long M，Zeng C，Wang Z，et al. Complete dechlorination and mineralization of para-chlorophenol（4-CP）in a hydrogen-based membrane biofilm reactor（MBfR）[J]. Journal of Cleaner Production，2020，276（10）：123257.

[55] LI J，Wu F，Mailhot G，et al. Photodegradation of chloroform in aqueous solution：Impact of montmorillonite KSF particles[J]. Journal of Hazardous Materials，2010，174（1-3）：368-374.

[56] Zhang H，Ziv-El M C，Rittmann B E，et al. Effect of dechlorination and sulfate reduction on the microbial community structure in denitrifying membrane-biofilm reactors[J]. Environmental Science & Technology，2010，44（13）：5159-5164.

[57] Le C，Wu J，Deng S，et al. Effects of common dissolved anions on the reduction of para-chloronitrobenzene by zero-valent iron in groundwater[J]. Water Science and Technology，2011，63（7）：1485-1490.

[58] Xu Z，Sun Z，Zhou Y，et al. Enhanced reactivity and electron selectivity of GAC-Fe-Cu ternary micro-electrolysis system toward *p*-chloronitrobenzene under oxic conditions[J]. Journal of Hazardous Materials，2020，398（5）：123122.

[59] Yan N，An M，Chu J，et al. More rapid dechlorination of 2,4-dichlorophenol using acclimated bacteria[J]. Bioresource Technology，2021，1（326）：124738.

[60] 李海翔，林华，游少鸿，等. pH 对氢基质自养微生物还原降解对氯硝基苯的影响[J]. 环境科学学报，2015，35（7）：2083-2089.

[61] Xia S，Xu X，Zhou C，et al. Direct delivery of CO_2 into a hydrogen-based membrane biofilm reactor and model development[J]. Chemical Engineering Journal，2016，290：154-160.

[62] Lee K C，Rittmann B E. Effects of pH and precipitation on autohydrogenotrophic denitrification using the hollow-fiber membrane-biofilm reactor[J]. Water Research，2003，37（7）：1551-1556.

[63] Chung J，Li X，Rittmann B E. Bio-reduction of arsenate using a hydrogen-based membrane biofilm reacto[J]. Chemosphere，2006，65（1）：24-34.

[64] 林华，苑宇杭，韩亚梅，等. 氢基质生物膜反应器同步去除溴酸盐和高氯酸盐的影响因素分析[J]. 水处理技术，2021，47（2）：112-118.

[65] Xia S，Zhong F，Zhang Y，et al. Bio-reduction of nitrate from groundwater using a hydrogen-based membrane biofilm reactor[J]. Journal of Environmental Sciences，2010，22（2）：257-262.

[66] Ghafari S，Hasan M，Aroua M K. Effect of carbon dioxide and bicarbonate as inorganic carbon sources on growth and adaptation of autohydrogenotrophic denitrifying bacteria[J]. Journal of Hazardous Materials，2009，162（2-3）：1507-1513.

[67] Xia S，Wu C，Yang X，et al. Bioreduction of nitrate in high-sulfate water using a hydrogen-based membrane biofilm reactor equipped with a separate carbon dioxide module[J]. Chemical Engineering Journal，2020，385：123831.

[68] Jiang M，Zheng J，Perez-Calleja P，et al. New insight into CO_2-mediated denitrification process in

H_2-based membrane biofilm reactor: an experimental and modeling study[J]. Water Research, 2020, 184: 116177.

[69] Tang Y, Zhou C, Ziv-El M C, et al. A pH-control model for heterotrophic and hydrogen-based autotrophic denitrification[J]. Water Research, 2011, 45（1）: 232-240.

[70] Suárez J, Aybar M, Nancucheo I, et al. Influence of operating conditions on sulfate reduction from real mining process water by membrane biofilmreactors[J]. Chemosphere, 2020, 244: 125508.

[71] Chen D, Wang D, Xiao Z, et al. Nitrate removal in a combined bioelectrochemical and sulfur autotrophic denitrification system under high nitrate concentration: effects of pH[J]. Bioprocess and Biosystems Engineering, 2018, 41（4）: 449-455.

[72] Semmens M. Membrane technology: Pilot studies of membrane-aerated bioreactors[M]. Alexandria, USA: Water Environment Research Foundation, 2005.

[73] Suzuki Y, Miyahara S, Takeishi K. Oxygen supply method using gas-permeable film for wastewater treatment[J]. Water Science & Technology, 1993, 28（7）: 243-250.

[74] Crittenden J C, Trussell R R, Hand D W, et al. Water treatment: Principles an design [M]. Hoboken, USA: John Wiley & Sons, 2005.

[75] Adham S, Gilligly T. Membrane biofilm reactor process for nitrate and perchlorate removal [M]. Denver, USA: AWWA Research Foundation, 2005.

[76] Clech P L, Chen V, Fane T A. Fouling in membrane bioreactors used in wastewater treatment[J]. Journal of Membrane Science, 2006, 284（1）: 17-53.

[77] Celmer D, Oleszkiewicz J, Cicek N, et al. Hydrogen limitation-a method for controlling the performance of membrane biofilm reactor for autotrophic denitrification of wastewater[J]. Water Science & Technology, 2006, 54（9）: 165-172.

[78] Liss S N. A comparative study between thermophilic and mesophilic membrane aerated biofilm reactors[J]. Environment Engineering Science, 2007, 6: 247-252.

[79] Santos L M F D, Livingston A G. Membraneattached biofilms for VOC wastewater treatment. II: effect of biofilm thickness on performance[J]. Biotechnology and Bioengineering, 1995, 47: 90-95.

[80] Splendiani A, Livingston A G, Nicolella C. Control of membrane-attached biofilms using surfactants[J]. Wiley InterScience, 2006, 94（1）: 15-23.

[81] Adham S, Gillogly T, Lehman G, et al. Membrane biofilm reactor process for nitrate and perchlorate removal[C]. American Water Works Association Research Foundation, 2004.

[82] Eoin C, Eoin S, John W S, et al. Comparative economic analysis of full scale MABR configurations[C]. WA North American Membrane Research Conference, 2008.

[83] Li H, Lin H, Xu X, et al. Simultaneous bioreduction of multiple oxidized contaminants using a membrane biofilm reactor[J]. Water Environment Research，2017，89（178）：178-185.

[84] Stahl D A. Evolution，ecology，and diagnosis：Unity in variety[J]. Nature Biotechnology，1986，4（7）：623-628.

[85] Halden R U，Colquhoun D R，Wisniewski E S. Identification and phenotypic characterization of Sphingomonas wittichii strain RW1 by peptide mass fingerprinting using matrix-assisted laser desorption ionization-time of flight mass spectrometry[J]. Applied and Environmental Microbiology，2005，71（5）：2442-2451.

[86] Zhang H S，Bruns M A，Logan B E. Perchlorate reduction by a novel chemolithoautotrophic，hydrogen-oxidizing bacterium[J]. Environmental Microbiology，2002，4（10）：570-576.

[87] Comtet M. Funktion СОГЛАСОВАНИЯ ПО ПРИНЦИПУ СОСЕДСТВА ИМЕНИ ПРИЛАГАТЕЛЬНОГО В СОВРЕМЕННОМ РУССКОМ ЯЗЫКЕ[J]. Russian Linguistics，1985，39（1）：2014-2023.

[88] Chung J W，Ryu H D，Abbaszadegan M，et al. Community structure and function in a H_2-based membrane biofilm reactor capable of bioreduction of selenate and chromate[J]. Applied Microbiology and Biotechnology，2006，72（6）：1330-1339.

[89] Nerenberg R，Kawagoshi Y，Rittmann B E. Microbial ecology of a perchlorate-reducing，hydrogen-based membrane biofilm reactor[J]. Water Research，2008，42（4-5）：1151-1159.

[90] Ahn C H，Oh H，Ki D，et al. Bacterial biofilm-community selection during autohydrogenotrophic reduction of nitrate and perchlorate in ion-exchange brine[J]. Applied Microbiology and Biotechnology，2009，81（6）：1169-1177.

[91] Ontiveros-Valencia A，Zhou C，Zhao H P，et al. Managing microbialcommunities in membrane biofilm reactors[J]. Applied Microbiology and Biotechnology，2018，102：9003-9014.

[92] Chen R，Luo Y H，Chen J X，et al. Evolution of the microbial community of the biofilm in a methane-based membrane biofilm reactor reducing multiple electron acceptors[J]. Environment Science Pollution Reaearch，2016，23（10）：9540-9548.

[93] Valencia A O，Penton C R，Brown R K，et al. Hydrogenfed biofilm reactors reducing selenate and sulfate：Community structure and capture of elemental selenium within the biofilm[J]. Biotechnology and Bioengineering，2016，113（8）：1736-1744.

[94] Zhao H P，Ilhan Z E，Valencia A O，et al. Effects of multiple electron acceptors on microbial interactions in a Hydrogen-Based Biofilm[J]. Environmental Science & Technology，2013，47（13）：7396-7403.

[95] Zhao H P，Valencia A O，Tang Y N，et al. Using a two-stage hydrogen-based membrane biofilm reactor

(MBfR) to achieve complete perchlorate reduction in the presence of nitrate and sulfate[J]. Environmental Science & Technology，2013，47（3）：1565-1572.

[96] Zhao H P，Ginkel S V，Tang Y N，et al. Interactions between perchlorate and nitrate reductions in the biofilm of a hydrogen-based membrane biofilm reactor[J]. Environmental Science & Technology，2011，45（23）：10155-10162.

[97] Zhong L，Lai C Y，Shi L D，et al. Nitrate effects on chromate reduction in a methane-based biofilm[J]. Water Research，2017，115：130-137.

[98] Long Q，Zhou C，XIA S Q，et al. Concomitant Cr（Ⅵ）reduction and Cr（Ⅲ）precipitation with nitrate in a methane/oxygen-based membrane biofilm reactor[J]. Chemical Engineering Journal，2017，315：58-66.

[99] Zhuang W Q，Yi S，Bill M，et al. Incomplete Wood-Ljungdahl pathway facilitates one-carbon metabolism in organohalide-respiring Dehalococcoides mccartyi[J]. Proceedings of the National Academy of Sciences of the United States of America，2014，111（17）：6419-6424.

[100] Gatell X M，Chien Y T，Gossett J M，et al. Isolation of a bacterium that reductively dechlorinates tetrachloroethene to ethene[J]. Science，1997，276（5318）：1568-1571.

[101] Caldwell S L，Laidler J R，Brewer A B，et al. Anaerobic oxidation of methane：mechanisms，bioenergetics，and the ecology of associated microorganisms[J]. Environmental Science & Technology，2008，42（18）：6791-6799.

第 2 章

氢基质生物膜反应器去除 BrO_3^- 研究

2.1 研究内容

在饮用水的臭氧消毒过程中通常会产生溴的消毒副产物。当原水中含有高浓度的 Br^- 时，Br^- 与臭氧接触会逐渐被氧化生成 BrO_3^-，反应方式为 $3O_3+Br^- \longrightarrow 3O_2+BrO_3^-$。由于天然原水中通常含有 Br^-，因此现有臭氧消毒的饮用水中一般伴有副产物 BrO_3^-。相较于 Br^-，BrO_3^- 毒性较大且为 2B 级潜在致癌物，但其在一般天然地表水中含量较低。《生活饮用水卫生标准》（GB 5749—2022）已限定 BrO_3^- 的标准限值为 10 μg/L。传统的 BrO_3^- 去除方法以物理化学法为主，而近年来，基于生物处理技术的去除策略日益受到研究关注。利用自养生物还原技术处理氧化性污染物已取得显著进展。该技术的最大优势在于无须投加有机碳源与氮源，从而避免了由此引起的出水二次污染问题，因此被视为一种绿色可持续的水处理技术。本章利用 H_2-MBfR 对 BrO_3^- 的生物处理进行相关研究，系统考察了反应器对 BrO_3^- 的还原性能、还原机理及影响因素，研究目的是通过实验室研究获得一些反应器性能的参数及指标，为后续的实际应用提供技术参考。

2.2 材料与方法

2.2.1 H_2-MBfR

本研究所用装置为连续搅拌式氢基质生物膜反应器（CS-MBfR），如图 2.1 所示。反应器主体由有机玻璃筒体、磁力搅拌装置、进出水及供氢管路系统组成。反应器底部和上部分别设置进水口和出水口。进水通过蠕动泵从底部进水口泵入，出水通过上部出水口靠重力流出反应器。出水管线上设置气体取样口，目的是收集出水中逸出的 H_2。有机玻璃筒体内含两束 HFM 组件，分别固定在筒体的两个末端，作为生物膜的附着载体和 H_2 扩散装置。底部的磁力搅拌装置能产生足够的涡旋剪切力，使反应器中的液体保持混合均匀的状态。反应器膜组件采用的 HFM 为疏水性 PVC 材质，具有微小膜孔和较大的比表面积。*p*-CNB 还原试验中的 CS-MBfR 特征参数见表 2-1。

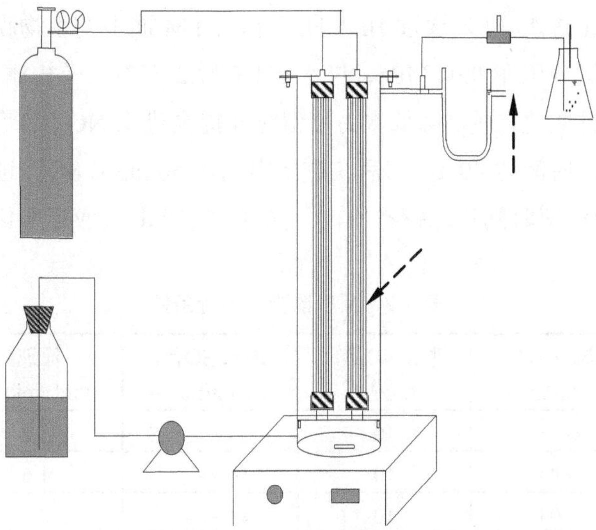

图 2.1　CS-MBfR 示意图

表 2.1　*p*-CNB 还原试验中的 CS-MBfR 特征参数

参数	单位	数值
反应器高度	cm	24
反应器内径	cm	7
HFM 数量	根	132
膜内径	cm	0.085
膜外径	cm	0.15
膜表面积	cm^2	990
孔隙率	%	95.8
进水流量	mL/min	2
反应器有效容积	cm^3	625
水力停留时间	h	5.2

2.2.2 反应器启动与驯化

CS-MBfR 启动时，反应器启动与驯化试验将可行性试验阶段驯化富集的氢自养细菌作为反应器的接种细菌。把混合细菌经过离心处理之后，提取悬浮液 50 mL 接种于反应器，间隙运行使微生物在膜外表面初步富集。间隙运行阶段，进水流量为 1.2 mL/min，氢分压为 0.02 MPa，进水 NO_3^--N 浓度为 5 mg/L。将一天的运行时间划分为 2 个周期，连续进水 20 h，停止进水 4 h，通过 10 d 的运行，HFM 面上的生物膜逐渐形成。随后进入驯化阶段，维持氢分压在 0.04 MPa、进水 pH 在 7.2 左右。首先添加 10 mg/L NO_3^--N 对生物膜微生物进行驯化，通过降低水力停留时间提高进水 NO_3^--N 负荷，使生物膜逐步适应负荷升高，运行时间达 40 d；随后在进水中加入 50 mg/L SO_4^{2-}进行驯化，氢分压、NO_3^--N 浓度和水力停留时间均保持不变，运行时间为 20 d。反应器驯化运行条件见表 2.2。

表 2.2 反应器驯化运行条件

运行时间/d	氢分压/MPa	进水 NO_3^--N/（mg/L）	进水 SO_4^{2-}/（mg/L）	流速/（mL/min）	HRT/h
1～10	0.04	10	—	1.2	7.8
11～20	0.04	10	—	1.6	5.8
21～40	0.04	10	—	2.0	4.7
41～60	0.04	10	50	2.0	4.7

2.2.3 影响因素研究

本研究通过一系列的短期试验考察初始 BrO_3^-浓度、氢分压、NO_3^--N 浓度、SO_4^{2-}浓度和 pH 对反应器还原 BrO_3^-的影响。各因素的试验均在 30℃下进行，进水流速为 2 mL/min，水力停留时间（Hydraulic Retention Time，HRT）为 4.7 h。在进行每个因素试验之前，均需调节反应器运行一段缓冲工况（3 d），即氢分压为 0.04 MPa、进水 NO_3^--N 浓度为 10 mg/L、SO_4^{2-}浓度为 50 mg/L、BrO_3^-浓度为 0.5 mg/L、pH 为 7.5，以使反应器达到相同的准一级平衡状态，使每一个短期试验的背景值相近。虽然反应器在还原 BrO_3^-阶段进水 NO_3^--N 浓度仅为 1 mg/L，但是饮用水中的 NO_3^--N 浓度远高于 1 mg/L。因此，为了更好地评价 NO_3^--N 产生的影响及其对电子供体的竞争效应，在这些短期试验中进水 NO_3^--N 浓度均维持在较高水平。对于每个系列试验，每改变一次工况，首先会使反应器连续运行 24 h 后再每天取样，因为 24 h（多于 4 倍 HRT）足以使系统达到一个拟稳定状态，此时溶液混合均匀、浓度达到恒定，但生物膜累积量和生物量并没有明显变化[1]。每个不同系列的工况条件均每隔 12 h 取样一次，共取 3 个，取平均值以减小误差并计算各值之方差。反应器还原BrO_3^-的影响因素如表 2.3 所示。

表 2.3 反应器还原BrO_3^-的影响因素

<table>
<tr><th>序号</th><th>进水 BrO_3^-/（mg/L）</th><th>氢分压/MPa</th><th>进水 NO_3^--N/（mg/L）</th><th>进水 SO_4^{2-}/（mg/L）</th><th>进水 pH</th></tr>
<tr><td rowspan="4">1</td><td>0.1</td><td rowspan="4">0.04</td><td rowspan="4">10</td><td rowspan="4">50</td><td rowspan="4">7.5</td></tr>
<tr><td>0.2</td></tr>
<tr><td>0.5</td></tr>
<tr><td>1.0</td></tr>
<tr><td rowspan="4">2</td><td rowspan="4">0.5</td><td>0.03</td><td rowspan="4">10</td><td rowspan="4">50</td><td rowspan="4">7.5</td></tr>
<tr><td>0.04</td></tr>
<tr><td>0.05</td></tr>
<tr><td>0.06</td></tr>
<tr><td rowspan="4">3</td><td rowspan="4">0.5</td><td rowspan="4">0.04</td><td>1</td><td rowspan="4">50</td><td rowspan="4">7.5</td></tr>
<tr><td>5</td></tr>
<tr><td>10</td></tr>
<tr><td>20</td></tr>
<tr><td rowspan="4">4</td><td rowspan="4">0.5</td><td rowspan="4">0.04</td><td rowspan="4">10</td><td>10</td><td rowspan="4">7.5</td></tr>
<tr><td>20</td></tr>
<tr><td>50</td></tr>
<tr><td>100</td></tr>
<tr><td rowspan="4">5</td><td rowspan="4">0.5</td><td rowspan="4">0.04</td><td rowspan="4">10</td><td rowspan="4">50</td><td>6.0</td></tr>
<tr><td>7.0</td></tr>
<tr><td>7.5</td></tr>
<tr><td>8.0</td></tr>
</table>

2.2.4 基质利用与生长代谢动力学研究

由于反应器生物膜内同时存在基质的扩散和基质的利用，动力学模型采用基质利用与细菌生长代谢的动力学，通过一系列短期试验来建立BrO_3^-利用与细菌生长代谢的反应动力学模型。短期试验中进水NO_3^--N 浓度仅为 1 mg/L，进水流速为 2 mL/min，氢分压为 0.04 MPa，pH 为 7.5，并逐步增加进水BrO_3^-的浓度（0.1～70 mg/L）。每一系列短期试验运行 4 d，连续取样 3 d，并做平均值及方差处理。反应器还原BrO_3^-的短期试验运行条件见表 2.4。反应器先通过连续检测出水浓度和BrO_3^-的去除通量，再根据模型进行非线性拟合得出相关参数。

表 2.4　反应器还原 BrO_3^- 的短期试验运行条件

序号	进水 BrO_3^-/（mg/L）	NO_3^--N/（mg/L）	流速/（mL/min）	氢分压/MPa	pH
1	0.1	1	2.0	0.04	7.5
2	0.2	1	2.0	0.04	7.5
3	0.5	1	2.0	0.04	7.5
4	1	1	2.0	0.04	7.5
5	2	1	2.0	0.04	7.5
6	5	1	2.0	0.04	7.5
7	10	1	2.0	0.04	7.5
8	20	1	2.0	0.04	7.5
9	50	1	2.0	0.04	7.5
10	70	1	2.0	0.04	7.5

2.3　试验结果

2.3.1　反应器启动与驯化

在反应器经过启动与初期的间歇运行之后，生物在膜表面有少量富集。随后反应器进入驯化阶段，此时进水流速为 1.2 mL/min（HRT=7.8 h），进水 NO_3^--N 浓度为 10 mg/L，氢分压为 0.04 MPa。CS-MBfR 驯化阶段出水 NO_3^--N、NO_2^--N 和 SO_4^{2-}浓度如图 2.2 所示。

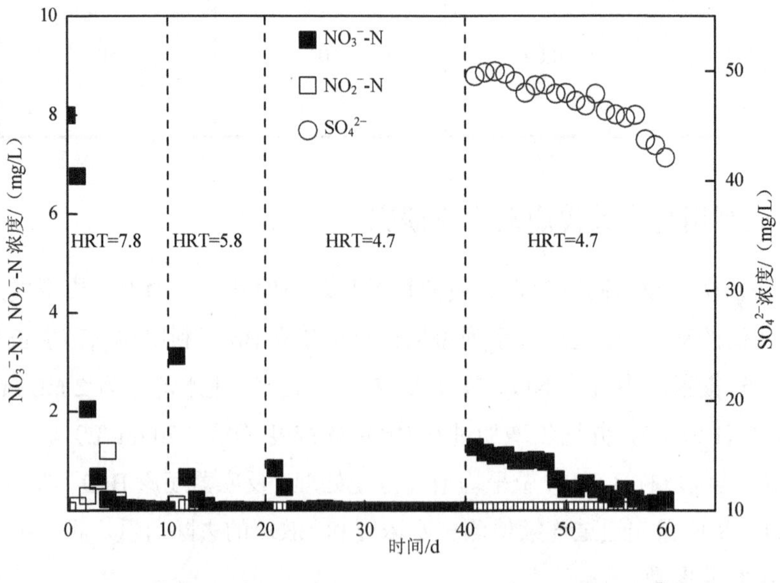

图 2.2　CS-MBfR 驯化阶段出水 NO_3^--N、NO_2^--N 和 SO_4^{2-}浓度

当 NO_3^--N 被投加到反应器以后，其浓度持续降低，第 5 天已降至 0.11 mg/L，还原速率高达 30.52 g/（m^3·d），膜表面去除通量为 0.270 g/（m^2·d）；NO_2^--N 浓度随 NO_3^--N 还原而上升，第 4 天达到最高浓度（1.2 mg/L）。随着反应器运行，NO_2^--N 和 NO_3^--N 浓度均降至未检出的水平。第 11 天，提高进水流速至 1.6 mL/min，NO_3^--N 进水负荷提高至 0.364 g/（m^2·d），出水 NO_3^--N 浓度经过较小的波动后逐渐降至无法检出的水平。第 21 天，改变进水流速至 2 mL/min，NO_3^--N 进水负荷提高至 0.455 g/（m^2·d），运行 20 d 后达到稳定状态。自第 41 天开始，向进水中投加浓度为 50 mg/L 的 SO_4^{2-}，进水表面负荷为 2.275 g/（m^2·d）。随着反应器连续运行，出水中的 SO_4^{2-}浓度持续降低，至工况结束时出水 SO_4^{2-}浓度为 42.1 mg/L、还原速率达 40.63 g/(m^3·d)、去除通量为 0.359 g/(m^2·d)。加入 SO_4^{2-}以后，出水中的 NO_3^--N 浓度呈现上升趋势，表明增加 SO_4^{2-}浓度会对 H_2 产生竞争性抢夺，使 NO_3^--N 还原受到 H_2 可利用率的影响。经过 60 d 的连续运行，生物膜对 NO_3^--N 和 SO_4^{2-}产生一定的适应性，生物膜厚度逐渐增加，用肉眼可以看见纤维膜表面生长着一层黄褐色的生物膜。

2.3.2 反应器对 BrO_3^-的还原

2.3.2.1 反应器去除 BrO_3^-的性能

通过 60 d 的连续运行后，反应器生物膜逐步成熟，运行逐步稳定。随后在进水中投加不同浓度的 BrO_3^-，进入反应器还原 BrO_3^-的运行阶段。CS-MBfR 还原 BrO_3^-过程中各污染物出水浓度如图 2.3 所示。第一阶段，投加 BrO_3^-浓度为 0.1 mg/L，此时进水 NO_3^--N 和 SO_4^{2-}浓度分别为 1 mg/L 和 50 mg/L，氢分压为 0.04 MPa。由于进水 NO_3^--N 浓度较低，反硝化效果非常好，出水 NO_3^--N 和 NO_2^--N 浓度均达到未检出的水平。由于生物膜经过了前期的 SO_4^{2-}适应性阶段，SO_4^{2-}浓度也持续降低。反应器对低浓度的 BrO_3^-具有良好的去除效果，第 12 天出水 BrO_3^-浓度已小于 0.01 mg/L，至第一阶段结束时出水中未检测出 BrO_3^-，去除率接近 100%，生物膜去除通量达 0.005 g/（m^2·d）。Br^-浓度随着 BrO_3^-不断被还原而逐渐升高，第 20 天出水 BrO_3^-浓度高达 0.062 mg/L。自第 21 天起，增加进水 BrO_3^-浓度至 0.5 mg/L，将表面负荷提高至 0.023 g/（m^2·d）。从图 2.3 中可以看出，虽然进水负荷增大，但 BrO_3^-还原速率基本不受影响，出水 BrO_3^-浓度持续降低。第 40 天，出水 BrO_3^-浓度为 0.065 mg/L，去除率为 87%，去除通量达到 0.020 g/（m^2·d），出水中 Br^-浓度为 0.301 mg/L。第 41 天，继续增大 BrO_3^-浓度至 1 mg/L，进水表面负荷提高至 0.045 g/（m^2·d）。虽然反应器还原 BrO_3^-的效果较好，但是较高负荷导致出水浓度明显高于低负荷时的出水浓度，至该阶段运行结束时，出水 BrO_3^-浓度为 0.148 mg/L，去除率为 85.2%，去除通量达 0.039 g/（m^2·d）。第 61 天，为了增强还原效果，在保持进水浓度和流速不变的情况下提高氢分压至 0.06 MPa。结果表明，提高氢分压能增强 BrO_3^-的还原速率，出水浓度明显降低，第 80 天时，出水 BrO_3^-浓度为 0.093 mg/L，去除率为 90.7%，去除通量为 0.041 g/（m^2·d）。

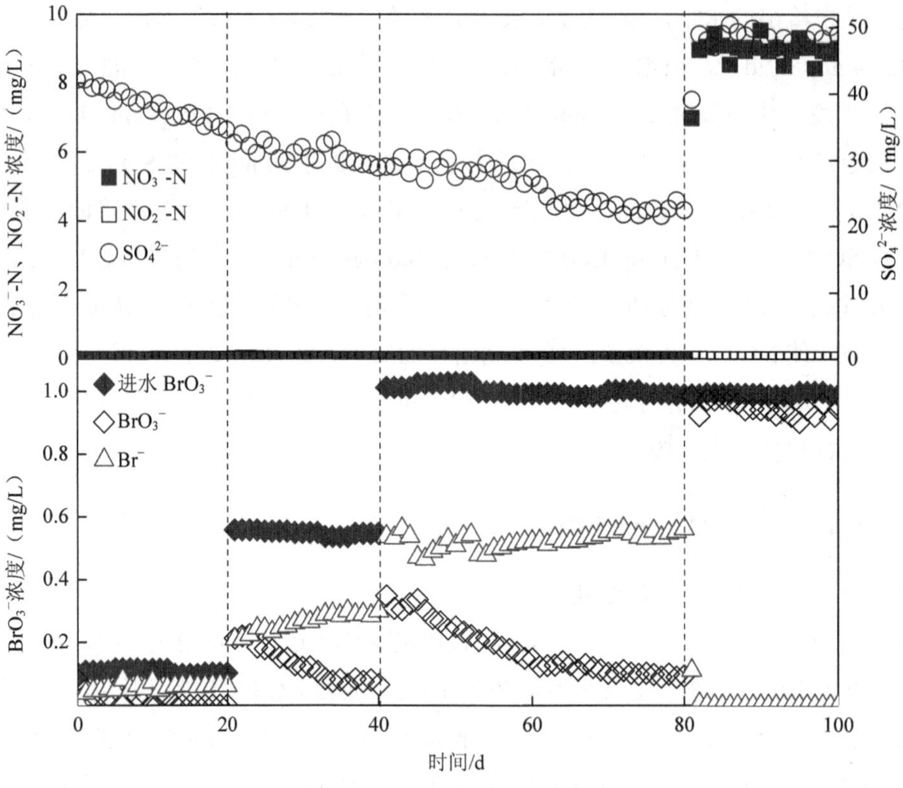

图 2.3 CS-MBfR 还原 BrO_3^-过程中各污染物出水浓度

总体来看，提高 BrO_3^-的进水负荷对 NO_3^--N 和 SO_4^{2-}的还原未产生明显影响，两者的还原速率保持良好，出水中基本未检测出 NO_3^--N 和 NO_2^--N，运行结束时 SO_4^{2-}的出水浓度低于 23 mg/L（去除率＞54%）。继续增大进水 BrO_3^-的浓度以考察负荷冲击对反应器还原 BrO_3^-的影响。当进水 BrO_3^-浓度为 0.1 mg/L 时，出水 BrO_3^-的浓度小于 0.01 mg/L（标准限值）。虽然在后两种负荷条件下出水 BrO_3^-的浓度均高于 0.01 mg/L，但两者的进水浓度至少是标准限值的 50 倍，且两种条件下的去除率均接近 90%，说明反应器对 BrO_3^-的去除效果仍然良好，尤其是对于高浓度（0.5 mg/L）的 BrO_3^-。

为明确 BrO_3^-浓度的下降是源于生物膜表面氢自养微生物的还原作用，抑或其他代谢途径所致，需通过试验进一步验证，在 81～100 d 阶段停止通入 H_2 并进行对比试验，此时进水 NO_3^--N、SO_4^{2-}和 BrO_3^-浓度分别为 10 mg/L、50 mg/L 和 1 mg/L。由图 2.3 可知，

停止通入 H_2 以后，NO_3^--N 浓度基本在 9 mg/L 左右波动；BrO_3^- 浓度变化也不明显，维持在 0.9 mg/L 左右，而且出水中未检测到 Br^- 存在；出水 SO_4^{2-} 还原也基本停止。三者出水浓度的较小波动可能是膜表面微生物的物理吸附及管线附着微生物的物理吸附所致。没有 H_2 作为电子供体，NO_3^--N、SO_4^{2-} 和 BrO_3^- 的生物还原速率均很小，接近零。试验结果表明，BrO_3^- 浓度的降低是由氢自养微生物将 H_2 为电子供体进行生物还原作用引起的。

表 2.5 为反应器还原 BrO_3^- 过程中达到的稳定状态的出水水质。由表 2.5 可知，BrO_3^- 进水负荷和氢分压均能影响 BrO_3^- 的生物还原速率。在相同的氢分压条件下，当进水 BrO_3^- 浓度由 0.10 mg/L 增至 0.99 mg/L 时，BrO_3^- 的去除通量上升至 0.038 g/（m^2·d），但去除率由 100%降至 83%。试验结果表明，虽然增加了进水负荷，但是生物膜承载有限，并不能使 BrO_3^- 的绝对去除通量随进水负荷增加呈线性增长，因而导致去除率降低。氢分压由 0.04 MPa 提高至 0.06 MPa 导致 BrO_3^- 去除通量由 0.038 g/（m^2·d）上升至 0.041 g/（m^2·d），BrO_3^- 去除率提高至 91%，这说明氢分压的增加直接增强了 BrO_3^- 的还原速率。通过比较进出水总有机碳（TOC）含量发现，出水 TOC 含量均有所上升，但上升幅度较小。由于微生物正常生长代谢过程中会产生一些溶解性微生物产物[2,3]，出水中 TOC 含量会小幅上升。

表 2.5 CS-MBfR 稳定阶段的水质指标及参数

参数	稳定阶段/d			
	16～20	36～40	56～60	76～80
氢分压/MPa	0.04	0.04	0.04	0.06
进水 BrO_3^- 浓度/（mg/L）	0.10	0.54	0.99	0.99
进水 TOC 含量/（mg C/L）	1.6	1.1	1.9	1.3
出水 BrO_3^- 浓度/（mg/L）	ND	0.07±0.01	0.17±0.02	0.09±0.01
出水 Br^- 浓度/（mg/L）	0.06±0.00	0.29±0.01	0.51±0.01	0.55±0.01
出水 NO_3^--N 浓度/（mg/L）	ND	ND	ND	ND
出水 SO_4^{2-} 浓度/（mg/L）	35.34±0.73	29.49±0.46	27.61±1.11	22.64±0.85
出水 TOC/（mg C/L）	2.1	1.8	2.6	1.9
BrO_3^- 去除率/%	100	87	83	91
BrO_3^- 去除通量/［g BrO_3^-/（m^2·d）］	0.005	0.020	0.038	0.041
NO_3^--N 去除通量/［g NO_3^--N/（m^2·d）］	0.045	0.045	0.045	0.045
SO_4^{2-} 去除通量/［g SO_4^{2-}/（m^2·d）］	0.749	0.933	1.019	1.245

注：ND 表示未检出。

2.3.2.2 BrO_3^-还原机制

向反应器中投加 BrO_3^-后，出水 BrO_3^-浓度持续降低，Br^-浓度随 BrO_3^-浓度降低而升高，这说明 BrO_3^-的还原产物为 Br^-。通过对比试验可知，水中 BrO_3^-浓度的降低是由自养生物还原途径导致的。图 2.4 为 BrO_3^-生物还原的途径[4-6]。从图中可以看出，BrO_3^-完全还原的最终产物为 Br^-和 O_2，而 O_2 在氢自养还原条件下可以获得来自 H_2 的电子（e^-）生成 H_2O。通过还原途径可知，完全还原 1 mg/L 的 BrO_3^-将产生 0.625 mg/L 的 Br^-。在 4 种不同稳定状态下，出水 Br^-与去除 BrO_3^-的质量浓度之比分别为 0.620、0.624、0.619 和 0.627。结果表明，在本试验条件下，自养微生物利用 H_2 为电子供体还原 BrO_3^-的反应为完全还原，没有中间产物 BrO_2^-的积累。虽然 BrO_2^-对微生物是一种有毒物质，但其作为中间产物，在近中性的条件下极其不稳定且容易被还原[7]。

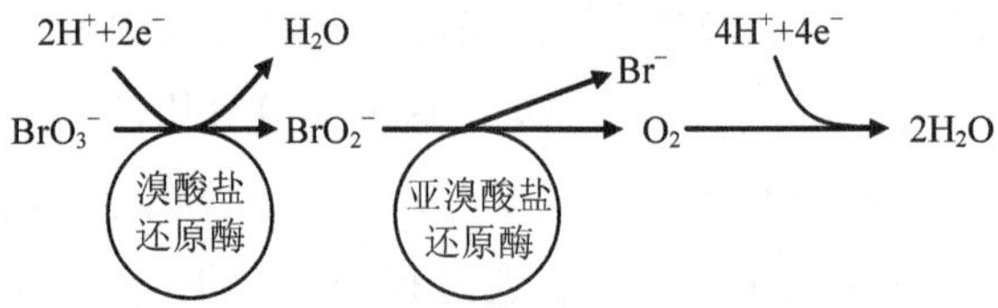

图 2.4 BrO_3^-还原途径

生物膜经过前期的 NO_3^--N 驯化，自养微生物对 NO_3^--N 具有较强的反硝化酶活性。通过反应器长期运行可以发现，具有反硝化酶活性的微生物同样能够还原 BrO_3^-，这就意味着一些反硝化细菌同时也是 BrO_3^-还原菌。当两种底物共同存在时，可以进行基质共存共代谢的降解。为了观察 NO_3^--N 和 BrO_3^-共存时的共代谢降解情况，科研人员在反应器对比试验结束之后进行了降解速率试验。放空反应器内的液体，重新向反应器注满含有 NO_3^--N 浓度 1 mg/L 和 BrO_3^-浓度 1 mg/L 的进水，随后停止进水，并维持氢分压为 0.06 MPa。每隔 0.5 h 从反应器底部放空管处收集出水，检测 NO_3^--N 和 BrO_3^-的浓度变化，结果如图 2.5 所示。可以看出，反应器中发生了 BrO_3^-还原，但是平均还原速率很慢［0.18 mg/（L·h）］，即使在反硝化很彻底之后也没有明显增大。依据还原速率，在最初的 1 h 之内仅有 0.25 mg/L 被还原，完全还原 1 mg/L 的 BrO_3^-至少需要 5 h。相较于反硝化，BrO_3^-的反应动力也非常缓慢。结果表明，BrO_3^-的还原过程可能依赖于反硝化酶的共代谢作用，但也可能存在其他独立的 BrO_3^-还原途径。

有研究表明，BrO_3^-在反硝化和 ClO_4^-还原条件下能够被反硝化酶和 ClO_4^-还原酶共代谢还原生成无毒的 Br^-[8-10]，但是 Hijnen 等研究发现，持续将微生物暴露在高浓度的 BrO_3^-条件下会增加 BrO_3^-的比还原速率[4]。结果表明，BrO_3^-为异化生物且伴随生物量的增加。也有学者发现，BrO_3^-能作为唯一的电子受体在异养环境中被生物还原[7]。可行性研究发现，长时间处于 BrO_3^- 环境中的自养微生物能将 BrO_3^- 还原，而且生物量有逐渐增加的趋势，这说明自养微生物能够从还原反应中获取能量。以上结果表明混合微生物中存在异化 BrO_3^- 还原菌。

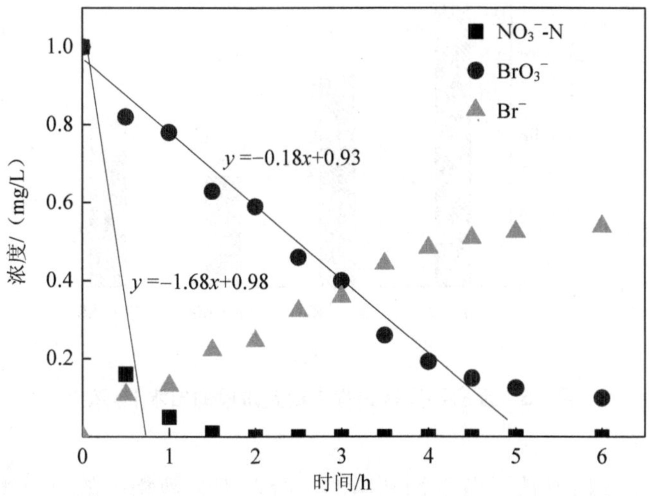

图 2.5 反应器中电子受体浓度与时间的变化关系

综上所述，在氢自养还原条件下，生物膜内的 BrO_3^- 还原可能存在 2 种机制，分别为 BrO_3^- 和 NO_3^--N 共存时的反硝化酶共代谢还原机制和独立存在的 BrO_3^- 异化还原机制。无论共代谢生长还是异化生长，NO_3^--N 或 ClO_4^- 都将起到作为第一电子受体为 BrO_3^- 还原菌生长提供能量的重要作用。考虑到饮用水中 NO_3^--N 的浓度明显高于 BrO_3^- 的浓度（数量级差别），在 MBfR 处理饮用水过程中，NO_3^--N 将成为第一电子受体。但是，当 NO_3^--N 为第一电子受体时，高浓度的 NO_3^--N 将会抑制 BrO_3^- 还原[8,11,12]。

2.3.2.3 H_2 质量平衡估算

为了估算反应器对 H_2 的利用速率及利用效率，可在反应器运行到稳定阶段后检测反应器中液相的 H_2 含量。反应器运行过程中稳定阶段的出水 H_2 浓度如图 2.6 所示。

总体来看，出水 H_2 浓度随着进水 BrO_3^- 浓度升高而不断降低且降低趋势较为明显，进水 BrO_3^- 浓度为 0.1 mg/L 时出水 H_2 浓度为 0.148 mg/L，进水 BrO_3^- 浓度升高至 1 mg/L 时出水 H_2 浓度仅为 0.058 mg/L（降低 61%）。试验结果表明，提高 BrO_3^- 进水浓度会使电子受体消耗的 H_2 量增加。提高氢分压表示提供的电子供体数量增多，这意味着 H_2 可利用率增大，因此在电子受体总量不变的情况下被利用的 H_2 量相对减少，所以 76～80 d 阶段出水 H_2 浓度增加至 0.092 mg/L。上述结果表明，H_2 利用率与水中存在的电子受体数量和电子供体数量具有紧密联系。计算 H_2 的利用率时，建立 H_2 与 NO_3^--N、SO_4^{2-} 和 *p*-CNB

的质量平衡关系需要基于以下 2 点假设或前提：

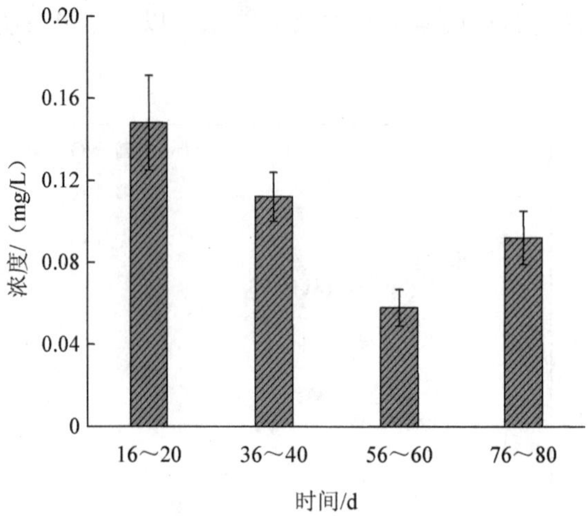

图 2.6 反应器运行过程中稳定阶段的出水 H_2 浓度

①忽略底物被液相中悬浮微生物利用的部分，因为液相中的悬浮微生物相对生物膜微生物利用底物的比例或速率很小；

②进行质量平衡时不考虑生物膜生物量的增长，默认其处于相对稳定状态，主要是因为自养微生物的生物产率很低从而忽略不计。

根据上述假设，反应器中 H_2 与 NO_3^--N、SO_4^{2-}和 BrO_3^-的质量平衡方程式如下。

$$R_{HB}V_R=a_{HN}Q(S_{Ni}-S_{Ne})+a_{HS}Q(S_{Si}-S_{Se})+a_{HBr}Q(S_{Bri}-S_{Bre}) \tag{2-1}$$

$$J_{HT}A_B=R_{HB}V_R+QS_{He} \tag{2-2}$$

$$S_{Hu}=a_{HN}(S_{Ni}-S_{Ne})+a_{HS}(S_{Si}-S_{Se})+a_{HBr}(S_{Bri}-S_{Bre}) \tag{2-3}$$

$$H_2\ \text{utilization}=\left(1-\frac{S_{He}}{S_{Hu}+S_{He}}\right)\times 100\% \tag{2-4}$$

式中，R_{HB} —— 生物膜利用 H_2 速率，mg H_2/（cm^3·d）；

J_{HT} —— 生物膜利用 H_2 通量，mg H_2/（cm^2·d）；

H_2 utilization —— H_2 被生物膜利用效率，%；

V_R —— 反应器的有效容积，cm^3；

A_B —— 生物膜总表面积，cm^2；

Q —— 进水流量，L/d；

S_{Ni}、S_{Ne} —— 进、出水 NO_3^--N 质量浓度，mg/L；

S_{Si}、S_{Se} —— 进、出水 SO_4^{2-}质量浓度，mg/L；

S_{Bri}、S_{Bre} —— 进、出水 BrO_3^- 质量浓度，mg/L；

a_{HN} —— NO_3^--N 还原反应中氢和 N 的化学计量关系，mg H_2/mg N；

a_{HS} —— SO_4^{2-} 还原反应中氢和 SO_4^{2-} 的化学计量关系，mg H_2/mg SO_4^{2-}；

a_{HBr} —— BrO_3^- 还原反应中氢和 BrO_3^- 的化学计量关系，mg H_2/mg BrO_3^-；

S_{Hu} —— 被微生物利用的 H_2 质量浓度；

S_{He} —— 未被利用、逸出的 H_2 质量浓度。

各种氧化性物质利用 H_2 作为电子供体的还原反应方程式见表 2.6。

表 2.6　各物质被 H_2 还原的反应方程式

物质	反应式
NO_3^--N	$NO_3^-+2.5H_2+H^+ \longrightarrow 0.5N_2+3H_2O$
SO_4^{2-}	$2SO_4^{2-}+8H_2+3H^+ \longrightarrow H_2S+HS^-+8H_2O$
BrO_3^-	$BrO_3^-+3H_2 \longrightarrow Br^-+3H_2O$

根据表 2.6 中的反应式化学计量关系可以算出，a_{HN} 为 0.357 mg H_2/mg N；a_{HS} 为 0.083 mg H_2/mg SO_4^{2-}；a_{HBr} 为 0.047 mg H_2/mg BrO_3^-。由此可以计算出 H_2-MBfR 运行稳定阶段 H_2 的利用速率、利用通量和利用效率，结果如图 2.7 所示。H_2 利用速率、利用通量和利用效率均随着反应器运行逐渐增加，包括提高进水 BrO_3^- 的负荷和提高氢分压等工况。各稳定阶段的 H_2 利用速率为 0.008～0.014 mg H_2/（cm^3·d），对应的 H_2 利用通量为 0.008～0.013 mg H_2/（cm^2·d），处于先前报道的 H_2 利用通量范围之内[2,13]，也与处理 *p*-CNB 试验中得出的 H_2 利用通量相近。

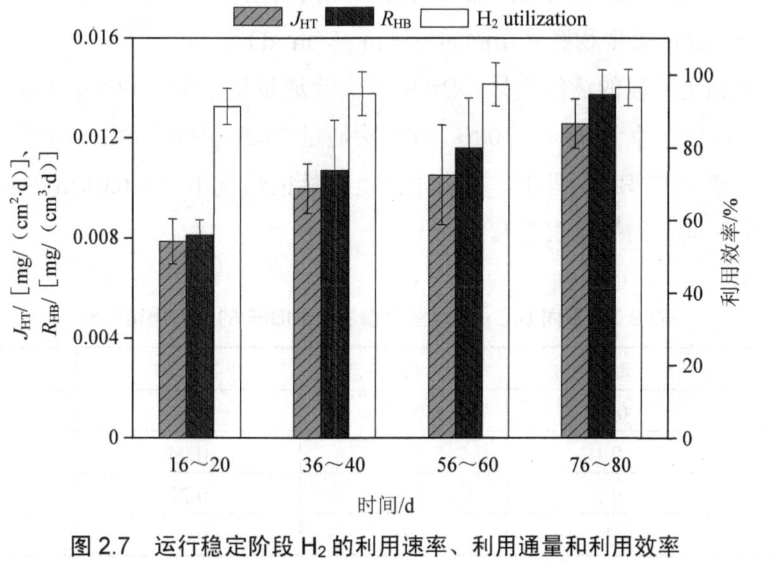

图 2.7　运行稳定阶段 H_2 的利用速率、利用通量和利用效率

H_2的利用效率可根据未被利用的H_2总量（出水中的H_2总量）和已被利用的H_2总量计算得出［式（2-3）和式（2-4）］。H_2的利用总量即为NO_3^--N、SO_4^{2-}和BrO_3^-的还原累积消耗的H_2量。从图2.7中可以看出，各阶段的平均H_2利用效率分别为91.4%、94.9%、97.5%和96.7%。随着进水负荷的升高，H_2利用效率逐渐提升；然而，提高氢分压反而会导致利用效率下降，这可能是由于提供的电子供体数量增加，但其实际利用率并未相应提高所致。本试验得出的H_2利用效率稍微高于处理*p*-CNB试验中得出的平均H_2利用效率，已接近Xia等[13]及Lee和Rittmann[2]得出的近100%的H_2利用效率，且明显高于Ergas和Reuss[3]及Tarada等[14]得出的40%的H_2利用效率。较高的H_2利用效率主要归因于2个因素：一是氢气在生物膜内的逆向扩散过程，二是疏水性聚氯乙烯PVC膜的微孔结构促进了氢气在传输过程中以无泡形式扩散[15]。较高的H_2利用效率有效降低了其向空气中泄漏的风险，为该技术的大规模应用提供了重要的安全保障。

2.3.3 水力停留时间的估算

实际饮用水中BrO_3^-的浓度各不相同，为了将BrO_3^-控制在饮用水标准范围之内，需要合理地确定反应器的进水负荷，即控制水力停留时间。反应器的水力停留时间可根据式（2-5）计算：

$$\mathrm{HRT}=\frac{S_{\mathrm{Bri}}-S_{\mathrm{Bre}}}{\alpha J_{\mathrm{Br}}\times 10^{2}} \tag{2-5}$$

式中，HRT —— 水力停留时间，d；

S_{Bri}、S_{Bre} —— 进、出水BrO_3^-的质量浓度，mg/L；

α —— 生物膜表面积与反应器有效容积的比表面积，1/m；

J_{Br} —— BrO_3^-被生物膜利用的通量，mg/（m^2·d）。

根据以上稳定阶段的运行结果，BrO_3^-的去除通量最小为 0.005 g/（m^2·d），最大为0.041 g/（m^2·d），去除率为83%～100%。取去除通量0.020 g/（m^2·d）进行估算，在0.04 MPa下，对于不同浓度的BrO_3^-进水，在出水都能达标的情况下（<0.01 mg/L），计算出对应的水力停留时间，结果见表2.7。

表 2.7 不同BrO_3^-进水浓度情况下 MBfR 的水力停留时间

序号	S_{Bri}/（mg/L）	S_{Bre}/（mg/L）	HRT/d	HRT/h
1	0.05	0.01	0.02	0.4
2	0.1	0.01	0.04	0.9
3	0.5	0.01	0.22	5.2
4	1	0.01	0.44	10.5

由表 2.7 可以看出，当进水 BrO_3^- <0.5 mg/L 时，在 HRT 比较短的情况下也能使 BrO_3^- 出水浓度达到标准值以下。逐渐提高 BrO_3^- 进水浓度至 1 mg/L，反应器运行的 HRT 明显延长。同时，若反应器进水中存在需处理至达标浓度的共存污染物，其所需的 HRT 也会相应调整。因此，当反应器处理含有多种氧化性物质时，处理水完全达到标准时的 HRT 需进行综合估算。

2.3.4 H_2-MBfR 去除 BrO_3^- 的影响因素

BrO_3^- 还原受到多种因素的影响。试验考虑的主要影响因素包括进水 BrO_3^- 浓度、氢分压、NO_3^--N 浓度、SO_4^{2-} 浓度和 pH。

（1）BrO_3^- 浓度

在进水 NO_3^--N 和 SO_4^{2-} 浓度分别为 10 mg/L 和 50 mg/L、pH 为 7.5、氢分压为 0.04 MPa 时，观察进水 BrO_3^- 浓度分别为 0.1 mg/L、0.2 mg/L、0.5 mg/L 和 1.0 mg/L 时对 BrO_3^- 还原的影响，结果如图 2.8 所示。在既定的氢分压和生物膜稳定状态下，提高进水中的 BrO_3^- 浓度可导致出水 BrO_3^- 和 Br^- 浓度增加以及 H_2 出水浓度逐渐降低，但 BrO_3^- 还原效率由 0.1 mg/L 的 74.9%降至 1 mg/L 的 54.5%［图 2.8（a）］。结果表明，进水浓度的提高导致反应器中的 BrO_3^- 还原总量增加和消耗的电子供体量增加，但去除效率并不随进水浓度的升高而升高。本阶段试验中，BrO_3^- 还原对反硝化无显著影响。

进水 BrO_3^- 浓度由 0.1 mg/L 提高至 1 mg/L，相应的表面负荷由 0.005 g/（m^2·d）上升至 0.045 g/（m^2·d），这导致生物膜内的 BrO_3^- 去除通量由 0.003 g/（m^2·d）增加至 0.025 g/（m^2·d），但生物膜内的 BrO_3^- 标准通量由 0.136 m/d 逐渐降至 0.055 m/d［图 2.8（b）］。标准通量降低的原因是，出水中的 BrO_3^- 浓度升高幅度大于去除通量的增加幅度，这表明进水 BrO_3^- 负荷对反应器去除 BrO_3^- 的影响较大，因此也能解释为何提高负荷后，BrO_3^- 的去除率并没有提高。在 Chung 等利用 H_2-MBfR 去除 AsO_4^{3-}[16]、SeO_3^{2-}[17] 和 CrO_4^{2-}[1] 的试验中发现，提高底物的进水负荷之后均导致标准通量和去除率降低。为评估各影响因素对反应器性能的作用强度，研究人员采用底物反应动力学模型进行了精确的定性分析。通过拟合污染物去除通量与出水浓度的对数关系，可确定相应的还原动力学级数。不同进水 BrO_3^- 浓度条件下的 BrO_3^- 还原动力学级数见图 2.9。从图中可以看出，还原动力学级数为 0.69，这说明在进水 BrO_3^- 浓度变化下，生物膜内的还原反应接近于半级动力学反应。有研究指出，生物膜较厚底物扩散受到限制时，在生物膜的深层通常会发生类似半级反应[18]。当反应级数小于 1 时，提高底物浓度虽可提升去除通量，但其增幅低于出水底物浓度的增长幅度，从而导致整体去除率下降。

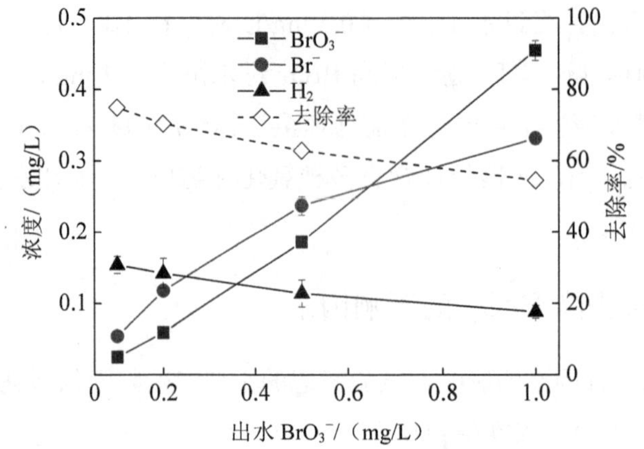

（a）进水 BrO_3^-浓度对 BrO_3^-还原浓度及去除率的影响

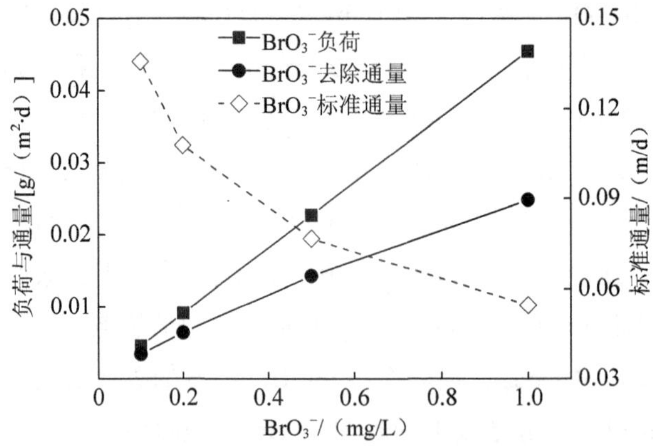

（b）进水 BrO_3^-浓度对 BrO_3^-还原负荷与通量及标准通量的影响

图 2.8　进水 BrO_3^-浓度对 BrO_3^-还原的影响

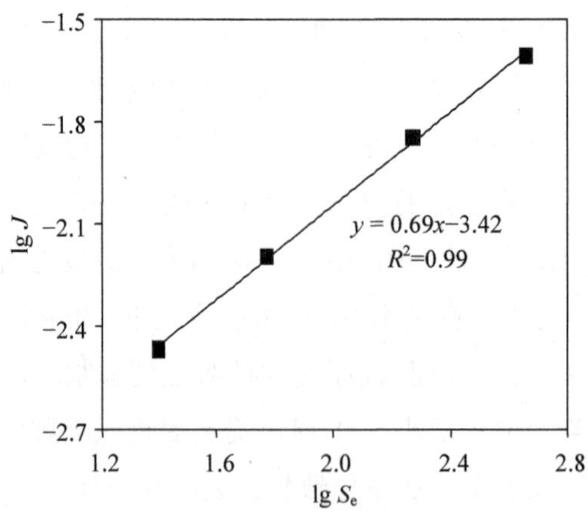

图 2.9　不同进水 BrO_3^-浓度条件下生物膜内 BrO_3^-的还原动力学级数

提高进水 BrO_3^-浓度后，生物膜内 Monod 动力学级数趋于饱和，BrO_3^-还原通量逐渐降低，说明 BrO_3^-的自抑制效应也可能影响反应器还原性能[5]。Van Ginkel 等首次发现 BrO_3^-还原过程中的 BrO_3^-存在自抑制现象，其原因可能是较高浓度的 BrO_3^-还原将会造成有毒中间产物 BrO_2^-的富集[7]。BrO_3^-浓度升高对反硝化的抑制作用很小，这可能是由于 BrO_3^-对反硝化共代谢还原酶的竞争地位处于劣势[19]。BrO_3^-还原对反硝化的抑制作用很小正好解释了生物膜内有数量不多的异化 BrO_3^-还原菌的存在（包括部分反硝化菌），而这些细菌只与 BrO_3^-还原导致的毒性效应相关。

（2）氢分压

在进水 NO_3^--N 和 SO_4^{2-}浓度分别为 10 mg/L 和 50 mg/L、pH 为 7.5、进水 BrO_3^-浓度为 0.5 mg/L 时，观察氢分压为 0.03 MPa、0.04 MPa、0.05 MPa 和 0.06 MPa 时对反应器还原 BrO_3^-的影响，结果如图 2.10 所示。H_2 对 BrO_3^-还原有一定影响，氢分压由 0.03 MPa 逐渐提高至 0.06 MPa 时，BrO_3^-的还原效率逐渐增加，出水 BrO_3^-浓度由 0.30 mg/L 降至 0.11 mg/L，相应地，Br^-浓度逐渐上升至 0.21 mg/L，BrO_3^-去除率升高 37.0%[图 2.10（a）]。试验结果表明，提高氢分压可使液相中的 H_2 可利用率提高，同时其作为电子供体的限制水平相对降低，因此提高氢分压对 BrO_3^-的还原效果有明显的增强作用。但是电子供体的消耗总量增加不明显导致出水中 H_2 的浓度由 0.108 mg/L 上升至 0.209 mg/L，约增加了 50%，这说明在 0.04 MPa 的氢分压下，H_2 利用限制水平低，即使提高氢分压也不能使 BrO_3^-去除率呈线性增长。

随着氢分压由 0.03 MPa 增至 0.06 MPa，BrO_3^-的去除通量由 0.009 g/（m^2·d）升高至 0.018 g/（m^2·d）（增大 1 倍），BrO_3^-的标准通量由 0.031 m/d 上升至 0.154 m/d（增大 4 倍）。虽然 BrO_3^-的去除通量和标准通量均呈上升趋势，但标准通量的升高幅度明显

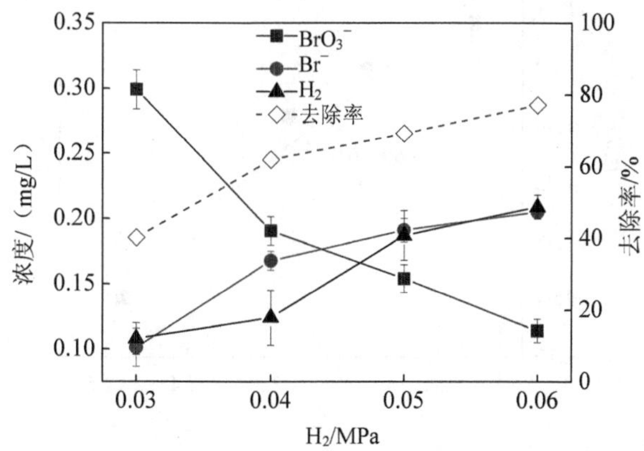

（a）氢分压对 BrO_3^-还原浓度及去除率的影响

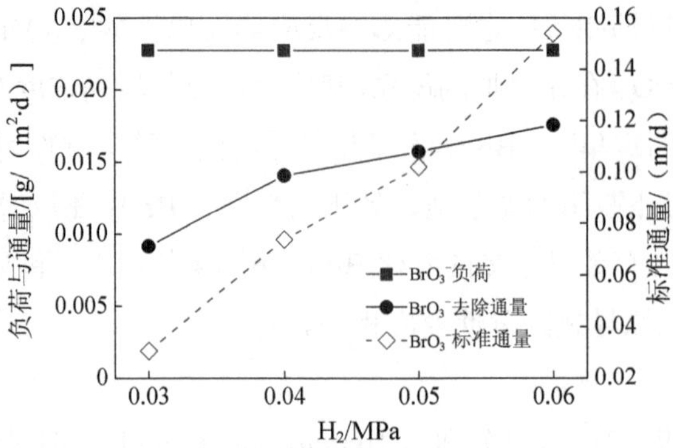

（b）氢分压对 BrO_3^-还原负荷与通量及标准通量的影响

图 2.10 氢分压对 BrO_3^-还原的影响

高于去除通量［图 2.10（b）］。这表明，氢分压的增大相对增加了生物膜的活性层厚度，导致 BrO_3^-出水浓度降低的幅度高于去除通量增加的幅度，因此使 BrO_3^-去除率明显升高。为了更准确地描述 H_2 影响的程度，我们利用 BrO_3^-去除通量和出水浓度取对数拟合得出还原动力学级数，如图 2.11 所示。从图中可以看出，不同氢分压条件下的生物膜内的 BrO_3^-还原动力学级数为−0.69，近似于厚生物膜深层通常发生的半级反应。Chung 等利用 H_2-MBfR 处理 CrO_4^{2-}时提高氢分压导致去除效率明显增大，Cr（Ⅵ）反应级数为−0.90[1]。虽然级数小于 1 导致去除通量增加幅度小于出水浓度的减少幅度，但此级数足以使去除率明显增大。

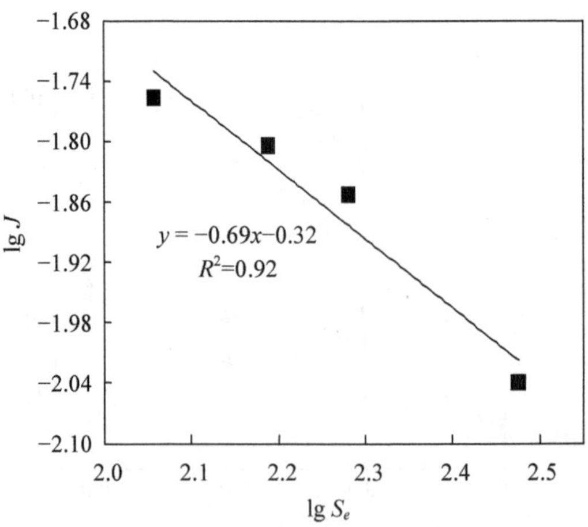

图 2.11 不同氢分压条件下生物膜内 BrO_3^-的还原动力学级数

（3）NO_3^--N 浓度

在进水 BrO_3^-浓度为 0.5 mg/L、SO_4^{2-}浓度为 50 mg/L、氢分压为 0.04 MPa、pH 为 7.5 时，观察 NO_3^--N 浓度分别为 1 mg/L、5 mg/L、10 mg/L 和 20 mg/L 条件下对反应器还原 BrO_3^-性能的影响，结果如图 2.12 所示。当 NO_3^--N 浓度低时（1 mg/L），BrO_3^-还原效率较好，去除率为 83.9%；当 NO_3^--N 进水浓度上升至 20 mg/L 时，BrO_3^-还原效率明显降低，去除率降至 22.3%［图 2.12（a）］。出水 Br^-浓度随进水 NO_3^--N 浓度升高而降低说明 BrO_3^-还原效果随进水 NO_3^--N 浓度升高而变差。试验结果表明，NO_3^--N 浓度的升高对 BrO_3^-还原具有强烈的抑制效应。增大进水 NO_3^--N 浓度可使 NO_3^--N 去除通量呈线性增大，但对 SO_4^{2-}的去除影响不大。出水中的 H_2 浓度也随 NO_3^--N 浓度升高而降低，说明电子供体被 NO_3^--N 还原消耗量增大。

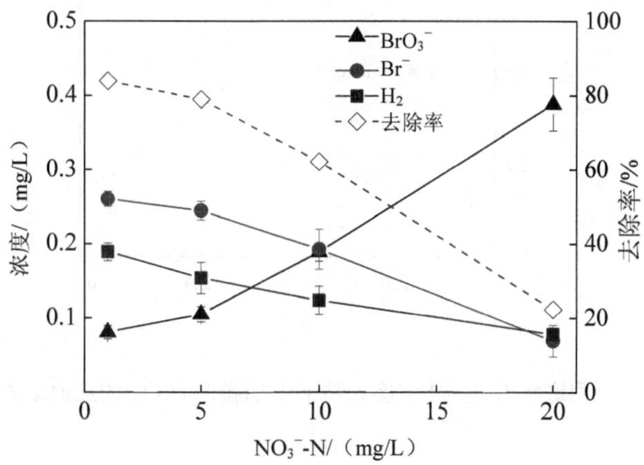

（a）进水 NO_3^--N 浓度对 BrO_3^-还原浓度及去除率的影响

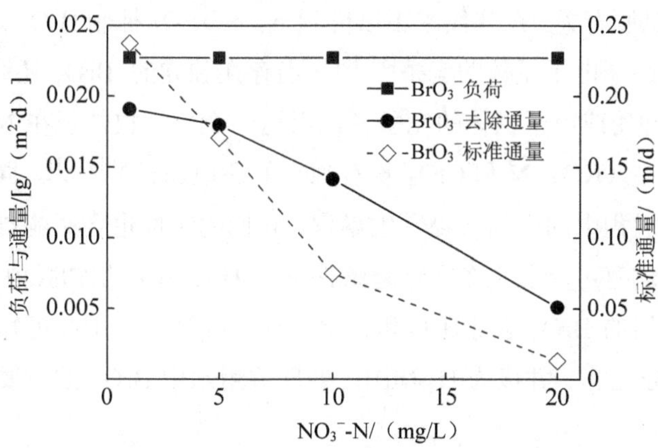

（b）进水 NO_3^--N 浓度对 BrO_3^-还原负荷与通量及标准通量的影响

图 2.12 进水 NO_3^--N 浓度对 BrO_3^-还原的影响

NO_3^--N 浓度由 1 mg/L 上升至 20 mg/L 时，对应的进水负荷由 0.045 g/（m^2·d）上升至 0.910 g/（m^2·d），导致 BrO_3^-去除通量由 0.019 g/（m^2·d）降至 0.005 g/（m^2·d）（降低约 74%），BrO_3^-标准通量由 0.237 m/d 降至 0.013 m/d（降低约 95%）。通过比较发现，BrO_3^-去除通量降低幅度明显低于标准通量，这说明 NO_3^--N 对 BrO_3^-还原的抑制作用比较强烈［图 2.12（b）］。BrO_3^-还原动力学级数为−0.83，超过半级动力学反应而接近于一级反应，这表明 NO_3^--N 对 BrO_3^-还原产生的抑制效应比较明显，与前一段得出的结论一致（图 2.13）。

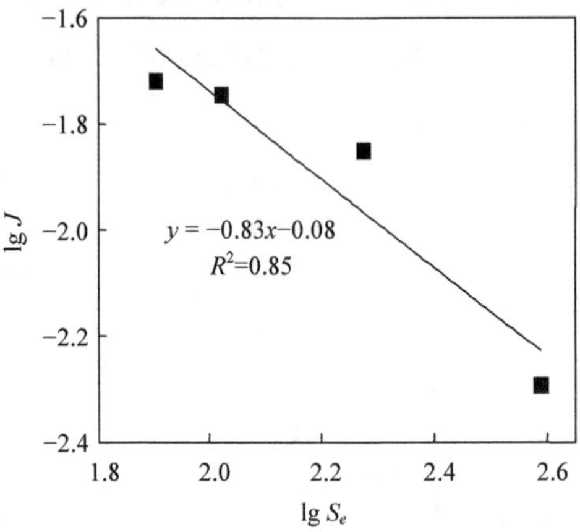

图 2.13 不同进水 NO_3^--N 浓度条件下生物膜内 BrO_3^-的还原动力学级数

早期文献报道指出 NO_3^--N 对 BrO_3^-的还原具有抑制作用[4,8,10]，然而抑制效应的机理仍与 BrO_3^-的还原机制有关。在共代谢还原机制下，NO_3^--N 抑制 BrO_3^-还原的原因是底物竞争性抑制，即对终端电子受体的竞争[5,9,10]。当存在独立的 BrO_3^-还原机制时，NO_3^--N 将是 BrO_3^-还原活性酶或电子供体的竞争者，而这一竞争性也体现在 NO_3^--N 和 ClO_4^-共存体系的还原过程中（NO_3^--N 和 ClO_4^-均有独立的还原途径）[20,21]。同时，NO_3^--N 浓度升高会导致反硝化过程中的中间产物发生累积，它们的毒性也会影响自养微生物的活性。由于两种抑制情形均有可能发生在本试验条件下的 H_2-MBfR 生物膜内，进水 NO_3^--N 浓度升高将导致反应器的 BrO_3^-去除通量和去除率均大幅降低。由此可知，NO_3^--N 浓度将和 BrO_3^-浓度、氢分压等一并成为 H_2-MBfR 处理饮用水中 BrO_3^-的重要控制因素。

（4）SO_4^{2-}浓度

在进水 BrO_3^-浓度为 0.5 mg/L、NO_3^--N 浓度为 10 mg/L、氢分压为 0.04 MPa、pH 为 7.5 时，观察 SO_4^{2-}浓度分别为 10 mg/L、20 mg/L、50 mg/L 和 100 mg/L 时对反应器还原 BrO_3^-性能的影响，结果如图 2.14 所示。进水 SO_4^{2-}浓度变化对 BrO_3^-生物还原有

一定影响，当进水SO_4^{2-}较低（10 mg/L）时BrO_3^-还原效率较好，出水BrO_3^-浓度为0.17 mg/L，最大去除率达到66.6%；当进水SO_4^{2-}浓度上升至100 mg/L时，BrO_3^-还原效率降至59.3%。出水Br^-浓度和H_2浓度也随SO_4^{2-}浓度上升而降低。通过比较发现，BrO_3^-去除率随SO_4^{2-}浓度增加时降低幅度较小，H_2出水浓度在SO_4^{2-}浓度增加时降低幅度稍大［图2.14（a）］。结果表明，虽然SO_4^{2-}浓度上升导致H_2可利用率相对降低，但对BrO_3^-还原的抑制影响并不强烈。

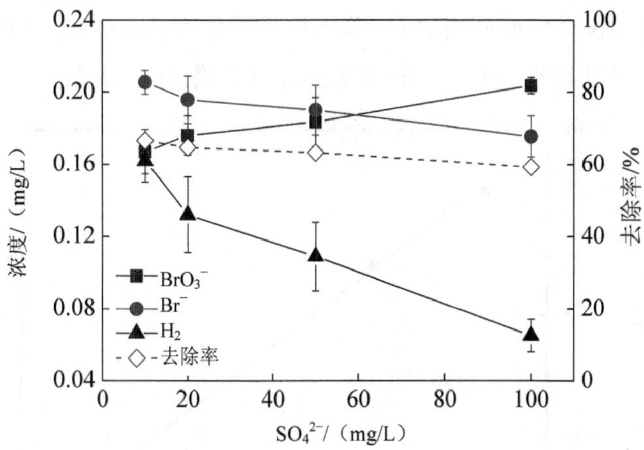

（a）SO_4^{2-}浓度对BrO_3^-还原浓度及去除率的影响

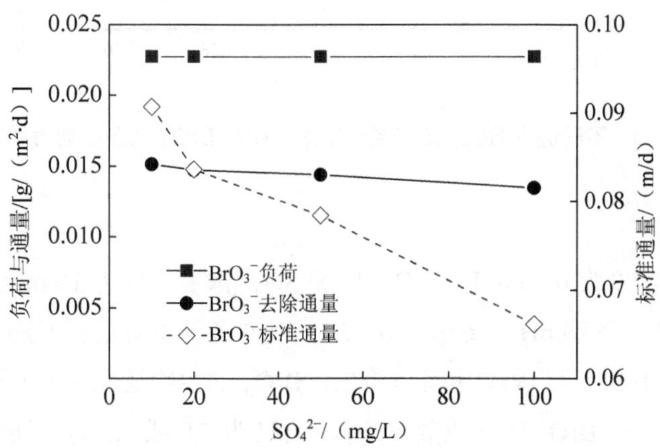

（b）SO_4^{2-}浓度对BrO_3^-还原负荷与通量及标准通量的影响

图2.14　进水SO_4^{2-}浓度对BrO_3^-还原的影响

SO_4^{2-}浓度由10 mg/L上升至100 mg/L，对应的进水负荷由0.455 g/（m^2·d）升至4.55 g/（m^2·d），导致BrO_3^-去除通量由0.015 g/（m^2·d）降至0.013 g/（m^2·d），BrO_3^-

标准通量由 0.091 m/d 降至 0.066 m/d（降低约 27%）。BrO_3^-去除通量和标准通量降低幅度均不明显［图 2.14（b）］。进一步估算 BrO_3^-去除通量与出水浓度的对数拟合关系（还原动力学级数），结果如图 2.15 所示。不同进水 SO_4^{2-}浓度条件下生物膜内 BrO_3^-的还原动力学级数为−0.59，近似于半级反应动力学。由于 SO_4^{2-}和 BrO_3^-的还原机制是独立的，SO_4^{2-}对 BrO_3^-还原产生的抑制为电子供体的竞争性抑制，尤其是 SO_4^{2-}还原需消耗的电子供体量较大（还原 1 mol SO_4^{2-}需要 8 mol e^-），将会使 H_2 可利用率降低。但是比较两者的吉布斯自由能发现，BrO_3^-还原的吉布斯自由能高于 SO_4^{2-}还原的吉布斯自由能，因此同一反应体系中自养菌会偏好利用 BrO_3^-作为电子受体而获取能量。去除通量和去除率降低的幅度均较小，可以判断 SO_4^{2-}对 BrO_3^-还原的抑制作用不明显。

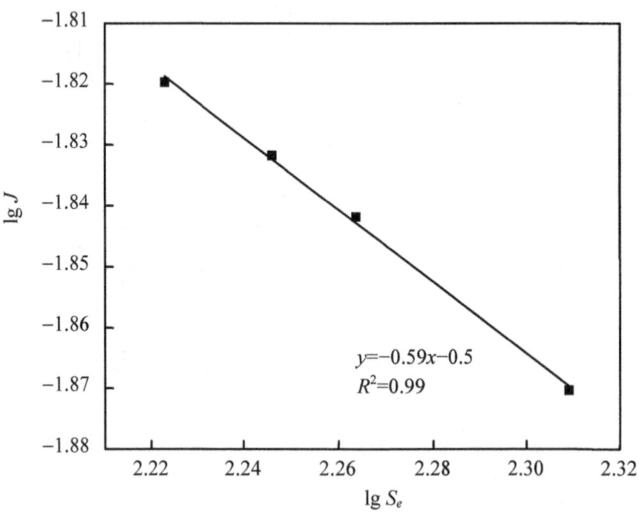

图 2.15 不同进水 SO_4^{2-}浓度条件下生物膜内 BrO_3^-的还原动力学级数

（5）pH

在进水 BrO_3^-浓度为 0.5 mg/L、NO_3^--N 和 SO_4^{2-}浓度分别为 10 mg/L 和 50 mg/L、氢分压为 0.04 MPa 时，观察 pH 在 6.0、7.0、7.5 和 8.0 条件下对反应器还原 BrO_3^-的性能的影响，结果如图 2.16 所示。从图中可以看出，BrO_3^-的生物还原对 pH 的变化较为敏感。在 pH 为 6.0 和 8.0 时，BrO_3^-的还原效率均低于 pH 为 7.0 或 7.5 时的还原效率；pH 为 7.0 时 BrO_3^-还原效果最好，出水 BrO_3^-浓度最低，出水 Br^-浓度升至最大，此时 BrO_3^-去除率为 60%。随着 pH 升高，BrO_3^-去除通量和标准通量均呈现先升后降的趋势，与 BrO_3^-出水浓度变化趋势大致对应。

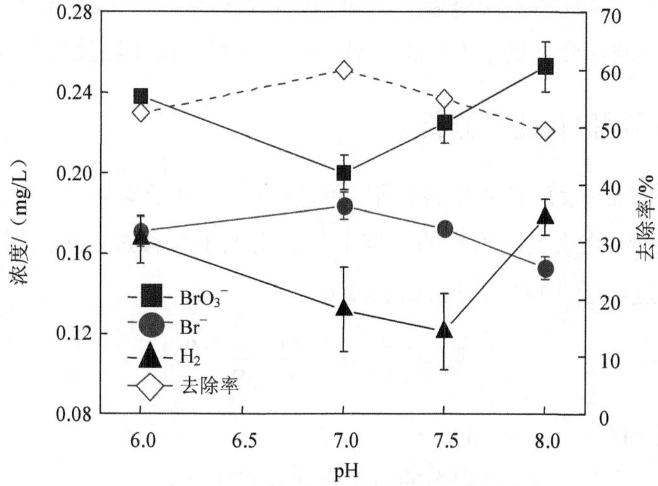

（a）进水 pH 对 BrO_3^- 还原浓度及去除率的影响

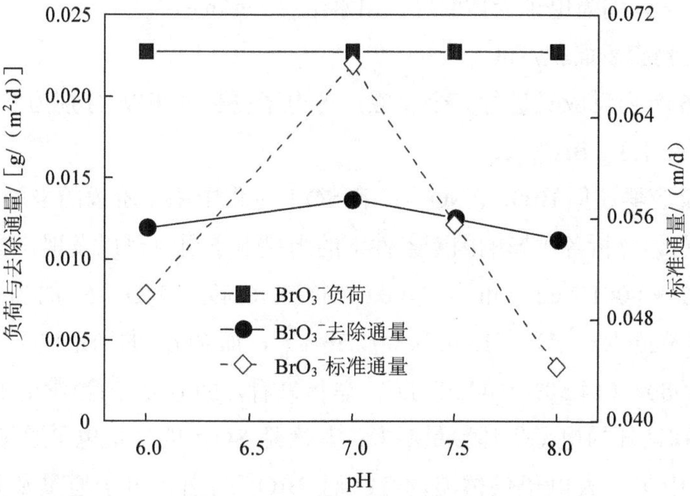

（b）进水 pH 对 BrO_3^- 还原负荷与去除通量及标准通量的影响

图 2.16 进水 pH 对 BrO_3^- 还原的影响

总体来看，在 pH 为 7.0～7.5 时，反应器对 BrO_3^- 的还原效果最好，pH 高于 8.0 或低于 6.0 时均会导致微生物的酶活性受抑制，从而导致还原效率降低。可以得出结论，BrO_3^- 生物还原的适宜 pH 为 7.0～7.5，最佳为 7.0。Chung 等在利用 H_2-MBfR 处理 SeO_3^{2-}[17] 和 CrO_4^{2-}[1] 时得出自养生物还原的最适宜 pH 为 7.0～7.5，与本试验结果一致。Kirisits 等观察 pH 对 BrO_3^- 还原的影响时发现，pH 较低(6.8～7.2)时的还原效果高于 pH 较高(7.5～8.2）时的还原效果[12]。Van Ginkel 等在氢自养还原反应器中观察 pH 对 BrO_3^- 还原菌活性的影响试验中发现，最有利于还原菌活性的 pH 在 7.0～8.0[9]。综上所述，pH 对自养微生物的活性有一定影响，合适的 pH 范围（偏中性）有利于微生物发挥其最大功能。

2.3.5 生物膜利用 H_2 通量分析

为了定量分析同一反应体系中各种不同的污染物（电子受体）对 H_2（电子供体）的竞争关系，可以在生物膜去除通量的基础上计算出电子转移过程中的通量，即当量电子通量（E_{eq}）。当量电子通量的计算见式（2-6）。

$$E_{eq} = \frac{J}{EW_s} = \frac{Q \times (S_i - S_e)}{A \times EW_s} \tag{2-6}$$

式中，J——去除通量，g/（$m^2 \cdot d$）；

EW_s——电子受体还原过程中的电子供体换算因子；

Q——进水流量，m^3/d；

S_i、S_e——分别为电子受体的进、出水浓度，g/m^3；

A——生物膜表面积，m^2。

根据表 2.6 所列反应式进行完全反应，各电子受体的 EW_s 分别为 2.8 g NO_3^--N/eq、12 g SO_4^{2-}/eq 和 21.3 g BrO_3^-/eq。

表 2.8 为反应器还原 BrO_3^-、NO_3^--N 和 SO_4^{2-}过程中稳定阶段的平均当量电子通量及其分配情况。总体分析各种影响因素条件下的当量电子通量可以发现，BrO_3^-的当量电子通量为 0.000 2～0.001 2 eq/（$m^2 \cdot d$）（0.07%～0.48%），NO_3^--N 的当量电子通量处于 0.016 2～0.274 5 eq/（$m^2 \cdot d$）（13.65%～77.36%），而 SO_4^{2-}的当量电子通量为 0.026 5～0.117 6 eq/（$m^2 \cdot d$）（14.50%～44.25%）。总体来看，NO_3^--N 的当量电子通量分配最大，说明反硝化过程消耗的电子供体数量最多；其次是 SO_4^{2-}的当量电子通量，说明 SO_4^{2-}还原是反应体系中第二大电子供体消耗者；而 BrO_3^-的当量电子通量及其分配均远小于 NO_3^--N 和 SO_4^{2-}，这表明在同一体系中 BrO_3^-对电子供体的竞争性抢夺不占优势。上述结果表明，当 H_2 处于限制条件时，NO_3^--N 和 SO_4^{2-}对电子供体大量的争夺使 BrO_3^-的还原处于劣势，对 BrO_3^-的去除有较大影响；同时说明，为了使反应器完全去除 BrO_3^-，H_2 的供应应该大于去除 NO_3^--N 和 SO_4^{2-}的消耗量。

提高进水 BrO_3^-浓度可导致 BrO_3^-的当量电子通量及其分配明显增大，而 NO_3^--N 和 SO_4^{2-}的当量电子通量及其分配无明显变化；提高进水 NO_3^--N 和 SO_4^{2-}的浓度，均可导致两者的当量电子通量及分配明显升高，而 BrO_3^-的当量电子通量及分配明显降低。以上试验结果表明，NO_3^--N 和 SO_4^{2-}的还原对 H_2 的竞争性强于 BrO_3^-还原。当氢分压由 0.03 MPa 上升至 0.06 MPa 时，BrO_3^-、NO_3^--N 和 SO_4^{2-}的当量电子通量均呈上升趋势，但是 NO_3^--N

的当量电子通量及其分配逐渐降低，而SO_4^{2-}的当量电子通量及其分配逐渐上升，这说明SO_4^{2-}还原对H_2的敏感性强于NO_3^--N。提高NO_3^--N和SO_4^{2-}浓度均可使BrO_3^-的当量电子通量及其分配降低，但降低幅度在NO_3^--N浓度升高条件下更加明显。这一结果说明，NO_3^--N对BrO_3^-的还原抑制较为强烈。综上所述，在同一反应体系中，BrO_3^-在电子供体的竞争中不占优势，氢分压限制会对BrO_3^-还原不利。

表 2.8 电子受体的平均当量电子通量及其分配情况

短期系列		当量电子通量/［eq/（m^2·d）］			通量总和/［eq/（m^2·d）］	电子通量分配/%		
		BrO_3^-	NO_3^--N	SO_4^{2-}		BrO_3^-	NO_3^--N	SO_4^{2-}
BrO_3^-/（mg/L）	0.1	0.000 2	0.153 0	0.089 5	0.242 7	0.07	63.06	36.88
	0.2	0.000 3	0.150 1	0.087 0	0.237 4	0.13	63.21	36.66
	0.5	0.000 7	0.153 3	0.083 0	0.237 0	0.28	64.69	35.03
	1.0	0.001 2	0.149 7	0.089 8	0.240 7	0.48	62.22	37.30
氢分压/MPa	0.03	0.000 4	0.149 6	0.079 2	0.229 2	0.19	65.26	34.55
	0.04	0.000 7	0.148 0	0.085 9	0.234 6	0.28	63.08	36.64
	0.05	0.000 7	0.156 9	0.097 4	0.255 0	0.29	61.53	38.18
	0.06	0.000 8	0.159 0	0.105 6	0.265 4	0.31	59.90	39.79
NO_3^--N/（mg/L）	1	0.000 9	0.016 2	0.101 9	0.119 0	0.75	13.65	85.60
	5	0.000 8	0.080 4	0.093 5	0.274 7	0.48	46.02	53.50
	10	0.000 7	0.149 7	0.087 2	0.237 6	0.28	63.01	36.71
	20	0.000 2	0.274 5	0.080 1	0.354 8	0.07	77.36	22.57
SO_4^{2-}/（mg/L）	10	0.000 7	0.155 4	0.026 5	0.182 6	0.39	85.11	14.50
	20	0.000 7	0.153 3	0.044 7	0.198 7	0.35	77.16	22.49
	50	0.000 7	0.151 4	0.093 5	0.245 6	0.28	61.64	38.09
	100	0.000 6	0.147 5	0.117 6	0.265 7	0.24	55.51	44.25
pH	6.0	0.000 6	0.149 9	0.084 6	0.235 1	0.24	63.77	36.00
	7.0	0.000 6	0.152 3	0.082 9	0.235 8	0.27	64.58	35.15
	7.5	0.000 6	0.153 8	0.089 3	0.243 7	0.24	63.11	36.65
	8.0	0.000 5	0.148 0	0.082 9	0.231 4	0.23	63.94	35.83

2.3.6 基质利用与生长代谢动力学

生物膜是附着于固体表面的微生物及微生物胞外聚合物形成的层状聚集体。与活性污泥类似，生物膜的完整模型必须包括限速基质和活性生物体的物质平衡式与速率表达式。在生物膜模型中，因为基质梯度变化时膜内各处的物质浓度和反应速率都不相同，所以要针对生物膜内不同位置列出物质平衡式与速率表达式。因此，模型化要从生物膜内开始，这就意味着模型输出应该给出对整个生物膜进行积分的总反应速率，继而推导出基质和活性生物体的物质平衡式与速率表达式。建立生物膜内基质利用方式与细菌生长的动力学模型需基于以下几点假设或前提[22]：

①生物膜为理想化的生物膜，即稳态生物膜，其特征是生物膜内的生物量密度（X_f）相同，生物膜厚度（L_f）均匀一致，单位面积上的生物量（$X_f L_f$）不随时间变化；

②生物膜内任一点的基质利用方式与悬浮生长时均相同；

③生物膜内基质扩散和利用同步。

根据以上前提或假设构建稳态生物膜的基本方程式［式（2-7）］，通过推导和转化得出生物膜内基质利用与细菌生长的动力学方程：

$$YJ - bX_f L_f = 0 \tag{2-7}$$

$$J = q_{\max} \times \frac{S}{K + S} \times X_f L_f \tag{2-8}$$

式中，J——BrO_3^-被生物膜利用通量，g BrO_3^-/（$m^2 \cdot d$），根据试验所测和利用式（2-8）可求得；

Y——产率系数，g biomass/g substrate；

b——衰减系数，d^{-1}；

X_f——生物膜密度，g VSS/m^3，试验测定值为 17 800 mg/L；

L_f——生物膜层厚度，m，根据试验所测为 400 μm。X_f与 L_f的乘积即为生物膜生物量，g cell/m^2，可通过收集 HFM 面生物膜，测定其 COD，然后通过化学计量关系转换而来，即 1.42 g COD/g VSS，根据实测结果计算出单位面积的生物膜生物量为 0.712 g cell/m^2；

$q_{\max}$——最大比基质利用速率，mg BrO_3^-/（$mg_x \cdot d$），是拟合过程中所求参数；

S——出水 BrO_3^-浓度，mg BrO_3^-/L，由试验检测所得；

K——半速率最大常数，mg BrO_3^-/L，即比基质利用速率为最大比基质利用速率一半时的 BrO_3^-浓度，通过拟合求得。

根据短期试验出水浓度和去除通量作图再进行拟合的结果如图 2.17 所示，随着出水 BrO_3^-浓度的不断增加，BrO_3^-通量的增加幅度逐渐减小，试验所测曲线逐渐趋于水平。拟合得出 $q_{\max}$=0.063 mg BrO_3^-/（$mg_x \cdot d$）［相当于 0.003 mg H_2/（$mg_x \cdot d$）］，K=2.16 mg BrO_3^-/L。虽然 BrO_3^-浓度增加会导致自抑制现象发生从而影响还原速率，但是由 K 值可以看出，BrO_3^-浓度在 2.5 mg/L 以下时并不会明显影响还原速率；而当 BrO_3^-浓度过高、成为速率限制因素时，BrO_3^-还原动力学符合 Monod 方程。本试验得出的最大基质利用速

率与报道的异养 BrO_3^- 还原的 q_{max} 相当，但是仅为 Downing 等[5]报道的 q_{max} 值的一半，这与反应器在运行过程中所能承受的负荷较小是相对应的。相较于之前许多研究者证实的氢自养反硝化菌的 q_{max} 为 0.38～0.74 mg N/（mg_x·d）［相当于 0.14～0.26 mg H_2/（mg_x·d）］[18,23]，BrO_3^- 还原动力学参数明显较小，此结果也从另一方面解释了 NO_3^--N 对 BrO_3^- 还原有强烈的抑制效应，以及 BrO_3^- 负荷基本不影响反硝化的现象。Nerenberg 等利用氢自养细菌还原 ClO_4^- 试验中拟合出了 q_{max}=3.1 mg ClO_4^-/（mg_x·d）［相当于 0.25 mg H_2/（mg_x·d）］和 K=0.14 mg ClO_4^-/L[24]。可以看出，本试验中的 BrO_3^- 还原动力学明显慢于自养反硝化和 ClO_4^- 还原的动力学。

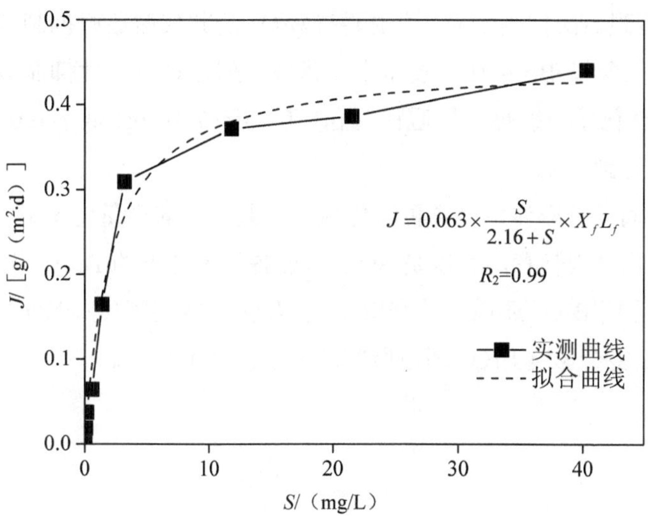

图 2.17 动力学参数拟合曲线

本试验中动力学模型的 q_{max} 拟合值是在假定所有微生物都能降解 BrO_3^- 的前提下得出的。但实际上，前面章节（2.3.2.2 节）已经得出了 BrO_3^- 还原机制主要是基质共存共代谢还原和异化 BrO_3^- 还原 2 种，因此有一部分 BrO_3^- 还原菌可能也是反硝化菌的一种种群，若是仅按 BrO_3^- 还原菌进行拟合将得出更大的 q_{max} 值。本试验所求得的参数也适用于反硝化和 BrO_3^- 还原共存的处理系统。

2.4 本章小结

利用 H_2-MBfR 对饮用水中存在的 BrO_3^- 展开去除试验研究，重点观察了反应器去除 BrO_3^- 的性能、还原机理及其影响因素，同时建立了基质利用与细菌生长代谢的动力学模型，主要得出以下结论：

①间歇运行使生物膜逐渐富集生长在 HFM 外表面；通过投加 NO_3^--N 和 SO_4^{2-}进行生物膜的反硝化，使得生物膜微生物进一步适应 NO_3^--N 和 SO_4^{2-}还原共存的条件；同时经过长期运行使生物膜逐步成熟。

②观察了进水 BrO_3^-浓度、氢分压、进水 NO_3^--N 浓度、进水 SO_4^{2-}浓度和 pH 对 BrO_3^-去除的影响。提高进水 BrO_3^-浓度会导致 BrO_3^-去除通量和电子供体的消耗量增加，但 BrO_3^-去除效率随 BrO_3^-浓度升高而降低。不同进水 BrO_3^-浓度条件下的还原动力学级数为 0.69，这表示增加底物浓度会导致去除通量的增幅小于出水底物浓度的增幅。H_2 对 BrO_3^-的还原有直接影响，提高氢分压能显著提高 BrO_3^-去除通量和去除率。NO_3^--N 的存在对 BrO_3^-的还原有强烈的抑制效应，这主要与 BrO_3^-的共代谢还原机制和异化还原机制有关。虽然 SO_4^{2-}还原会与 BrO_3^-还原竞争电子供体，但这种竞争性抑制效果并不明显。BrO_3^-还原菌对 pH 变化较为敏感，最适宜的 pH 为 7.0～7.5；pH 低于 6.0 或高于 8.0 时，微生物酶活性均会受到抑制。

③分析了同一反应体系中各种氧化性物质共存时的当量电子通量及其分配：NO_3^--N 是最大的电子供体消耗者，其次是 SO_4^{2-}，而各种条件下的 BrO_3^-当量电子通量分配均较小，试验结果表明 BrO_3^-还原在争夺电子供体过程中处于劣势。NO_3^--N 和 SO_4^{2-}还原导致的 H_2 利用限制将会影响 BrO_3^-还原所需的电子供体消耗量。

参考文献

[1] Chung J，Nerenberg R，Rittmann B E. Bio-reduction of soluble chromate using a hydrogen-based membrane biofilm reactor[J]. Water Research，2006，40（8）：1634-1642.

[2] Lee K C，Rittmann B E. Applying a novel autohydrogenotrophic hollow-fiber membrane biofilm reactor for denitrification of drinking water[J]. Water Research，2002，36（8）：2040-2052.

[3] Ergas S J，Reuss A F. Hydrogenotrophic denitrification of drinking water using a hollow fibre membrane bioreactor[J]. Journal of Water Supply Research and Technology-Aqua，2001，50（3）：161-171.

[4] Hijnen W，Jong R，Van der Kooij D. Bromate removal in a denitrifying bioreactor used in water treatment[J]. Water Research，1999，33（4）：1049-1053.

[5] Downing L S，Nerenberg R. Kinetics of microbial bromate reduction in a hydrogen-oxidizing，denitrifying biofilm reactor[J]. Biotechnology and Bioengineering，2007，98（3）：543-550.

[6] Martin K J，Downing L S，Nerenberg R. Evidence of specialized bromate-reducing bacteria in a hollow fiber membrane biofilm reactor[J]. Water Science and Technology，2009，59（10）：1969-1974.

[7] Van Ginkel C G，Van Haperen A M，Van der Togt B. Reduction of bromate to bromide coupled to acetate oxidation by anaerobic mixed microbial cultures[J]. Water Research，2005，39（1）：59-64.

[8] Hijnen W，Voogt R，Veenendaal H R，et al. Bromate reduction by denitrifying bacteria[J]. Applied and Environmental Microbiology，1995，61（1）：239-244.

[9] Van Ginkel C G，Middelhuis B J，Spijk F，et al. Cometabolic reduction of bromate by a mixed culture of microorganisms using hydrogen gas in a gas-lift reactor[J]. Journal of Industrial Microbiology & Biotechnology，2005，32（1）：1-6.

[10] Wolterink A，Schiltz E，Hagedoorn P L，et al. Characterization of the chlorate reductase from *Pseudomonas chloritidismutans*[J]. Journal of Bacteriology，2003，185（10）：3210-3213.

[11] Kirisits M J，Snoeyink V L. Reduction of bromate in a BAC filter[J]. Journal American Water Works Association，1999，91（8）：74-84.

[12] Kirisits M J，Snoeyink V L，Inan H，et al. Water quality factors affecting bromate reduction in biologically active carbon filters[J]. Water Research，2001，35（4）：891-900.

[13] Xia S Q，Zhang Y H，Zhong F H. A continuous stirred hydrogen-based polyvinyl chloride membrane biofilm reactor for the treatment of nitrate contaminated drinking water[J]. Bioresource Technology，2009，100（24）：6223-6228.

[14] Terada A，Kaku S，Matsumoto S，et al. Rapid autohydrogenotrophic denitrification by a membrane biofilm reactor equipped with a fibrous support around a gas-permeable membrane[J]. Biochemical Engineering Journal，2006，31（1）：84-91.

[15] Rittmann B E. Hydrogen-based membrane biofilm reactor solves oxidized contaminant problems[J]. Membrane Technology，2002，11：6-10.

[16] Chung J，Li X H，Rittmann B E. Bio-reduction of arsenate using a hydrogen-based membrane biofilm reactor[J]. Chemosphere，2006，65（1）：24-34.

[17] Chung J，Nerenberg R，Rittmann B E. Bioreduction of selenate using a hydrogen-based membrane biofilm reactor[J]. Environmental Science & Technology，2006，40（5）：1664-1671.

[18] Rezania B，Cicek N，Oleszkiewicz J A. Kinetics of hydrogen-dependent denitrification under varying pH and temperature conditions[J]. Biotechnology and Bioengineering，2005，92（7）：900-906.

[19] Morpeth F，Boxer D. Kinetic-analysis of respiratory nitrate reductase from Escherichia coli K12[J]. Biochemistry，1985，24：10.

[20] Xu J L，Song Y U，Min B K，et al. Microbial degradation of perchlorate：principles and applications[J]. Environmental Engineering Science，2003，20（5）：405-422.

[21] Kengen S，Rikken G B，Hagen W R，et al. Purification and characterization of（per）chlorate reductase

from the chlorate-respiring strain GR-1[J]. Journal of Bacteriology，1999，181（21）：6706-6711.

[22] Rittmann B E，McCarty P L. Environmental biotechnology：principles and applications[M]. New York：McGraw-Hill Companies，2001.

[23] Kurt M，Dunn I J，Bourne J R. Biological denitrification of drinking water using autrotrophic organisms with H_2 in a fluidized-bed biofilm reactor[J]. Biotechnology and Bioengineering，1987，29（4）：493-501.

[24] Nerenberg R，Kawagoshi Y，Rittmann B E. Kinetics of a hydrogen-oxidizing，perchlorate-reducing bacterium[J]. Water Research，2006，40（17）：3290-3296.

第 3 章

氢基质生物膜反应器去除水中 4-BP 及微生物群落分析

3.1 研究内容

水有着生命之源的美称，其对人类社会的生存发展有着不可或缺的作用。随着社会经济的快速发展，人们对水资源的需求越来越大[1]。与此同时，因对工业废水的不合理处置等，含有多种有毒有害物质（有机污染物、重金属、农药等）的废水被排放至自然环境中，破坏了自然生态环境，造成水体污染。水污染问题愈加严重，最终会威胁人类自身安全，因而引起了极大的关注。

卤代有机物（Halogenated Organic Pollutants，HOPs）包含氟代有机物（Fluorinated Organics，FOCs）、氯代有机物（Chlorinated Organics，COCs）、溴代有机物（Brominated Organics，BOCs）和碘代有机物（Iodinated Organics，IOCs）[2-5]，亦称持久性有机污染物（Persistent Organic Pollutants，POPs），是一类卤素原子取代有机物中的氢原子而形成的有机污染物的总称[6,7]。HOPs 可以分为直链脂肪族化合物（包括饱和和不饱和的脂肪烃）、芳香族化合物（如氯苯、氯化萘、溴酚等）和苯以外的环状化合物［如六氯环己烷（BHC）等有机氯农药］[8]。

HOPs 种类繁多，尽管有部分被禁止使用，但仍有部分 HOPs 作为原材料或中间体被广泛应用于工业生产中，在医药、染料、农药、香料、增塑剂、阻燃剂的生产过程中发挥着重要作用[9-11]。例如，四溴双酚 A（TBBPA）可作为家具、建筑材料等的阻燃剂，仅 2013 年一年，全球溴代阻燃剂消耗量就达 20 万 t[12]；多氯联苯（PCBs）被用作制冷剂及阻燃剂，据估计，截至 2002 年全球商业 PCBs 累计生产达到 1.3×10^6 t，有 440～92 000 t

的 PCBs 被释放到自然环境中[13]；多溴联苯醚（PBDEs）可作为电子电线、家具和纺织品等的添加剂，专家预测，2039 年 PBDEs 的全球总产量将达到 20 万 t[14,15]；*p*-CNB 是生产农药、医药、染料、抗氧化剂、缓蚀剂和其他工业化学品的重要中间体[16]，2019 年，全球 *p*-CNB 市场规模为 3.04 亿美元，且在工业废水中 *p*-CNB 的浓度达 0.05～200 mg/L[17,18]。

HOPs 具有毒性、脂溶性、持久性、高密度性及迁移性等特性，其对自然条件下的生物降解、光降解和化学分解等具有很强的抵抗能力且自然降解速度缓慢，因此广泛存在于水体、土壤及大气环境中[19]。HOPs 在自然界中稳定存在并通过食物链和食物网在生物体内富集，对生物造成持久性伤害。这成了一个严重的环境问题[20-22]，为此国内外对其处理排放制定了严格的标准[23-25]。

3.1.1 溴酚类化合物

3.1.1.1 溴酚类化合物的性质、危害及污染

4-BP 作为一种典型的 HOPs，也是一种典型的酚类污染物，是指苯酚上的 1 个 H 原子被 1 个 Br 原子取代而形成的溴代芳香族化合物。由于溴酚本身的苯环结构和溴原子的存在，溴原子的 p 轨道电子和苯环上的 π 电子形成了稳定共轭体系，使其稳定存在难以去除[26]。

4-BP 可作为原材料或中间产物而广泛存在于燃料、油漆、阻燃剂、杀虫剂和木材防腐剂内[27-32]。除此之外，溴酚类化合物还可来自自然界内的部分生物，以及饮用水或含有溴离子废水的消毒过程[33,34]。研究发现，苯酚在含有溴离子的海洋气溶胶中能通过光转化形成 2-BP 和 4-BP[35]。

2001 年，全球溴酚年产量约为 9 500 t[36]；TBBPA 是仅次于增塑剂使用的第二大高分子添加剂，全球年产量约为 12 万 t[37]。据悉，包含 4-BP 的含酚废水主要存在于炼油厂（6～500 mg/L）、焦化废水（28～3 900 mg/L）、煤炭加工（9～6 800 mg/L）和石油化工厂（2.8～1 220 mg/L），除此之外，制药、塑料、油漆和造纸工业中酚类污染物的浓度为 0.1～1 600 mg/L[38-40]。但由于处理不当或处理不完全，经过二级或三级处理后出水中酚类污染物的浓度为 2～18.5 mg/L[26,41]，我国《污水综合排放标准》（GB 8978—1996）规定含酚废水的一级、二级、三级排放浓度分别为 0.1 mg/L、0.3 mg/L、1.0 mg/L[42]。

4-BP 分子会在光照及受热条件下分解出溴化 H_2 体，与大气中的臭氧层反应生成溴自由基，从而破坏臭氧层[43]。此外，4-BP 具有毒性、致突变性、致癌性及挥发性等特性，挥发的气体会刺激人的眼睛、呼吸道和皮肤，被 USEPA 列为优先考虑的有毒卤代酚之一[44]。

3.1.1.2 溴酚类化合物（BPs）的去除

BPs 是水生环境中普遍存在的酚类污染物，通常作为人工添加剂或被加工为聚合物中间体、木材防腐剂和阻燃剂中间体使用，但常因处理不当或处理不达标而被释放到天然水体中[45,46]。目前对水体中溴酚类化合物的去除方法主要包括物理法、化学法及微生物法等[47,48]。

（1）物理法

物理法通过物理作用实现水中不同物质的分离、降解、转移及转化，从而达到处理废水的目的[49]。其中物理吸附法是通过制备比表面积相对较大、吸附性能优良的吸附剂（如硅藻土、活性炭、分子筛、碳纳米管等）与有机废水相接触，使有机废水中的主要污染物被吸附并集中在吸附剂表面，从而起到净化有机废水的效果[50]。

Sui 等使用榛子壳衍生活性炭（HSAC）作为吸附剂，从水溶液中去除 2-BP、4-BP 和 2,4-DBP 3 种 BPs，并且研究了 pH、初始浓度、接触时间和离子强度等因素对去除 BPs 的影响[51]。试验表明，pH 在 1～9 时，3 种 BPs 均有较好的去除效果，去除率也随着接触时间的延长而增大。除此之外，他们还通过 Langmuir 模型拟合出 2-BP、4-BP 和 2,4-DBP 的吸附平衡数据，且最大吸附容量分别为 222.2 mg/g、196.1 mg/g 和 232.6 mg/g。Bhatnagar 利用工业废弃物制备的吸附剂去除 2-BP、4-BP 和 2,4-DBP，并对其进行了对比研究[52]。研究表明，由化肥工业废料制备的碳质吸附剂对 4-BP、2-BP 和 2,4-DBP 具有最大吸附量，分别为 40.7 mg/g、170.4 mg/g 和 190.2 mg/g。与碳质吸附剂相比，其他 3 种吸附剂（高炉污泥、灰尘和炉渣）吸附 BPs 的能力要小得多，这归因于碳质吸附剂具有较大的孔隙率和较高的比表面积。Oh 等利用生物炭作为吸附剂去除卤代酚类，研究表明，当 pH 保持在 4 或 7 时，生物炭的吸附能力显著增加，且静电相互作用（主要是斥力）和疏水吸附是化合物对生物炭吸附的主要机制[53]。然而不足的是，当生物炭作为吸附剂被应用时，这些污染物可能会被释放[54]。

周时洋等以天然锰砂作为吸附剂去除水中的 BPs 并研究了相关的降解机理，研究表明，天然锰砂对不同 BPs 的去除能力不同，去除能力表现为 2,6-DBP＞2,4-DBP＞2,4,6-TBP＞2-BP＞4-BP，去除过程主要为脱溴和吸附共同作用；小粒径和高反应温度可促进 BPs 的去除；天然锰砂降解 2,4-DBP 的主要产物为 2-溴氢醌和 4-BP，其氧化转化反应机理如图 3.1 所示[55]。

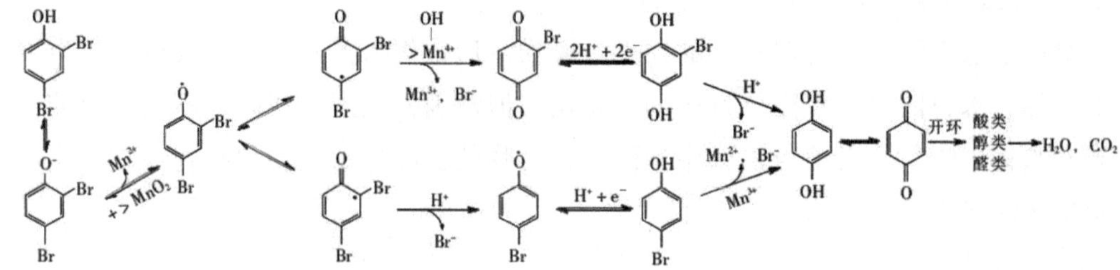

图 3.1 2,4-DBP 氧化转化反应机理

活性炭等吸附剂对卤代酚类等污染物具有简单易操作、去除率高等优点，但由于其吸附剂成本高，污染物只是从水体中转移至吸附剂上而并非从根本上将污染物降解，存在需对吸附剂进行二次处理等制约性，不能被大规模使用。

（2）化学法

化学法通过添加化学试剂或辅以施加声、光、电等形式的能源改变污染物的结构性质，使其还原或氧化为低毒或无毒试剂，从而降低或去除其毒性[56]，主要包括化学氧化法、光催化降解法及电化学法等[57]。

①化学氧化法

化学氧化法是指利用化学氧化剂将污染物转化为稳定、低毒性或无毒性的物质的过程[58]。

华建良等[59]观察了水合锰氧化物对溴酚的去除效能及脱溴能力，研究表明，小尺寸的水合锰氧化物对有机物具有较高的活性，并且伴随较高浓度 Br^- 的释放；高 pH 有利于有机物的去除；对于不同位置的溴取代基，脱溴能力由易到难排序为 4-BP＞2-BP＞3-BP。Fan 等[60]提出利用 EDTA（乙二胺四乙酸）增强的 Al^0-Fe^0/O_2 双金属原位自发生成 H_2O_2 和 ·OH 快速氧化 4-BP，并对 Al^0-Fe^0 的质量比进行优化，当 Al^0-Fe^0 的质量比为 1∶1 时，50 mg/L 的 4-BP 在 1 h 内被完全降解，且 4-BP 被 ·OH 攻击，实现了 4-BP 完全脱溴和低分子有机酸完全脱溴甚至矿化，其降解途径可能遵循对苯二酚途径。Budi 等[36]研究了酸碱度和高铁酸盐用量对 2-BP 降解的影响，研究表明，高铁酸盐（Ⅵ）氧化 2-BP 对 pH 条件高度敏感，在中性条件下去除率达到 94.2%；另外，2-BP 去除率随着高铁酸盐投加量的增加而提升，当高铁酸盐（Ⅵ）的投加量为 38.18 mg/L 时，2-BP 去除率可达到 99.73%[61]。Ashraf 等[62]利用苦瓜中提取的过氧化物酶降解 4-BP，研究表明，在 0.4 U/mL* 过氧化物酶、25.5 mg/L H_2O_2 及 100 mg/L 的聚乙二醇条件下，4-BP 的去除率高达 94%。

* 1 U/mL=1.666 7×10^{-5} kat/L。

②光催化降解法

光催化降解法是指利用辐射、光催化剂在反应体系中产生活性极强的自由基，再通过自由基与有机污染物之间的加合、取代、电子转移等过程将污染物全部降解为无机物的过程[63]。

任华[26]通过电子束辐射降解单氯酚、单溴酚的单一水溶液及混合液，研究表明，在辐照剂量不变的条件下，降解率随初始浓度的增加而降低；混合液降解速率相较单物质水溶液较慢。赵洪霞等[64]模拟研究太阳光照射下水体中 2,6-DBP 的降解，并研究了初始浓度、pH、Fe（Ⅲ）及 NO_2^-等因素对 2,6-DBP 降解速率的影响。研究表明，在模拟太阳光照射下，2,6-DBP 能够快速发生降解反应，其中光降解速率随初始浓度的降低及 pH 的增加而增大，并且Fe(Ⅲ)或NO_2^-的存在能显著提高2,6-DBP 的光降解速率。同时，2,6-DBP经过光化学降解，主产物为一种单溴代二羟基苯。Yang 等[65]和郭秋[66]以 TiO_2 纳米颗粒为光催化剂，对氯酚（CPs）和溴酚（BPs）进行降解，研究表明，CPs 和 BPs 的降解过程均为脱卤化过程，具有准一级动力学特征，且 BPs 比 CPs 更容易被光降解。

③电化学法

电化学法是指通过污水中的有机及无机物质的化学现象与电现象之间的关系处理水中污染物的方法[67]。

刘雅玥的研究表明，将 Fe^{3+}引入过硫酸盐生成体系后，阴极的电化学作用可使 Fe^{3+}再生为 Fe^{2+}，进而活化过硫酸盐产生 SO_4^-，最终实现对溴酚的有效降解，明显提高溴酚和 TOC 的去除率。溴酚的去除率、降解速率及 TOC 去除率都随电流密度的提高而增大，或随着 Fe^{3+}浓度增高而增大，但 Fe^{3+}浓度过高会导致生成的 Fe^{2+}过多而消耗一部分 SO_4^-；溴酚初始浓度对降解情况也存在一定影响，当其浓度低于 86.5 mg/L 时，溴酚可以完全被去除，而浓度高于 86.5 mg/L 时不能完全去除；随着溴酚浓度的增大，其降解速率逐渐下降，但过 SO_4^{2-}分解情况和 TOC 去除情况变化不大[68]。

（3）微生物法

环境中部分具有特定功能的微生物可以将有机污染物转化为 CO_2、H_2O 或其他低毒、无毒物质，从而达到降解有机污染物的目的。根据降解微生物是否需氧，微生物降解可分为好氧降解和厌氧降解[69]。无论是好氧降解还是厌氧降解，都是通过微生物产生降解酶进行反应，即酶促反应[12]。

吴伟林[70]构建了弱电能介入的厌氧生物反应系统，以生物阴极和生物阳极作为额外电子供体和电子受体，实现了三溴酚（TBP）和间甲酚（Cresol）的强化分解转化。Li 等[71]利用 *Clostridium*、*Dehalobacter* 和 *Desulfatiglans* 实现了 2,4,6-TBP 的厌氧矿化。在连续进水条件下，7.61 mg/L 的 2,4,6-TBP 在 35 d 内完全矿化。Sahoo 等[72]利用 Arthrobacter chlorophenolicus A6^T 最新设计的填充床反应器（PBR）对去除 4-BP 的生物降解效率进行了评估，研究进水 4-BP 浓度（400～1 200 mg/L）、HRT（7.5～24 h）以及 PBR 对 4-BP 冲击负荷的响应，研究表明，PBR 在 HRT 为 12.5 h 时，可以实现以高达 2 277 mg/（m^3·d）的 4-BP 负荷率将 1 000 mg/L 的 4-BP 的完全去除。Chen 等利用上流式电刺激厌氧系统（ESAS）研究 4-BP 的厌氧脱溴和矿化时发现，当阴极电位为−600 mV 时，TOC 的去除率最高可达（98.78±0.96）%，当 4-BP 的负荷为 100.34 mg/（m^3·d）时，4-BP 和苯酚可以被完全去除[73]。此外，电刺激明显促进了 ESAS 中各种自养脱卤物种、苯酚降解相关物种、发酵物种、高产乙酸菌和电化学活性物种的生长，因此基于已鉴定的中间体和细菌分类学分析，本研究提出了可能参与 ESAS 中 4-BP 厌氧脱溴和矿化增强的代谢机制。Uhnakova 等[74]利用白腐菌降解 173.01 mg/L 的 2-BP、173.01 mg/L 的 4-BP、251.9 mg/L 的 2,4-DBP、251.9 mg/L 的 2,6-DBP、330.8 mg/L 的 2,4,6-TBP 和 543.87 mg/L 的四溴双酚 A 等 6 种溴酚类物质，在 4 d 内去除率达到 65%～85%。

3.1.2 H_2-MBfR

微生物法处理氧化性污染物，主要是通过微生物利用有机物质或无机物质将氧化性污染物还原为低毒或无毒物质[75]。其中，基于无机电子供体的厌氧还原技术，因其无须严格控制无机物用量及产生剩余污泥少等受到了人们的青睐[11]。其中可被微生物利用的无机电子供体主要包括 H_2、氧气、硫等[12,13]。

在诸多电子供体中，H_2 作为一种无毒、廉价、无二次污染的无机电子供体，因被应用于氧化性污染物的去除而备受关注[14]。Zhang 将微孔 HFM 曝气与氢自养还原技术相结合，产生了一种新的水处理技术——H_2-MBfR[15]。在 H_2-MBfR 中，H_2 通过 HFM 壁上的微孔以无泡形式扩散至附着在膜外表面的微生物层，微生物以其为电子供体通过新陈代谢作用将氧化性污染物进行还原去除[76]。大量的试验结果表明，H_2-MBfR 在去除降解 HOPs 方面具有良好的效果[77-84]。4-BP 作为一种典型的卤代有机污染物，开展 H_2-MBfR 对 4-BP 去除的深入研究，对 H_2-MBfR 的推广和工程化应用具有重要意义。

3.1.2.1 H_2-MBfR 去除氧化性污染物的原理及优势

H_2 以无泡曝气的形式通过 HFM 壁上的微孔从膜内传质到膜外的生物膜层中，被膜表面的氢自养还原菌作为电子供体利用，水在 HFM 的外部流动，膜表面的微生物利用水中的氧化性污染物进行新陈代谢，将有毒化合物降解为无毒或低毒产物[85]。

H_2-MBfR 去除氧化性污染物的原理见 1.2 节描述。

3.1.2.2 H_2-MBfR 去除卤代有机污染物

在 H_2-MBfR 中，氢自养还原菌可利用水中的 HOPs 进行新陈代谢，将含有多个卤离子的有机物逐步降解为低含卤有机物甚至不含卤有机物，对部分有机物甚至能实现完全矿化，大幅降低其生物毒性。大量的试验结果表明，H_2-MBfR 在去除降解 HOPs 方面表现出良好的效果[77-84]。

（1）去除含卤烃类

①三氯甲烷（TCM）

TCM 的危害及其在 H_2-MBfR 中被还原降解过程可见 1.4.3 节相关描述，其降解途径见图 3.2。

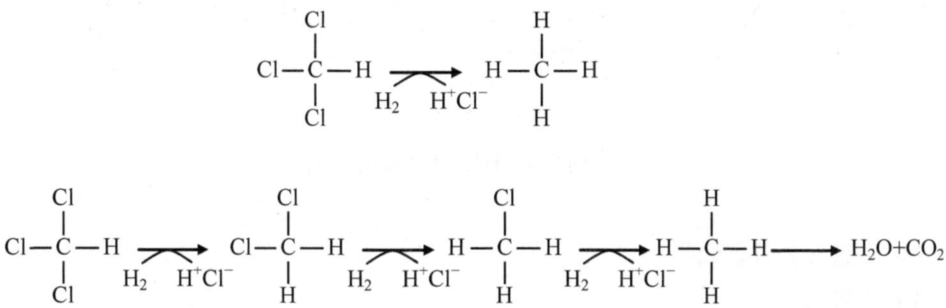

图 3.2 TCM 降解途径[86]

②三氯乙烯（TCE）

TCE 在生产和生活过程中应用广泛，如用作军事、商业和工业应用的清洁剂和溶剂等[87]。但由于不合理的处理，TCE 进入土壤和地下水，其毒性和难降解性对人体健康和生态环境造成极大的威胁。TCE 可能引起肝损害和中枢神经系统功能障碍，因而被认为是可能的致癌物[88,89]。

缓解 TCE 毒性的一个重要机制是还原脱氯[90]。在厌氧条件下，TCE 被逐步还原为氯离子较少或不含氯的分子形式，氯原子依次被氢原子替代，其降解途径如图 3.3 所示[91]。在还原脱氯过程中，经过 *Dechloromonas* 等微生物作用，TCE 依次获得 2 个电子，从而被还原为 1,1-DCE、顺-DCE 或反-DCE 异构体（DCE 为二氯乙烯）、氯乙烯（VC）和乙烯，在某些情况下，TCE 还能继续还原形成乙烷，被还原产物的毒性依次降低[82,91]。相关学者利用 H_2-MBfR 对含 5 mg/L 的 NO_3^--N、4.8 mg/L 的 SO_4^{2-}和 1 000 μg/L 的 TCE 进行还原降解，当 TCE 首次加入 H_2-MBfR 中时，还原脱氯立即发生，并且在第 120 天时，998.56 μg/L 的 TCE 完全脱氯还原为乙烯，并产生了降解 TCE 的微生物细菌[91]。Ziv-El 等将 39.41 mg/L 的 TCE 在 H_2-MBfR 中还原降解[82]。研究表明，在 H_2-MBfR 中 TCE 能够被 *Dehalococcoides*、*Geobacter* 和 Homoacetogens 等微生物还原降解，产生 DCE、VC 和氯乙烯等中间体，脱氯率可达 95%。

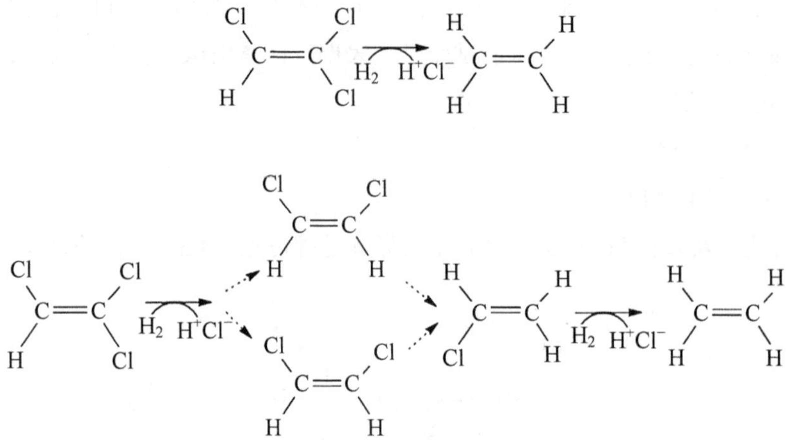

图 3.3　TCE 降解途径

（2）去除含氯芳香烃类

①氯硝基苯

氯硝基苯的危害及其在 H_2-MBfR 中被去除的过程可见 1.4.4 节相关描述，*p*-CNB 降解途径如图 3.4 所示[75]。

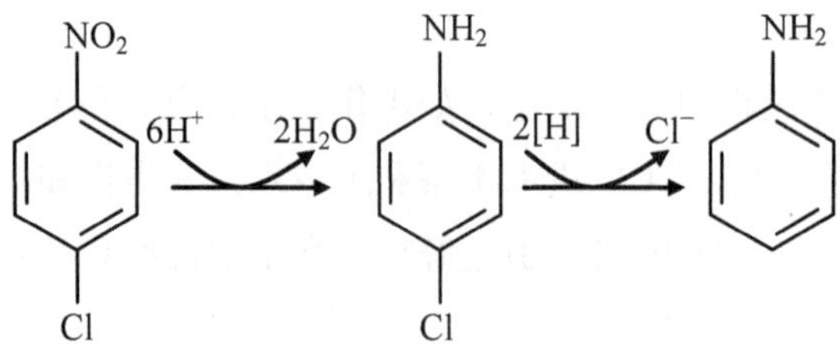

图 3.4　*p*-CNB 降解途径

②氯苯酚类

氯酚是工业中生产增塑剂、杀虫剂、除草剂和杀菌剂的重要原料，它们需要被从废水和天然水中去除[92]。

Xia 等[93]对利用 H_2-MBfR 降解氯苯酚类污染物进行了大量研究。对于 H_2-MBfR 中去除 4-CP 和 NO_3^--N 的相关描述见 1.4.4 节。4-CP、PCP 和 2-CP 的降解途径如图 3.5 所示[79,81,93]。

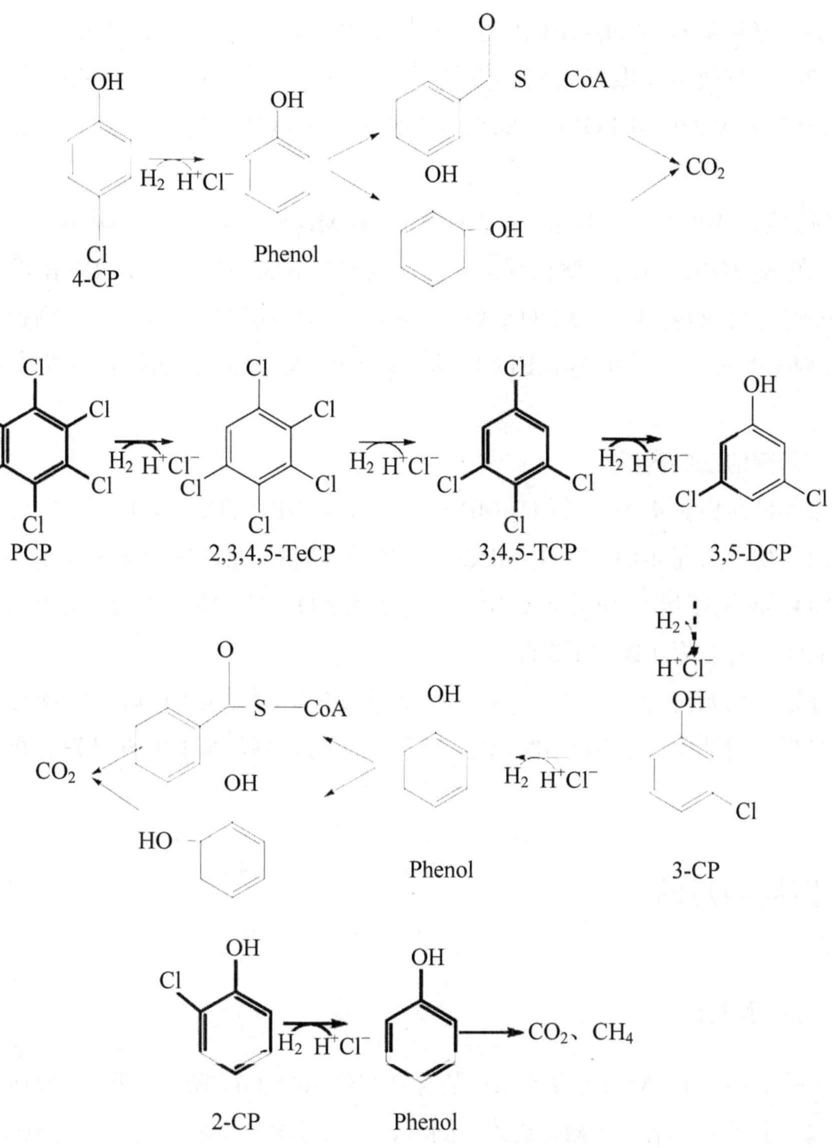

图 3.5 4-CP、PCP 和 2-CP 降解途径

3.1.3 研究目的和主要内容

3.1.3.1 研究目的和意义

4-BP 是一种持久性有毒有害污染物，近年来，因处理不当或处理不达标在环境中普遍被检测到，对人体具有巨大的毒害作用。传统厌氧反应器系统需要投加有机物质，而残留的有机基质带来了二次污染，大幅增加了处理成本[85]。与之相比，基于无机电

子供体的厌氧还原技术 H_2-MBfR 无上述情况产生，且已有一定的研究表明 H_2-MBfR 在处理 POPs 方面具有很好的发展前景[77-84]，但是该技术还停留在实验室研究阶段。因此，开展 H_2-MBfR 对 POPs 去除的深入研究，对该技术的推广和工程化应用具有重要意义。

本研究以 4-BP 为研究对象，首次探索了 H_2-MBfR 中 4-BP 的去除问题，并以此研究了 4-BP 在 H_2-MBfR 内的降解机理。之后通过改变 NO_3^--N 浓度、4-BP 浓度及氢分压研究这些变量对反应器去除 4-BP 的影响，并通过高通量测序技术研究了生物膜中细菌多样性对 H_2-MBfR 的反应，为 H_2-MBfR 能够持久、稳定、高效地去除 4-BP 提供有力的理论支持。

3.1.3.2 研究的主要内容

①加入目标物质 4-BP 进行 H_2-MBfR 还原降解 4-BP 的试验，长期运行反应器检测其降解中间产物，探究 4-BP 在 H_2-MBfR 中的降解机制；通过单一变量原则，分别调控氢分压、NO_3^--N 浓度和 4-BP 浓度，定时测定出水 NO_3^--N、NO_2^--N 和 4-BP 的浓度变化，观察影响因素对去除 4-BP 的影响。

②分别对原始污泥、仅加入 NO_3^--N 及加入 NO_3^--N、4-BP 后的生物污泥进行高通量测序分析，对比群落结构变化和优势菌种；分析可降解 4-BP 的相关功能基因及所表达的酶。

3.2 材料与方法

3.2.1 H_2-MBfR

本试验所用的 H_2-MBfR 设计原理装置及实体如图 3.6、图 3.7 所示。反应器为圆柱状石英玻璃，主要由主副反应器、进水、回流、出水等部分组成，内部通有 HFM 作为载体以便微生物附着，纤维膜材料为聚丙烯中空超滤膜。膜丝具体参数及反应器相关参数见表 3.1、表 3.2。

主反应器配有 60 根 HFM 丝，非字圆柱形，采用两端供气；副反应器配有 8 根膜丝，以供后续进行微生物取样分析，供气方式与主反应器保持一致，为两端供气。

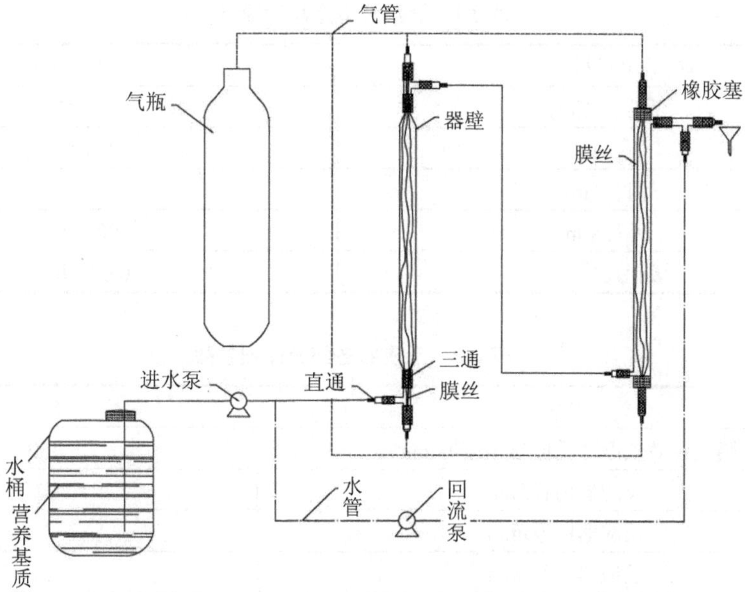

图 3.6　H_2-MBfR 设计原理装置

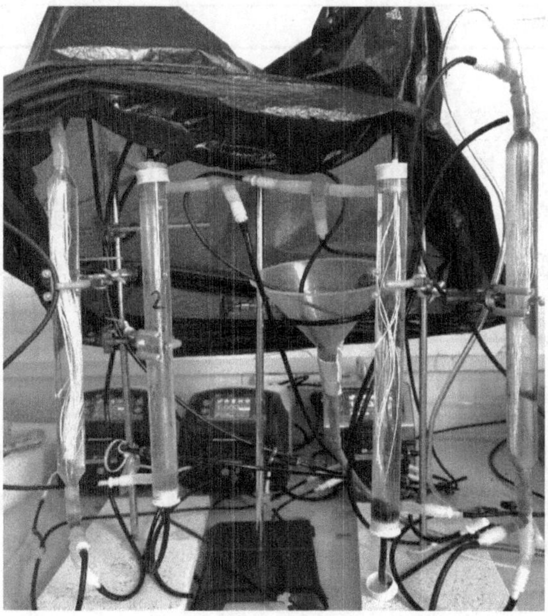

图 3.7　H_2-MBfR 实体

表 3.1 聚丙烯中空超滤膜参数

膜材料	聚丙烯 PP
适应温度/℃	4～45
pH	0～14
内径/μm	320～350
外径/μm	400～450
微孔尺寸/μm	0.02～0.2

表 3.2 反应器各部分详细参数

参数	数值
膜丝有效长度（反应器高度）/mm	350
反应器内径/mm	22
反应器壁厚/mm	2
反应器外径/mm	26
主反应器中空纤维丝数量/根	60
副反应器中空纤维丝数量/根	8
膜总表面积/cm^2	298.928
反应器内有效容积/mL	133.046

蠕动泵以一定流速将营养基质泵入反应器供微生物生长利用，从底部侧位进水并从顶部对侧位溢流至排水管或流入回流系统。在 H_2-MBfR 中，作为营养基质的试验配水在膜层外流动，供反应器内微生物消耗利用，一定压力的 H_2 作为电子供体以无泡曝气的方式从 HFM 的膜腔内通过膜壁上的微孔进入膜外，供附着在膜丝外表面的氢自养还原菌生长利用。

3.2.2 试验配水

试验根据本研究团队以往其他研究，采用模拟配水，成分及浓度见表 3.3。KNO_3 作为无机氮源（以 N 计），以 $NaHCO_3$ 为碳源，以磷酸盐缓冲对（Na_2HPO_4+KH_2PO_4）调节进水的 pH，将其控制在 7.2 左右，因为在 H_2-MBfR 内，当 pH 为 7.2 时，微生物活性最佳[94]。与此同时，向 H_2-MBfR 中加入其他常量元素和微量元素以保证微生物正常生长[94]。模拟试验配水以 10 L 塑料配水桶贮存并进行遮光处理。

表 3.3 试验配水成分及浓度组成

成分	浓度/（mg/L）	成分	浓度/（mg/L）
KNO_3（以N计）	10	$ZnSO_4 \cdot 7H_2O$	0.1
Na_2SO_4（以 SO_4^{2-} 计）	55	H_3BO_3	0.3
$NaHCO_3$	80	$CoCl_2 \cdot 6H_2O$	0.2
Na_2HPO_4	216	$CuCl_2 \cdot 2H_2O$	0.01
KH_2PO_4	236	$Na_2MoO_4 \cdot 2H_2O$	0.03
$FeSO_4 \cdot 7H_2O$	1.0	$MnCl_2$	0.01
$CaCl_2$	1.0	$NiCl_2 \cdot 6H_2O$	0.01

3.2.3 主要测定项目及分析方法

3.2.3.1 主要测定项目

试验中主要测定项目及分析方法如表 3.4 所示。

表 3.4 主要测定项目及分析方法

主要测定项目	分析方法	依据
NO_3^--N	紫外分光光度法、离子色谱法	HJ/T 346—2007
NO_2^--N	紫外分光光度法、离子色谱法	GB/T 7493—1987
Br^-	紫外分光光度法、离子色谱法	[95，96]
4-BP 及中间产物、小分子有机酸	高效液相色谱法（HPLC）、气相色谱-质谱法（GC-MS）	[97-99]
微生物分析	高通量测序	[100]

3.2.3.2 分析方法

（1）紫外分光光度法测 NO_3^--N、NO_2^--N、Br^-

NO_3^--N及NO_2^--N根据《水质 硝酸盐氮的测定 紫外分光光度法（试行）》（HJ/T 346—2007）进行测定，所需具体试剂及操作方法如下：

①NO_3^--N 的测定

量取 1 mL 水样于 25 mL 比色管中，纯水定容至刻度线，向其中添加 0.5 mL 浓度为 1 mol/L 的 HCl 及 50 μL 浓度为 0.8%的氨基磺酸，盖上比色管塞，轻轻摇晃，静置反应 15～20 min 后上机在 220 nm 和 275 nm 双波长下测定。

注：稀释倍数需根据出水浓度进行相应调整。

②NO_2^--N 的测定

量取 1 mL 水样于 10 mL 离心管中，纯水定容至刻度线，向其中添加 0.2 mL 的显色剂进行显色反应，盖上离心管塞，轻轻摇晃，静置反应 15～20 min 后在 540 nm 下上机测定。

③Br^-的测定

在 pH 为 4.4～5 时，用氯胺 T 作氧化剂，将 Br^- 氧化为游离溴，再与酚红作用形成四溴酚红。溶液颜色随 Br^- 浓度不同而呈黄绿色至紫色，在 590 nm 处测定[101]。

（2）离子色谱法测 NO_3^--N、NO_2^--N 及 Br^-

本试验中的 NO_3^--N、NO_2^--N、Br^- 还可用离子色谱法测定，配备 AS19 分析柱及保护柱。

分析程序：利用流动相为 20 mmol/L 的 NaOH 在 20 min 内等度洗脱，流速为 0.9 mL/min，柱温为 25℃，进样量为 30 μL。各离子的出峰时间：NO_2^-为 6.459 min、Br^-为 7.677 min、NO_3^-为 8.496 min。各离子的标准曲线方程见表 3.5，出峰时间见图 3.8。

表 3.5 各离子的标准曲线方程

离子	出峰时间/min	标准曲线方程（R^2）
NO_2^-	6.459	$f(x)$ =53 484.1x（0.995）
Br^-	7.677	$f(x)$ =13 436.2x（0.999 9）
NO_3^-	8.496	$f(x)$ =76 234.6x（0.999 8）

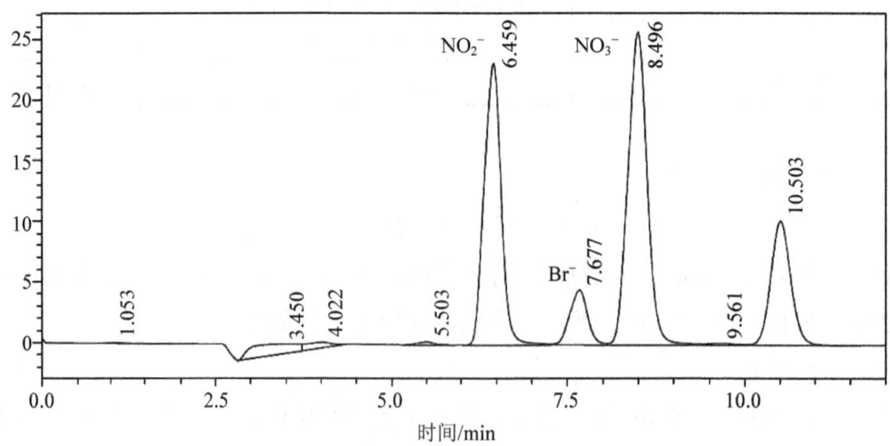

图 3.8 NO_2^-、NO_3^-、Br^-的出峰时间

（3）高效液相色谱测4-BP及其中间产物

本试验中的4-BP及部分中间产物利用岛津高效液相色谱仪（LC-2030C 3D Plus）检测，配备规格为5 μm，4.6 mm×250 mm的Shim-pack GIST C18分析柱，柱温为35℃，流动相为60%的甲醇，流速为1 mL/min。各物质出峰时间：4-BP为9.026 min、苯酚为4.751 min、邻苯二酚3.562 min。各物质的标准曲线方程见表3.6，出峰时间见图3.9。

表3.6　各物质的标准曲线方程

物质	出峰时间/min	标准曲线方程（R^2）
邻苯二酚	3.562	f（x）=29 595.2x（0.999 9）
苯酚	4.751	f（x）=75 853x（0.997）
4-BP	9.026	f（x）=61 992x（0.999 9）

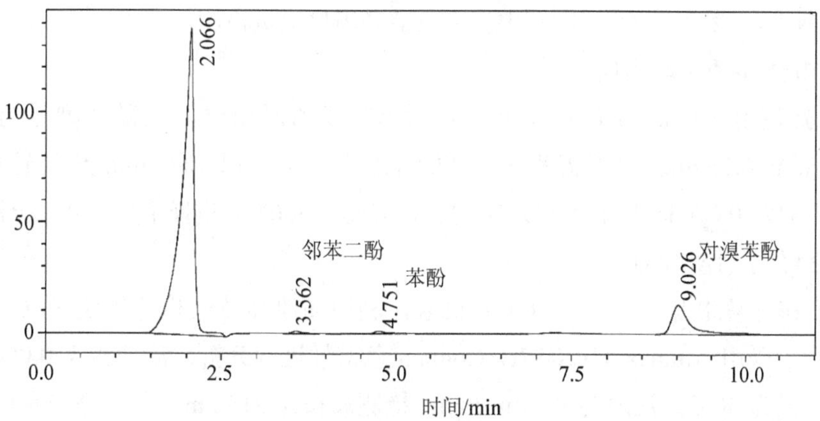

图3.9　4-BP、苯酚及邻苯二酚的出峰时间

（4）气相色谱-质谱联用仪检测中间产物

在作出批次降解曲线的情况下，找出最大的降解时刻及几个次级时刻进行取样，量取50 mL水样，取不同时间点的4个水样，利用固相萃取小柱进行萃取浓缩，浓缩液在−20℃下进行保存待测。

①固相萃取

本试验固相萃取型号为SPE-C18，规格为100 mg/mL。固相萃取具体操作如下：

a. 活化

用1倍柱管体积（1 mL）的甲醇冲洗填料（3～5 mL/min）。

b. 平衡

用 1 倍柱管体积（1 mL）的超纯水冲洗填料（3～5 mL/min）。

c. 进样

样品以 1 mL/min 的速率通过 SPE 柱，加载 50 mL 的出水样品。

d. 淋洗

用 1～2 倍柱管体积（1 mL）的甲醇水（10%），去除部分干扰物（1～2 mL/min）。

e. 洗脱

用 3 倍柱管体积（1 mL）的乙腈冲洗填料（2 mL/min）。

f. 脱水

用经过 4 h 的 400℃干燥的 Na_2SO_4 对洗脱下来的物质进行脱水处理。

g. 保存

洗脱后的样品用便携式氮气吹干仪浓缩，再用 0.45 μm PVDF 针式过滤器过滤至 2 mL 棕色样品瓶中，−20℃保存，用气相色谱-质谱联用仪上机检测。

②气相色谱-质谱联用仪

本试验使用 Clarus 600 GC/MS 气相色谱-质谱联用仪，色谱柱型号为 HP-5MS（30 m×25 mm×0.25 μm），升温程序：初始温度为 40℃，以 10℃/min 升温至 150℃，保持 2 min，再以 30℃/min 上升至 250℃，进样口温度为 300℃，进样量为 1 μL，分流比为 50。

（5）小分子有机酸的测定

4-BP 在降解中开环产生小分子有机酸，利用岛津高效液相色谱仪（LC-2030C 3D Plus）测定，采用 Aminex HPX-87H Column 色谱柱进行分析，流动相为 0.004 mol/L 的 H_2SO_4，柱温为 30℃，流速为 0.6 mL/min，检测波长为 215 nm。各小分子有机酸的标准曲线方程见表 3.7，出峰时间见图 3.10。

表 3.7 小分子有机酸标准曲线方程

物质	出峰时间/min	标准曲线方程（R^2）
草酸	6.505	$f(x)=7\times10^6x$（0.999 8）
柠檬酸	7.965	$f(x)=731\ 226x$（0.999 9）
苹果酸	9.543	$f(x)=252\ 738x$（0.999 9）
琥珀酸	12.005	$f(x)=112\ 743x$（0.999 9）
甲酸	13.902	$f(x)=84\ 676x$（0.999 9）
乙酸	15.229	$f(x)=66\ 042x$（1）
黏糠酸	21.14	$y=2\ 052\ 859.69x$（0.98）

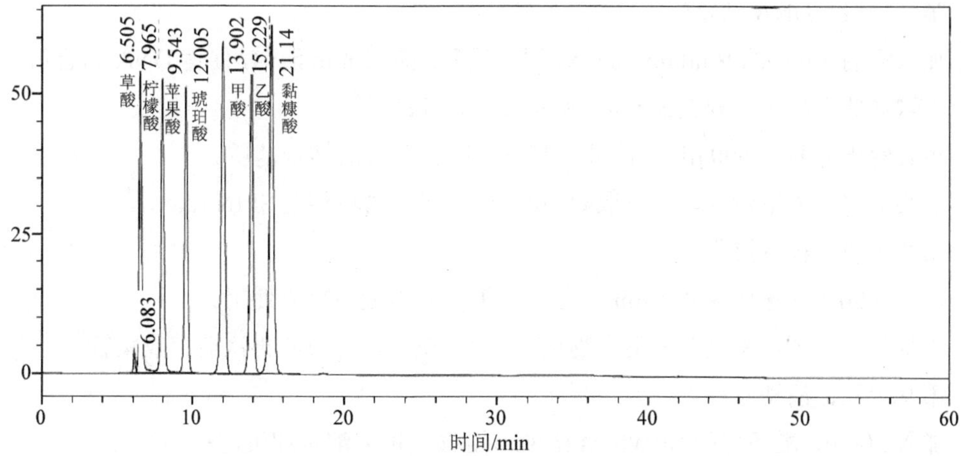

图 3.10 小分子有机酸出峰时间

（6）分子生物学分析方法

①微生物 DNA 提取

本试验采用 Fast DNA™ SPIN Kit for Soil 试剂盒提取微生物 DNA，具体操作步骤如下：

第 1 阶段：准备样本/加样本

将 500 mg 的微生物样品添加到 Lysing Matrix E 管中。

第 2 阶段：加入 Lysis Buffer

将 978 μL Sodium Phosphate Buffer 及 122 μL MT Buffer 添加到 Lysing Matrix E 管中的样品，摇晃混合均匀。

第 3 阶段：样本均质化

将 Lysing Matrix E 管放入 Fast Prep 仪器中，并以 6 m/s 的速度匀化 40 s。

第 4 阶段：沉淀样本蛋白

以 14 000 *g* 的速度离心 5～10 min 沉淀碎片后，用干净的 2 mL 微量离心管转移上清液。

补充建议：将离心时间延长至 15 min 可增强从多样本或具有复杂细胞壁的细胞中移除多余碎片的能力。

第 5 阶段：移除抑制物质

加入 250 μL 的 PPS（Protein Precipitation Solution），通过翻转试管 10 次进行混合。

第 6 阶段：从细胞碎片和裂解介质中分离可溶性核酸

以 14 000 g 的速度离心 5 min 后将上清液转移到干净的 1.5 mL 微量离心管中。

第 7 阶段：DNA 结合

加入混匀 1 mL 的 Binding Matrix，用手反复翻转 2 min 混匀，促使 DNA 结合得更好。

将试管放在架子上静置 3 min，使 silica matrix 沉降。

小心取出并弃去 500 μL 上清液，避免吸取到沉淀的结合基质。

小心地将管内溶液混匀，量取约 600 μL 的混合物转移至 SPIN filter。

第 8 阶段：样本沉降

以 14 000 g 的速度离心 1 min，舍去收集管内溶液后重复使用。

重复前一步骤，将剩余的混合物加入 SPIN filter，并离心再次清空收集管。

第 9 阶段：清洗管柱

加入 500 μL 准备好的 SEWS-M 溶液，用移液枪将溶液和沉淀打匀混合。

以 14 000 g 的速度离心 1 min，清空收集管并更换。

第 10 阶段：烘干管柱

不添加任何液体，以 14 000 g 的速度离心 2 min 用以“干燥”管柱内残留的洗涤液。丢弃原来的收集管，用新的干净收集管，在室温下将 SPIN filter 风干 5 min。

第 11 阶段：洗提 DNA

小心将 100 μL 的 DES 加入 SPIN filter 上层基质混匀。

通过在恒温烘箱 55℃孵育 5 min，可以提高 DNA 得率。

以 14 000 g 的速度离心 1 min 后，提取的 DNA 已在收集管中。

提取的 DNA 样品放置于−20℃保存，待寄样检测。

②微生物的检测

利用 1%琼脂糖凝胶检测 DNA 的完整性、纯度、片段大小和浓度。

③PCR 扩增与纯化

取适量的样本 DNA 于离心管中，使用无菌水稀释样本至 1 ng/μL。以稀释后的基因组 DNA 为模板，根据测序区域 16S V3-V5，V3-V4：CCTACGGRRBGCASCAGKVRVGAAT，GGACTACNVGGGTWTCTAATCC；V4-V5：GTGYCAG-CMGCCGCGGTAA，CTTGTGCGGKCCCCCGYCAATTC 特异引物。使用 New England Biolabs 公司的 Phusion® High-Fidelity PCRMaster Mix with GC Buffer 和高效高保真酶进行 PCR（Polymerase Chain Reaction，聚合酶链式反应），确保其扩增效率和准确性[102]。扩增方法如下：2 μmol/L 正向和反向引物，以及约 10 ng 模板 DNA。

首先在 98℃下初始变性 1 min；随后进行 30 个循环，每个循环包括在 98℃下变性 10 s、在 50℃下退火 30 s 和在 72℃下延伸 30 s；最后在 72℃下终延伸 5 min。PCR 产物通过 2%琼脂糖凝胶电泳进行检测[103]。

④文库建立和测序

使用 TruSeq DNA PCR 样品制备试剂盒（Illumina，美国）生成测序文库，并添加索引代码。在 Qubit@2.0 荧光计（Thermo Scientific）和 Agilent Bioanalyzer 2100 系统上评估文库质量[104]。最后，将该文库在 Illumina NovaSeq 平台上进行测序，并生成 400 bp 双端读数。

3.2.4 取样及保存

3.2.4.1 水样取样

用 20 mL 干净注射器取进水及出水水样，经 0.45 μm 的 PVDF 针式滤膜过滤后分别存入 10 mL 干净离心管中及 2 mL 高效液相色谱专用棕色进样瓶内，分别用对应的瓶盖盖紧防止其挥发氧化，再将瓶子置于 4℃冰箱中保存待上机检测。

3.2.4.2 分子生物学

当反应器运行至某一稳定阶段时，需对微生物取样并进行分子生物学分析。取下副反应器，将膜丝取出，用灭菌剪刀剪成 5 cm 长度后置于干净的 50 mL 离心管内，经过超声、离心机处理后得到微生物，之后称取不超过 500 mg 的微生物，用 Fast DNA^{TM} SPIN Kit for Soil 试剂盒进行 DNA 提取。将提取出的 DNA 放置于−20℃冰箱中保存，短时间内寄样进行分子生物学分析。本试验微生物共取样 3 次，取样时间见表 3.8。

表 3.8 微生物取样

微生物取样编号	对应污泥微生物	运行工况
MR0	原始污泥	未加入 NO_3^--N、4-BP
MR1	驯化污泥	只加入 10 mg/L 的 NO_3^--N
MR2	加入 4-BP 后的污泥	10 mg/L NO_3^--N、20 mg/L 的 4-BP

3.2.5 主要试剂和仪器

试验中主要试剂及分析仪器如表 3.9、表 3.10 所示。

表 3.9 试验所用主要试剂

试剂名称	分子式	纯度	品牌
硝酸钾	KNO_3	AR	罗恩
亚硝酸钠	$NaNO_2$	AR	麦克林

试剂名称	分子式	纯度	品牌
对溴苯酚	C_6H_5OBr	AR	九鼎
苯酚	C_6H_6O	AR	阿拉丁
邻苯二酚	$C_6H_6O_2$	AR	阿拉丁
对苯二酚	$C_6H_6O_2$	AR	阿拉丁
溴化钠	NaBr	AR	国药
氯化铵	NH_4Cl	AR	阿拉丁
无水硫酸钠	Na_2SO_4	AR	国药
碳酸氢钠	$NaHCO_3$	AR	西陇
磷酸二氢钾	KH_2PO_4	AR	麦克林
十二水磷酸氢二钠	$Na_2HPO_4·12H_2O$	AR	阿拉丁
二水钼酸钠	$Na_2MoO_4·2H_2O$	AR	国药
无水氯化锰	$MnCl_2$	AR	麦克林
六水氯化镍	$NiCl_2·6H_2O$	AR	国药
七水硫酸亚铁	$FeSO_4·7H_2O$	AR	国药
七水硫酸锌	$ZnSO_4·7H_2O$	AR	国药
硼酸	H_3BO_3	AR	国药
硫酸	H_2SO_4	GR	国药
甲醇	CH_4O	HPLC	罗恩
乙腈	C_2H_3N	HPLC	罗恩
六水氯化钴	$CoCl_2·6H_2O$	AR	国药
二水氯化铜	$CuCl_2·2H_2O$	AR	国药
氯化钙	$CaCl_2$	AR	阿拉丁

表 3.10 试验所用主要仪器

仪器名称	型号	仪器名称	型号
溶解氧测定仪	HACH	紫外分光光度计	UV-3200
立式高压蒸汽灭菌器	LDZX-30KBS	高效液相色谱仪	LC-2030C
恒温振荡器	THZ-82	离子色谱仪	ICS-2100
pH 计	Mettler Toledo	气相色谱-质谱联用仪	Clarus 600 GC/MS
卢湘仪	TG16.5	马弗炉	BOHUI
卢湘仪	RGL-180T	旋转蒸发器	RE-52AA

3.2.6 相关计算参数

污染物进水表面负荷（F）代表单位时间单位膜面积上所承载的进水质量，用于衡量该反应过程的耐冲击负荷能力，单位为 g/（m^2·d）；用膜表面的去除通量（J）表征单位体积或面积上承载的污染物去除量，是衡量反应器处理能力的指标；J 指单位生物膜面积去除污染物的能力[105,106]，J 值越大，表明反应器去除污染物的性能越好；标准化通量（N）用来衡量物质降解速度的快慢；E_{eq} 为电子受体还原当量电子转移通量［eq/（m^2·d）］，用来定量地评价污染物对电子供体的竞争关系；EW_s 为电子受体还原过程中的电子供体换算因子，NO_3^--N 电子受体的 EW_s 为 2.8 g N/eq，对溴苯酚转换为苯酚的 EW_s 为 86.505 g N/eq，即 $ArClOH+H_2 \longrightarrow ArOH+2H^++Br^-$。计算公式见式（3-1）～式（3-4）。

$$F=\frac{Q\times S_i}{A} \tag{3-1}$$

$$J=\frac{Q\times(S_i-S_e)}{A} \tag{3-2}$$

$$N=\frac{Q\times(S_i-S_e)}{A\times S_i} \tag{3-3}$$

$$E_{eq}=\frac{J}{EW_s}=\frac{Q\times(S_i-S_e)}{A\times EW_s} \tag{3-4}$$

式中，F—— 进水负荷，g/（m^2·d）；

J—— 去除通量，g/（m^2·d）；

Q—— 进水流量，m^3/d；

S_i、S_e—— 分别为进水和出水中的污染物浓度，g/m^3；

A—— 膜表面生物膜表面积，m^2；

N—— 标准化通量，m/d。

3.3 H_2-MBfR 还原降解 4-BP 的研究

4-BP 是一种持久性有毒有害污染物，广泛存在于燃料、油漆、阻燃剂、杀虫剂和木材防腐剂内[27-32]，近年来在环境中普遍被检测到，对人体具有巨大的毒害作用[107]。

在缺氧或厌氧条件下，利用生物修复技术将 4-BP 降解为低毒或无毒的物质是一种可行的手段。H_2-MBfR 作为一种新型的厌氧生物处理技术，虽然已有一定的研究表明在处理 POPs 上具有很好的发展前景[77-84]，但是该技术还停留在实验室研究阶段。因此，开展

H_2-MBfR 对 POPs 去除的深入研究，对该技术的推广和工程化应用具有重要意义。

本节主要观察在 H_2-MBfR 中 4-BP 的降解机理及相应的降解产物。与此同时，4-BP 浓度与 4-BP 共存的 NO_3^--N 浓度、氢分压等均对 4-BP 的降解产生影响，欲使 4-BP 达到最佳降解效果，需在反应器稳定运行的基础上找到各影响因素的最佳参数。

3.3.1 试验设计

3.3.1.1 试验装置与配水

H_2-MBfR 试验装置见 3.2.1 节，试验配水成分见表 3.3。

3.3.1.2 H_2-MBfR 的挂膜驯化

本试验微生物接种物取自成熟的 H_2-MBfR 中的氢自养还原菌液 20 mL，将其通入新搭建的 H_2-MBfR 中，再以进水蠕动泵向 H_2-MBfR 中通入试验配水后关闭进水蠕动泵，打开回流泵进行间歇式运行。间歇运行阶段，氢分压为 0.02 MPa，以 20 mg/L 的 NO_3^--N 运行两天。间歇运行后开启进水蠕动泵，以 1 mL/min 的流速运行，使生物膜继续富集在膜外表，待出水 NO_3^--N 达到稳定后再加入目标物（5 mg/L 的 4-BP）继续进行驯化富集。待去除率达到基本稳定不变，并且 HFM 表面出现肉眼可见的黄褐色黏膜附着时，即可认为挂膜完成。驯化阶段反应器运行工况见表 3.11。

表 3.11 驯化阶段反应器运行工况

运行时间/d	阶段	条件
1～71	仅加入 20 mg/L NO_3^--N 驯化	氢分压 0.02 MPa，流速 1 mL/min
72～86	加入 20 mg/L NO_3^--N、5 mg/L 4-BP 驯化	

3.3.1.3 4-BP 的动力学方程及降解机制

4-BP 在反应器内可还原降解，研究 4-BP 的降解动力学模型，对阐明 4-BP 降解的动力学反应机制具有十分重要的理论意义。待 H_2-MBfR 挂膜驯化完成后，在其他条件不变的情况下，调整 4-BP 的浓度为 10 mg/L。在此期间关闭进水，只开内循环保证物质充分混匀，从加入 4-BP 后至每间隔 1 h 取样 1 次，直到完全检测不到 4-BP 的存在为止。

3.3.2 反应器的启动与挂膜驯化

3.3.2.1 加入 NO_3^--N 驯化

前期用未加入 4-BP 的试验配水进行挂膜，每天定时取样并测出水中的 NO_3^--N 和 NO_2^--N 浓度变化。在试验的前 2 d 反应器为间歇式进水，每次取完水样后都用蠕动泵进水充满反应器。待间歇式进水 2 d 后改为连续式进水，之后每天定时取反应器的进、出水样并检测 pH 及 NO_3^--N、NO_2^--N 浓度变化。H_2-MBfR 驯化阶段反应器中 NO_3^--N 和 NO_2^--N 浓度变化及挂膜实况见图 3.11、图 3.12。

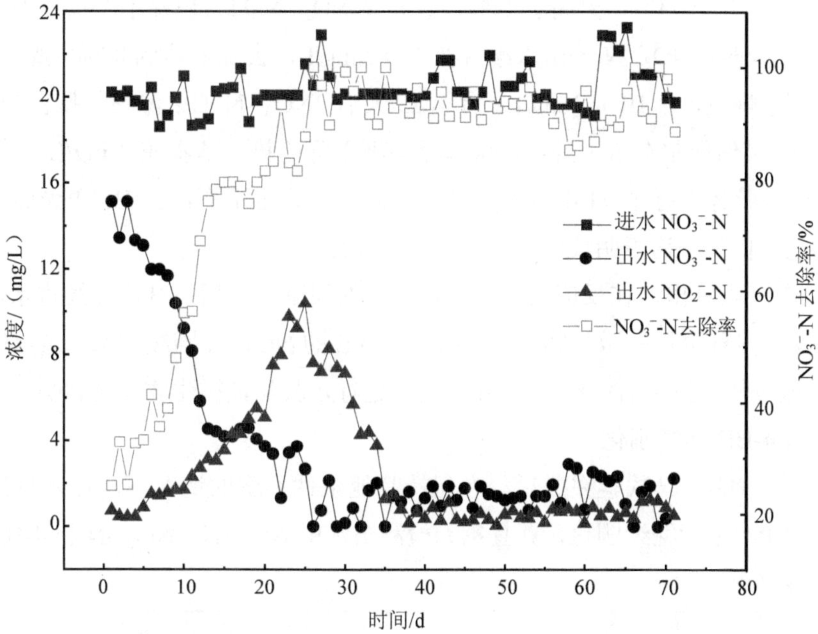

图 3.11　H_2-MBfR 驯化阶段进、出水样 NO_3^--N 和 NO_2^--N 浓度变化曲线

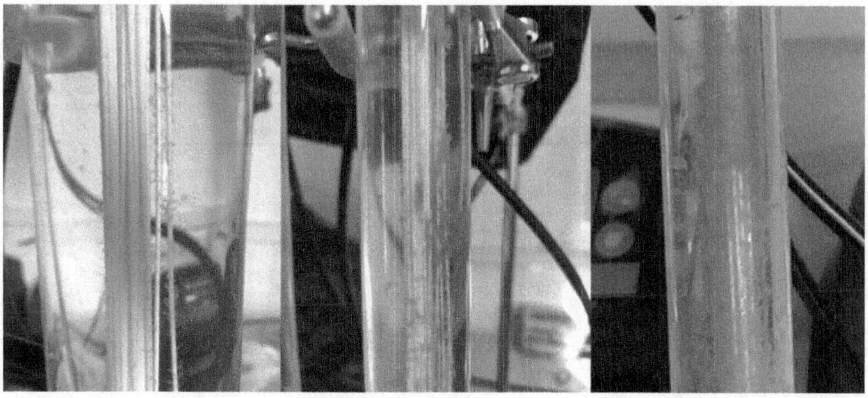

第 5 天　　第 35 天　　第 70 天

图 3.12　H_2-MBfR 挂膜运行实况图

从图 3.11 可以看出，加入 20 mg/L 的 NO_3^--N 进行驯化挂膜试验，在试验的前 11 d，NO_3^--N 去除效果不大，最大去除率仅为 59%。与此同时，因微生物未能完成驯化富集，还原的 NO_3^--N 浓度不大，其生成的 NO_2^--N 也仅为 2.325 mg/L。自第 11 天后，NO_3^--N 的去除率逐渐上升，出水从第 11 天的 8.182 mg/L 降至第 12 天的 5.845 mg/L，去除率由第 11 天的 59%上升至 71%，提高了 11%，且此时 NO_2^--N 的累积并不严重。当反应器继续运行至第 25 天时，NO_3^--N 的出水维持在 2.687 mg/L，去除率达到 87%，此时 NO_2^--N 的累积也达到了峰值，为 10.413 mg/L。自第 25 天后，NO_3^--N 的去除率保持在 86%以上，此时，NO_2^--N 虽然偶尔有所上升，但整体呈逐渐下降趋势，基本在 1 mg/L 以下。反应器挂膜驯化阶段整体运行了 71 d，NO_3^--N 的去除基本稳定不变，且 HFM 表面已形成了明显的黄褐色生物膜，这表明反应器挂膜驯化已完成。

从图 3.12 可以看出，在反应器启动经过 2 d 的间歇运行后，开启连续进水后的第 5 天，发现膜丝上附着少量的微生物。继续以 20 mg/L 的 NO_3^--N 连续进水，当反应器运行至 35 d 时，微生物大量附着；经过 70 d 的连续运行，膜丝被微生物完全包裹。

3.3.2.2 加入 4-BP 继续驯化

待 3.3.2.1 节的挂膜试验完成后，在保持其他条件不变的情况下，加入目标污染物（5 mg/L 的 4-BP）进行继续驯化，并且每天检测出水中 NO_3^--N、NO_2^--N 和 4-BP 浓度变化，如图 3.13 所示。

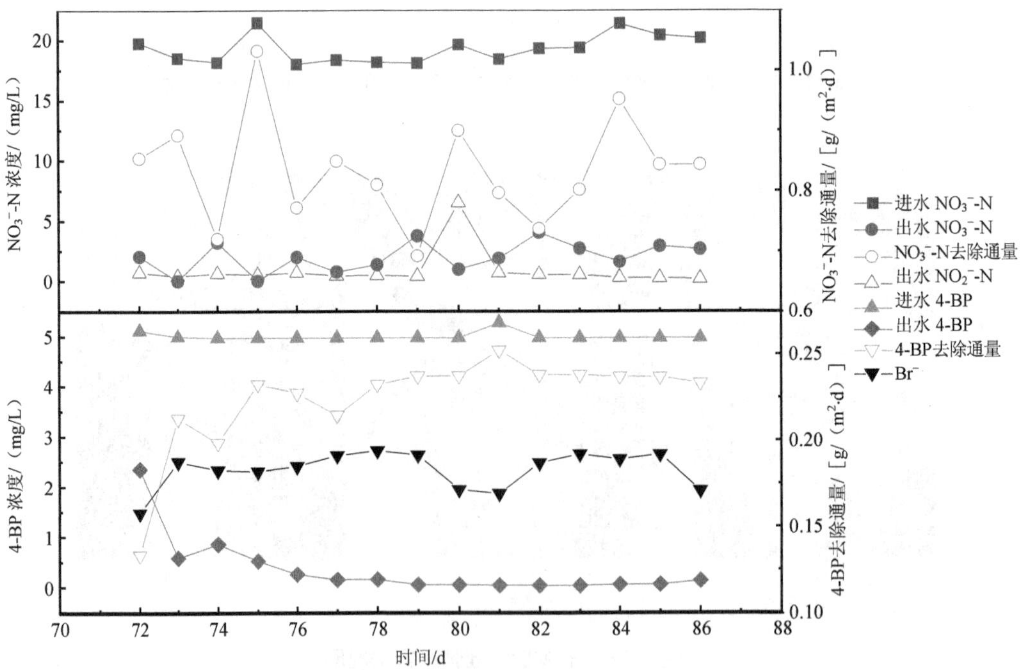

图 3.13 加入 4-BP 后 H_2-MBfR 驯化阶段各物质浓度变化曲线

在保持其他条件不变的情况下，在第72天加入5 mg/L的4-BP继续进行驯化，确保能够继续驯化降解出4-BP的特殊菌种，使其比例增大。

在加入4-BP后，NO_3^--N的去除率有所下降，但整体去除率依旧保持在80%以上。出水中的4-BP由第72天的2.345 mg/L降至第78天的0.149 mg/L，其去除率由第72天的54%增至第78天的97%。相对应地，其去除通量也由第72天的0.133 g/（m^2·d）增至第78天的0.232 g/（m^2·d），此后去除率均保持在97%以上，去除通量保持在0.232 g/（m^2·d）并且波动不大，这表明H_2-MBfR已驯化富集完成降解4-BP的微生物，可进行下一步试验。

3.3.3 4-BP的还原降解

3.3.3.1 H_2-MBfR去除4-BP的性能

H_2-MBfR经过NO_3^--N及4-BP长达86 d的驯化后，膜丝表面形成一层厚厚的生物膜，这表明H_2-MBfR系统达到稳定。之后进入H_2-MBfR还原降解4-BP阶段，其主要研究目的是观察4-BP能否被H_2-MBfR内的微生物还原降解，同时考察4-BP在H_2-MBfR内的降解机理及去除性能。

在保持HRT=24 h、氢分压为0.02 MPa、NO_3^--N为10 mg/L不变的情况下，改变初始进水4-BP为5 mg/L连续进水运行，具体运行试验设计见表3.11。此阶段试验共运行了81天，具体运行情况如图3.14所示。

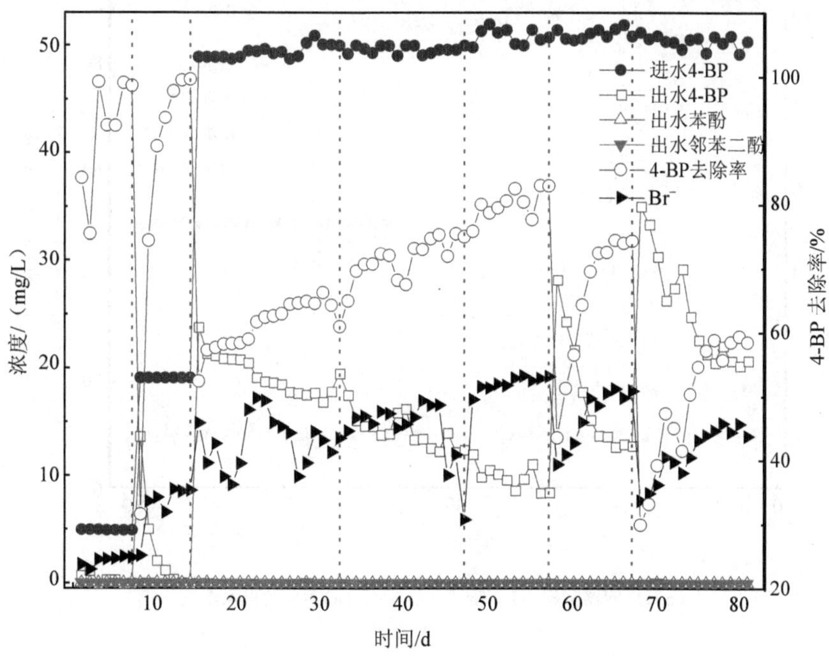

（a）反应器降解4-BP阶段各污染物的出水浓度

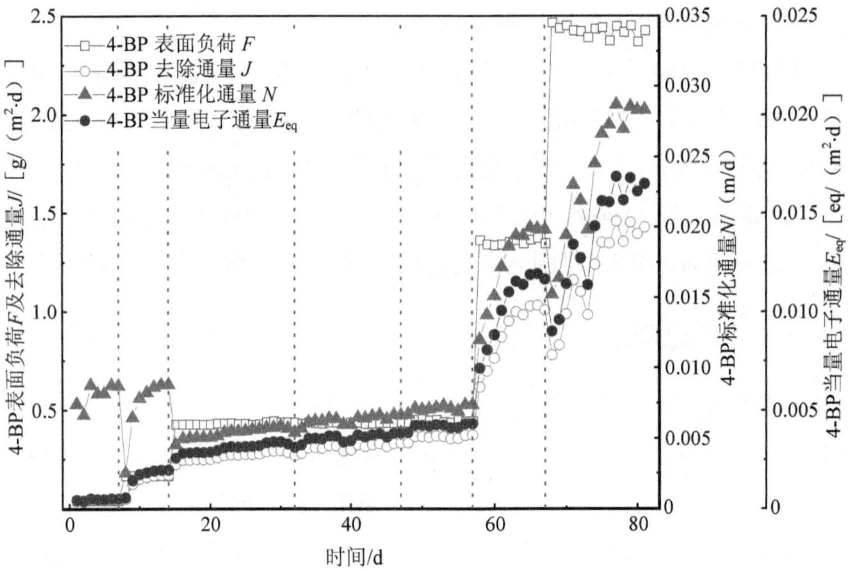

（b）反应器降解 4-BP 各阶段的表面负荷、去除通量及当量电子通量等

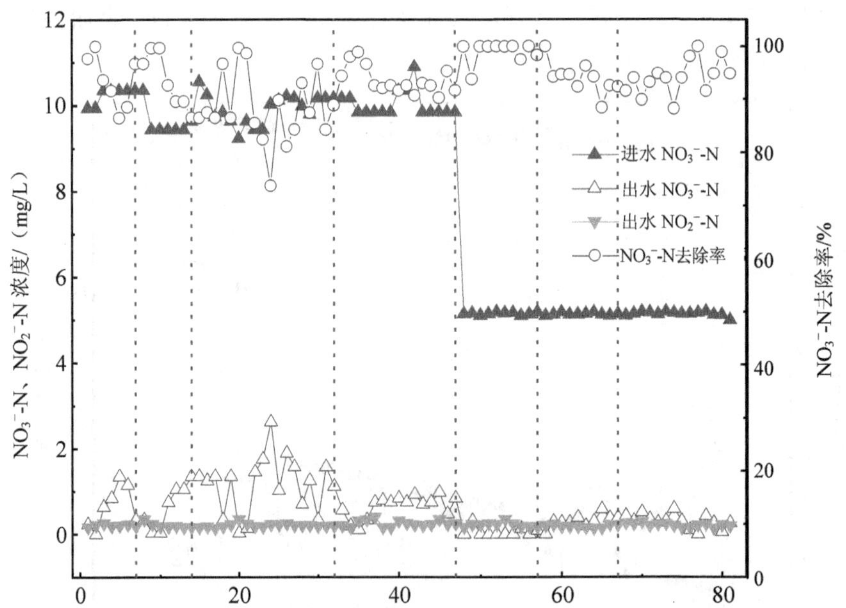

（c）反应器降解 4-BP 阶段 NO_3^--N、NO_2^--N 的出水浓度

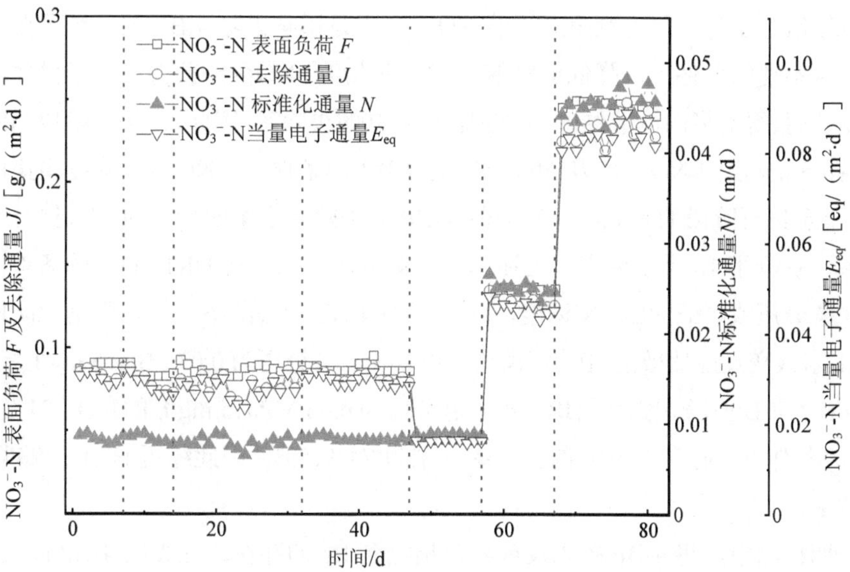

（d）反应器降解 4-BP 各阶段 NO_3^--N 的表面负荷、去除通量及当量电子通量等

图 3.14 反应器降解 4-BP 阶段相关参数

图 3.14（a）、（b）为 4-BP 进出水浓度及相关中间产物浓度、4-BP 表面负荷、4-BP 去除通量以及当量电子通量的变化。图 3.14（c）、（d）为 4-BP 共存污染物 NO_3^--N 进出水浓度相关表面负荷、去除通量以及当量电子通量的变化。

由图 3.14（a）、（c）可知，在第一阶段 HRT=24 h、氢分压为 0.02 MPa、10 mg/L 的 NO_3^--N 及 5 mg/L 的 4-BP 工况下，5 mg/L 的 4-BP 在 3 d 内几乎被完全去除，并且连续 4 d 保持稳定，与之共存的 NO_3^--N 的去除率稳定在 87%以上；在其他条件不变的情况下，提升进水 4-BP 浓度至 20 mg/L，其在 5 d 内的去除率高达 99%，并且维持稳定，相应地，NO_3^--N 去除率仍在 89%以上。当把进水 4-BP 浓度进一步提升至 50 mg/L 时，其去除率快速下降，由第二阶段的 20 mg/L 几乎 100%去除率下降至第三阶段 50 mg/L 的 65%去除率，这说明增大进水 4-BP 浓度不利于 4-BP 的去除。与之对应的，当 4-BP 浓度由 20 mg/L 增至 50 mg/L 时，NO_3^--N 的去除率仍在 85%以上；此时在保持 4-BP 进水浓度不变的情况下，需要调节其他条件进而提高 4-BP 的降解效果，通过增大氢分压可以使单位电子受体获得更多的电子供体，从而提高对 4-BP 的降解效率。但因为膜材料原因，当氢分压提高至 0.04 MPa 时，已到达该膜材料的泡点压力，此时会连续鼓出气泡从而无法保持长期运行，故此试验长期运行下的氢分压最大设定为 0.03 MPa。在第四阶段，当保持 HRT=24 h、10 mg/L 的 NO_3^--N 及 50 mg/L 的 4-BP 等条件不变，氢分压由 0.02 MPa 提升至 0.03 MPa，4-BP 的去除率由第三阶段的 65%提升至第四阶段的 73%，提升了 8 个百分点。除调控氢分压外，作为竞争对手的NO_3^--N也是影响去除4-BP的一个重要因素。在保持氢分压不变的条件下，降低进水NO_3^--N的浓度，NO_3^--N获得的电子供体减少从而使4-BP能够获得更多的电子供体，以此提高4-BP的去除率。因此，在第五阶段HRT=24 h、0.03 MPa、5 mg/L的NO_3^--N及50 mg/L的4-BP的条件下，NO_3^--N浓度由第四阶段的10 mg/L降至第五阶段的5 mg/L，对应的4-BP的去除率由第四阶段的73%提升至第五阶段的83%，提升了10个百分点。上述第一至第五阶段均是在HRT=24 h的条件下运行，通过增加氢分压或降低NO_3^--N浓度，均可提高4-BP的去除率。第六至第七阶段则通过改变HRT来改变反应器效能。在第六阶段HRT=8 h、氢分压为0.03 MPa、5 mg/L的NO_3^--N及50 mg/L的4-BP及第七阶段HRT=4 h、氢分压为0.03 MPa、5 mg/L的NO_3^--N及50 mg/L的4-BP的条件下，对应的4-BP的去除率分别为74%、59%，因此缩短HRT能够降低4-BP的去除效率。

在长期检测中，将4-BP投入反应器后检测到Br^-的存在，这表明4-BP脱溴被还原；在反应器内还检测到苯酚及邻苯二酚，但浓度均处于低水平，苯酚最大浓度仅为0.035 mg/L，邻苯二酚的最大浓度仅为0.111 mg/L。与此同时，NO_3^--N浓度在各个阶段的去除中持续保持稳定，去除率稳定保持在85%以上，且无NO_2^--N累积，NO_2^--N浓度在1 mg/L以下。

由图3.14（b）、（d）可知，在第一至第三阶段，在保持HRT=24 h、氢分压为0.02 MPa、10 mg/L的NO_3^--N下，当增大4-BP浓度时，表面负荷随之增大，由5 mg/L的0.043 62 g/(m^2·d)增至50 mg/L的0.448 63 g/（m^2·d），单位时间单位膜面积所受的耐冲击负荷增大。除此之外，其去除通量也由0.043 39 g/（m^2·d）增至0.292 66 g/（m^2·d），单位面积所承载的4-BP的去除通量增大6.7倍之多。与之对应的标准化通量由0.008 73 m/d降至0.005 84 m/d，当量电子通量由5 mg/L的0.000 50 eq/（m^2·d）增至0.003 38 eq/（m^2·d），随着4-BP浓度的增大，其竞争电子供体的能力也相应增大。第三至第四阶段，即氢分压从0.02 MPa增至0.03 MPa，其表面负荷保持0.448 63 g/(m^2·d)不变，去除通量由0.292 66 g/（m^2·d）增至0.330 82 g/（m^2·d），标准化通量由0.004 84 m/d增至0.006 64 m/d，反应器处理4-BP的能力增强并且变快。除此之外，当量电子通量由0.003 38 eq/（m^2·d）增至0.003 82 eq/（m^2·d），变化幅度不大。第四至第五阶段，即NO_3^--N浓度由10 mg/L降至5 mg/L。4-BP的表面负荷保持0.440 78 g/（m^2·d）不变，去除通量由0.330 82 g/（m^2·d）增至0.372 23 g/（m^2·d），标准化通量由0.006 64 m/d增至0.007 34 m/d，反应器处理4-BP的能力进一步增强。最后，在此条件下，当量电子通量由0.003 82 eq/（m^2·d）增至0.004 30 eq/（m^2·d）时，表明4-BP作为电子受体竞争电子供体的能力增强。第五至第六阶段，即HRT由24 h缩短至8 h。4-BP的表面负荷由0.440 78 g/（m^2·d）增至

1.375 18 g/（m^2·d），生物膜耐冲击能力增大了 3 倍。去除通量由 0.372 23 g/（m^2·d）增至 1.031 28 g/（m^2·d），单位面积所承载的 4-BP 去除量增大了 2.77 倍。标准化通量也由 0.007 34 m/d 增至 0.019 94 m/d，反应器降解 4-BP 的速率增大了 2.71 倍。当量电子通量由 0.004 30 eq/（m^2·d）增至 0.011 92 eq/（m^2·d），4-BP 获得更多的电子供体。第六至第七阶段，即 HRT 由 8 h 缩短至 4 h。4-BP 的表面负荷由 1.375 18 g/（m^2·d）增至 2.450 21 g/（m^2·d），生物膜耐冲击能力增大了 1.78 倍。去除通量由 1.031 28 g/（m^2·d）增至 1.451 77 g/（m^2·d），单位面积所承载的 4-BP 去除量增大了 1.41 倍。标准化通量也由 0.019 94 m/d 增至 0.028 54 m/d，反应器降解 4-BP 的速率增大了 1 倍。当量电子通量由 0.011 92 eq/（m^2·d）增至 0.016 78 eq/（m^2·d），4-BP 获得更多的电子供体。与此同时，在各个阶段，当改变进水 4-BP 浓度、NO_3^--N 浓度或氢分压，NO_3^--N 去除均具有良好的效果。

综上所述，氢分压为 0.03 MPa、NO_3^--N 为 5 mg/L 及 HRT 为 4 h 时，50 mg/L 的 4-BP 具有最大的去除效能。反应器对 4-BP 负荷的升高有较好的适应性，4-BP 在反应器内被大量还原，且最大还原速率达到 41.52 g/（m^3·d）。随着进水 4-BP 浓度的增大，其单位时间单位膜面积所承载的进水质量增大，耐冲击负荷能力增大，且去除通量随之增大，单位生物膜面积去除 4-BP 的能力提升，相对地，标准化通量降低，反应器降解 4-BP 速度变慢，这与图 4.4（a）中 4-BP 出水浓度一致。与此同时，随着进水 4-BP 浓度的增大，NO_3^--N 出水浓度增大，反硝化能力有所下降，这可能与 4-BP 浓度增大，其竞争电子供体的能力增强，NO_3^--N 获得更少的电子供体有关。此外，因 4-BP 具有毒性，也可能因其毒性对反硝化细菌活性有所抑制。当提升氢分压时，无论是 4-BP 还是 NO_3^--N，单位浓度均获得更多的电子供体，从而提升了污染物的还原速率。此外，降低进水 NO_3^--N 浓度，间接地使单位浓度的 4-BP 获得更多的电子供体，提升了 4-BP 的还原速率。最后，在各阶段均检测到 Br^-的存在，表明 4-BP 已脱溴，并且在反应器内检测到低浓度水平苯酚及邻苯二酚的存在。以上试验结果表明，4-BP 在 H_2-MBfR 内被生物还原为苯酚及邻苯二酚等中间产物。

3.3.3.2 静态试验

（1）4-BP 的降解动力学

将复杂的动力学模型转变为一阶微分方程的形式，可以很好地了解底物降解与底物浓度等之间的关系。在得出 4-BP 可在 H_2-MBfR 中被氢自养还原菌降解的结论后，研究人员又进行了 4-BP 的静态试验，研究其中间产物及降解动力学方程。

在初始 4-BP 浓度为 10 mg/L 时，关闭进水只开内循环保证充分混匀，随着时间的延长，出水浓度逐渐降低，在 48 h 内浓度由 10 mg/L 降至 0.017 mg/L，此时，检测到的对应的 Br^-浓度为 5.152 mg/L，具体浓度变化如图 3.15 所示。

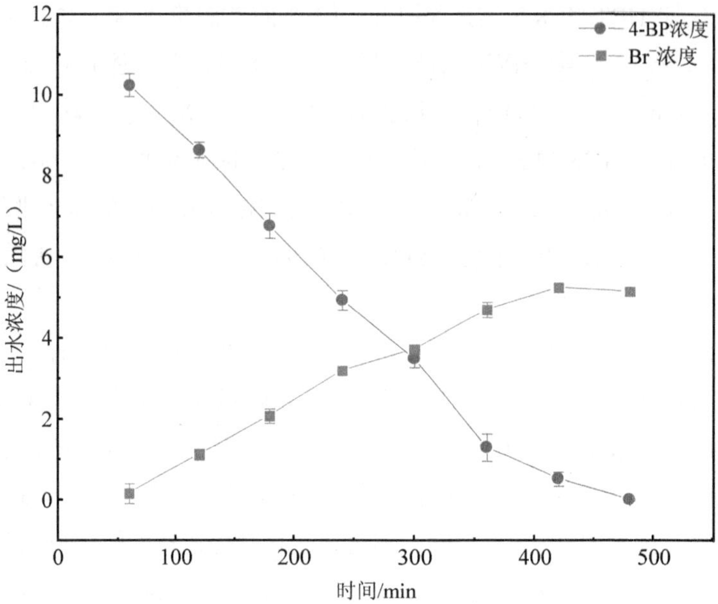

图 3.15　静态试验中 4-BP 降解浓度变化情况

通过拟合合适的动力学模型确定降解反应的动力学参数是评价微生物降解效果的关键，常用的降解动力学模型有零级、一级、伪一级和二阶。通过对各级模型拟合对比，本试验中 4-BP 的降解动力学采用零级模型拟合，表达式见式（3-5）。

$$C_{A0} - C_A = Kt \tag{3-5}$$

式中，C_A —— 在时间 t 时的 4-BP 浓度，mg/L；

C_{A0} —— 4-BP 的初始浓度，mg/L；

K —— 零级动力学模型的降解常数[mg/（L·S）]；

t —— 反应时间，h。

通过降解动力学方程拟合4-BP的降解试验数据，拟合结果显示出良好的线性相关性，如图3.16所示。表3.12给出了使用零级模型得出的4-BP降解动力学拟合曲线方程及R^2值。

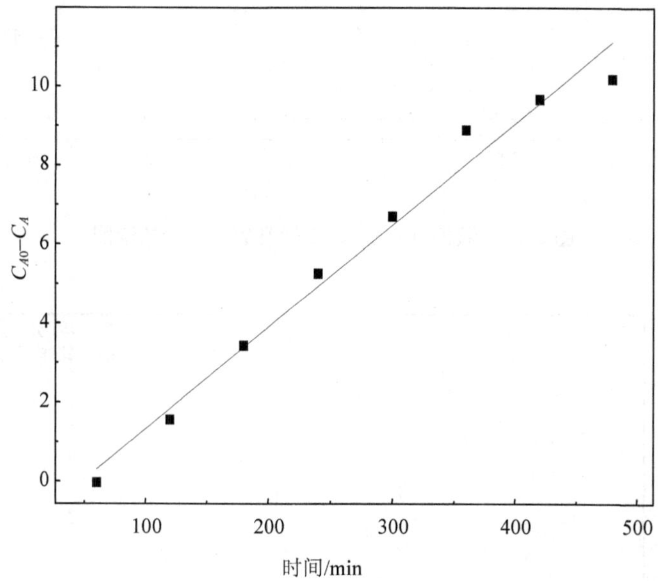

图3.16 4-BP降解动力学拟合曲线

表3.12 4-BP降解动力学拟合曲线方程及R^2值

拟合曲线方程	R^2
$y=-1.256\,23+0.025\,79x$	0.977 37

（2）静态试验检测部分降解产物

①HPLC测定次级降解产物

在静态试验过程中，利用液相检测到了4-BP的降解产物，液相检测具体条件见2.3.2.3节，在静态试验中检测到苯酚最大浓度为0.053 mg/L，邻苯二酚最大浓度为0.101 mg/L，液相测4-BP、苯酚及邻苯二酚的谱图见图3.17，液相测苯酚及邻苯二酚的浓度变化见图3.18。

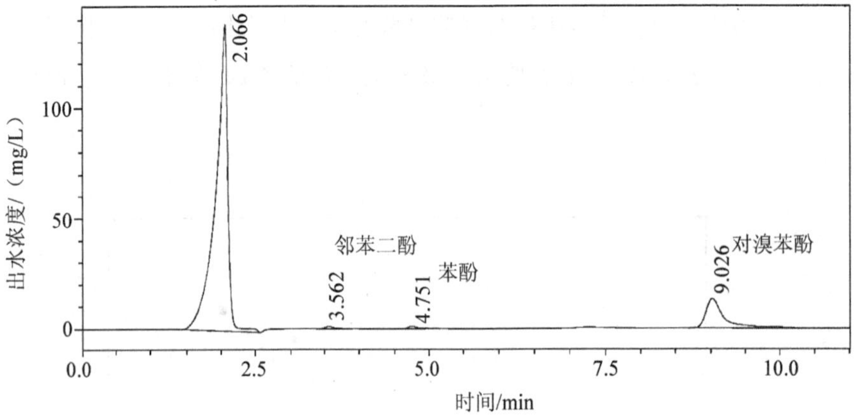

图 3.17 液相测 4-BP、苯酚及邻苯二酚的谱图

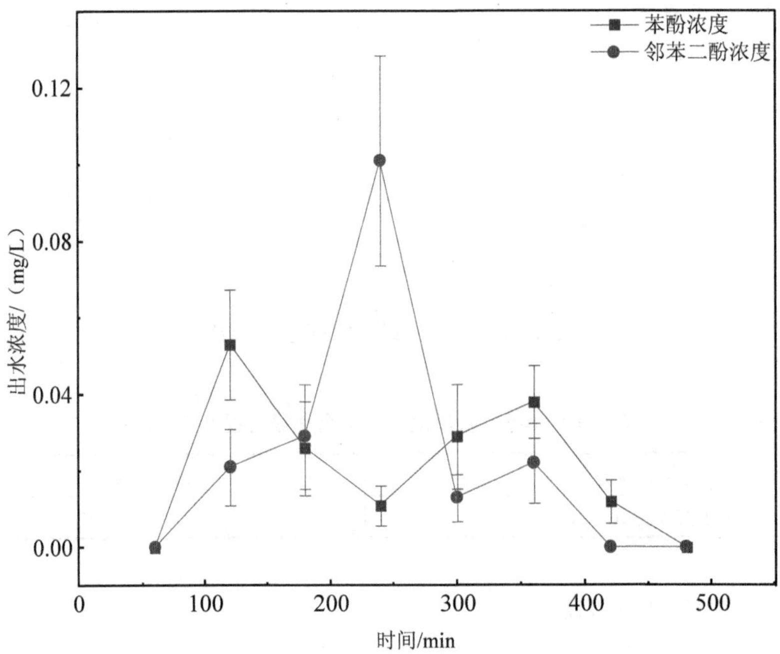

图 3.18 液相测苯酚及邻苯二酚的浓度变化

②HPLC 测定小分子有机酸

用 HPLC 测定小分子有机酸的具体条件见 3.2.3.2 节。通过 HPLC 用 Aminex HPX-87H Column 色谱柱在 215 nm 下测定开环后的小分子有机酸，得到液相谱图如图 3.19～图 3.22 所示。静态试验用液相检测的部分小分子有机酸浓度如图 3.24 所示。

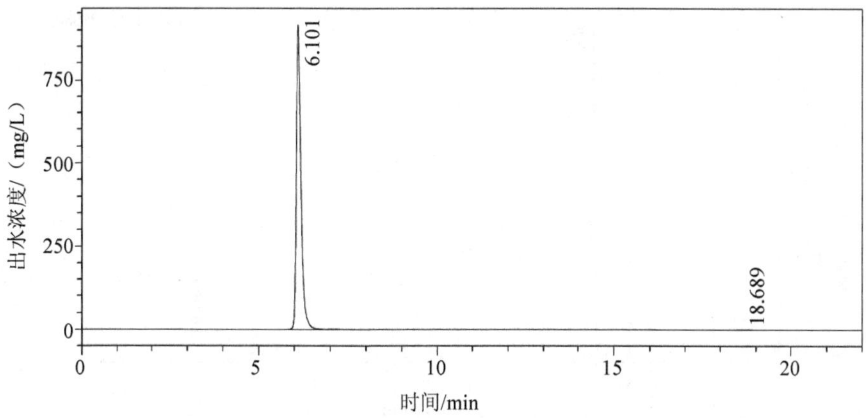

图 3.19 进水中仅有 NO_3^--N 的进水的未知小分子有机酸谱图

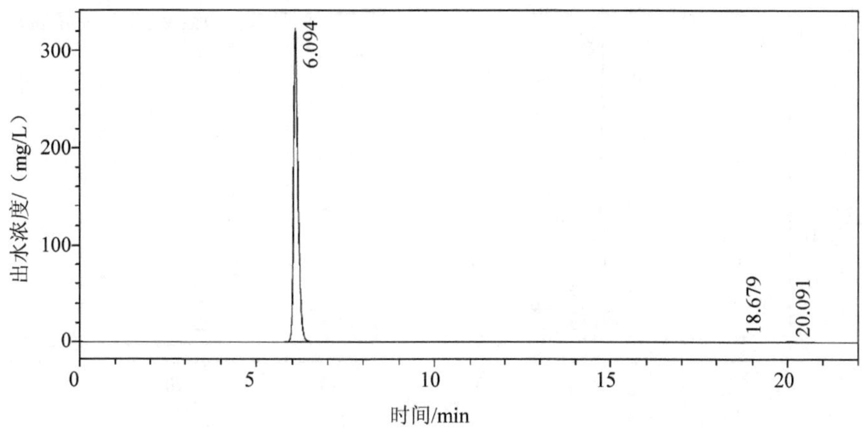

图 3.20 进水中仅有 NO_3^--N 的出水的未知小分子有机酸谱图

由图 3.19、图 3.20 可知，在进水中未加入 4-BP，仅 NO_3^--N 加入的情况下，出水谱图较之进水谱图，在 20.778 min 时出现了未知小峰，故此峰不是 4-BP 降解产生的酸。

由图 3.21、图 3.22 可知，在进水中加入 4-BP 后，通过动态检测后发现，出水中出现了草酸及琥珀酸两种脂肪酸，且多次被检测到，最大出现浓度分别为 0.390 mg/L、0.282 mg/L。

图 3.19 与图 3.21 相比，差异仅表现在进水中是否加入 4-BP，在进水中仅 NO_3^--N 加入的情况下，在 6.090 min 出现的峰为总离子峰，并且在 18.669 min 时出现了一个未知小峰；在其他条件不变的情况下，进水中加入 4-BP 后，在 6.090 min 及 18.669 min 时均出现峰，故排除了 4-BP 在加入进水中后出现其他峰的可能。

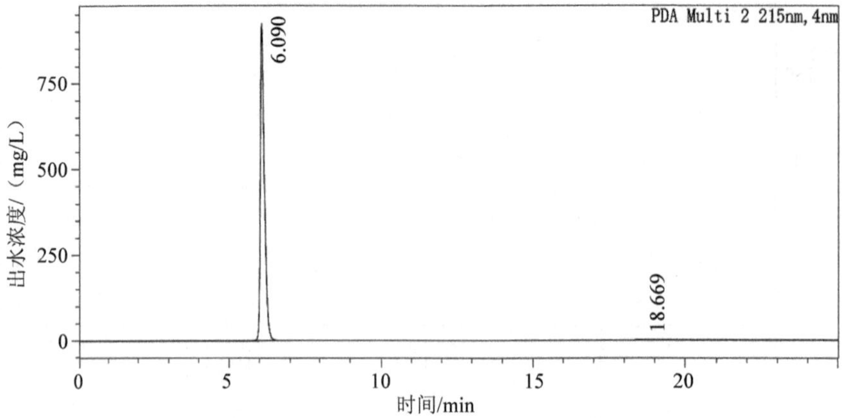

图 3.21 进水中含有 NO_3^--N 和 4-BP 的进水的未知小分子有机酸谱图

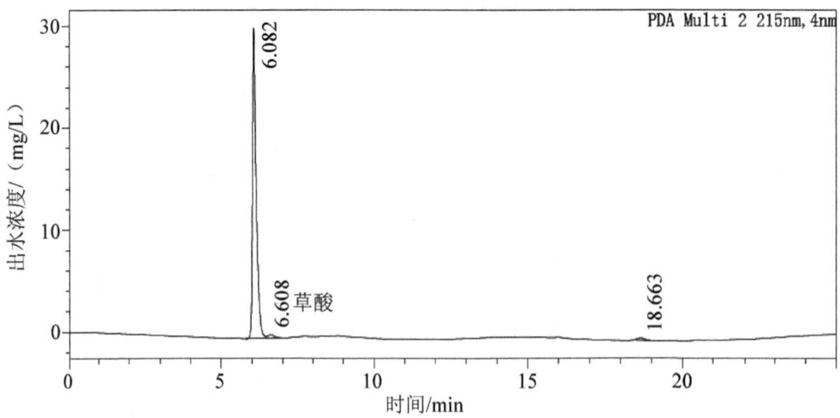

（a）进水中含有 NO_3^--N 和 4-BP 的出水中的草酸谱图

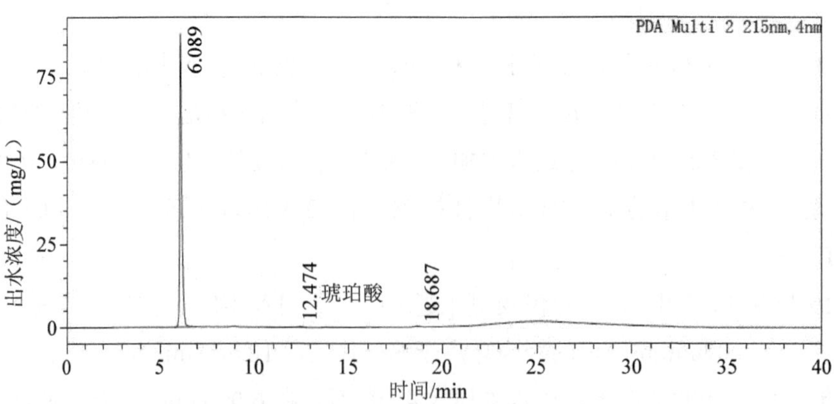

（b）进水中含有 NO_3^--N 和 4-BP 的出水中的琥珀酸谱图

图 3.22 进水中含有 NO_3^--N 和 4-BP 的出水中草酸谱图和琥珀酸谱图

③GC-MS 测定部分中间产物

虽已用液相测得部分小分子有机酸，但可能有其他未知小分子有机酸在其检测限以下未能测出，故取样经过固相萃取浓缩后，通过气相色谱-质谱联用仪探寻其他小分子有机酸。GC-MS 样品前处理及 GC-MS 测部分中间产物的具体操作及条件见 3.2.3.2 节。出水物质谱图见图 3.23。

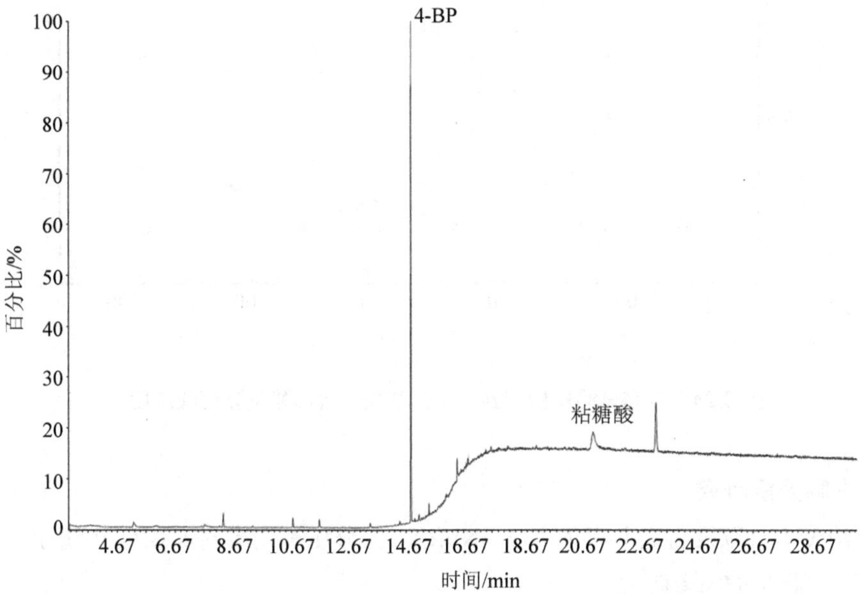

图 3.23 GC-MS 检测进水中加入 4-BP 的出水物质谱图

在 GC-MS 上测定后，利用普库检索，与空白样对比后出现了黏糖酸。当检测出黏糖酸后对其进行定量检测以便进一步确定其存在。因其浓度极低，在连续运行中均未能检测到，仅在静态试验中对其出水经过 30～50 倍浓缩后才检测到数次出现。其浓度见图 3.24。

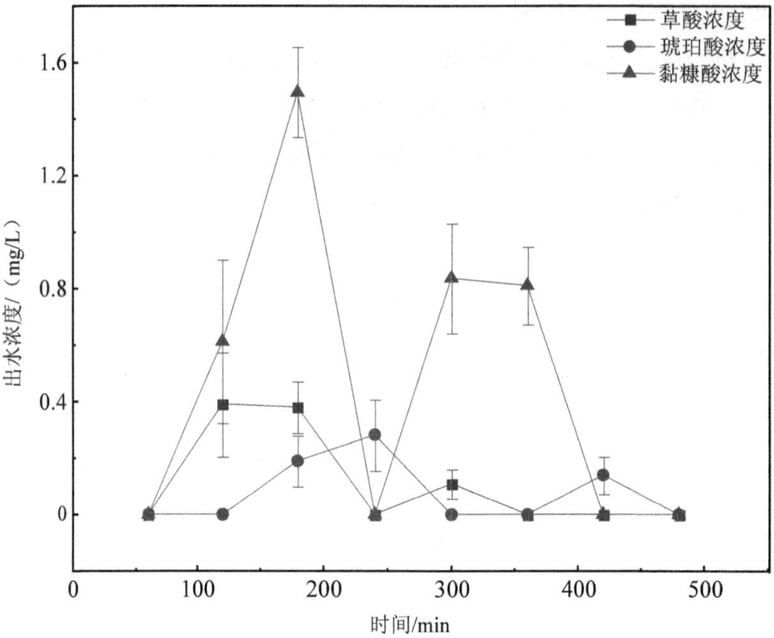

图 3.24 静态试验中检测到出水的草酸、琥珀酸及黏糖酸浓度

3.3.3.3 影响因素研究

4-BP 浓度本身以及与之共存的 NO_3^--N 浓度、氢分压等均会对 4-BP 的降解产生影响，故本试验设定此 3 类因素研究。

（1）4-BP 浓度

本部分试验观察 4-BP 浓度对反应器降解 4-BP 的影响。在保持共存污染物进水 NO_3^--N 浓度为 10 mg/L、氢分压为 0.02 MPa 和营养基质 pH 为 7.2±0.1 的情况下，进行了 4-BP 浓度为 2 mg/L、5 mg/L、10 mg/L 及 20 mg/L 时分别对氢自养还原菌对去除 4-BP 趋势的影响的序批式试验。

如图 3.25 所示，在静态序批式试验中，在保持氢分压及共存污染物 NO_3^--N 浓度不变的情况下，无论是低浓度（2 mg/L）还是高浓度（20 mg/L）的 4-BP 均在 2d 内被去除。当不同浓度取在第 240 min 分析时发现，随着进水 4-BP 浓度的增大，出水 4-BP 浓度随着进水 4-BP 浓度的增大而增大。进水 4-BP 浓度由 2 mg/L 时的未检测到增加到 20 mg/L 时的 10.721 mg/L，其去除率由 100%降至 45%，还原效率降低。与此同时，出水 NO_3^--N 浓度也随着进水 4-BP 浓度的变化而变化，当进水 4-BP 浓度由 2 mg/L 增至 20 mg/L 时，出水 NO_3^--N 浓度由 0 mg/L 增至 0.843 mg/L。当进水 4-BP 浓度增大时，其表面负荷、去除通量、当量电子通量均增大；当浓度由 2 mg/L 增至 20 mg/L 时，其表面负荷、去除通量及当量电子通量分别由 0.096 93 g/（m^2·d）、0.096 93 g/（m^2·d）、0.001 12 eq/（m^2·d）增至 0.955 45 g/（m^2·d）、0.438 98 g/（m^2·d）、0.005 07 eq/（m^2·d）。这表明反应器的耐冲击负荷能力、处理能力增强，4-BP 竞争电子供体的能力也相应增强。相对地，当初始浓度增大时，标准化通量下降，当初始进水 4-BP 浓度由 2 mg/L 提升至 20 mg/L 时，标准化通量由 0.048 17 m/d 降至 0.022 13 m/d，反应器降解 4-BP 的能力下降。相对地，与其共存的 NO_3^--N 因初始 4-BP 浓度增大、竞争电子供体的能力增大从而获得了更多的电子供体，使 NO_3^--N 获得的电子供体数量下降，从最大的 0.172 04 eq/（m^2·d）降至 0.160 17 eq/（m^2·d），相应地，NO_3^--N 去除通量和标准化通量分别由 0.482 g/（m^2·d）、0.048 17 g/（m^2·d）降至 0.448 g/（m^2·d）、0.044 85 g/（m^2·d），反应器的去除能力及去除速率下降，但因 NO_3^--N 的初始进水浓度一直未变，故反应器对 NO_3^--N 的耐冲击负荷未变。

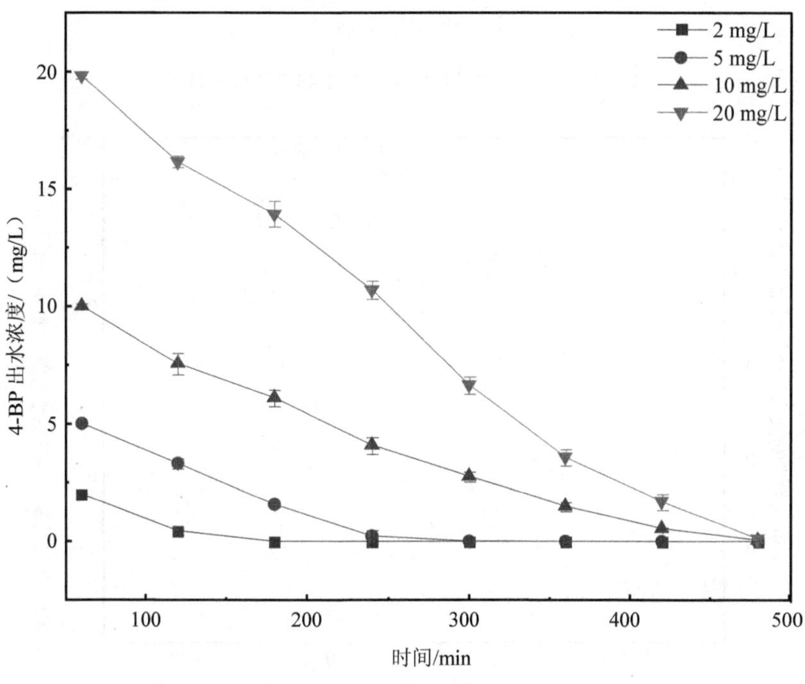

（a）序批式不同进水 4-BP 浓度对反应器内 4-BP 去除的影响

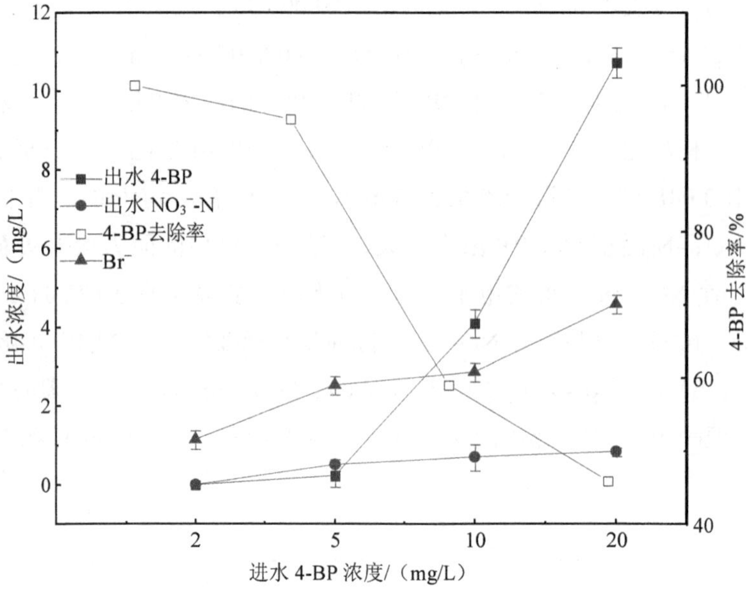

（b）不同进水 4-BP 浓度对反应器内 4-BP 降解的影响

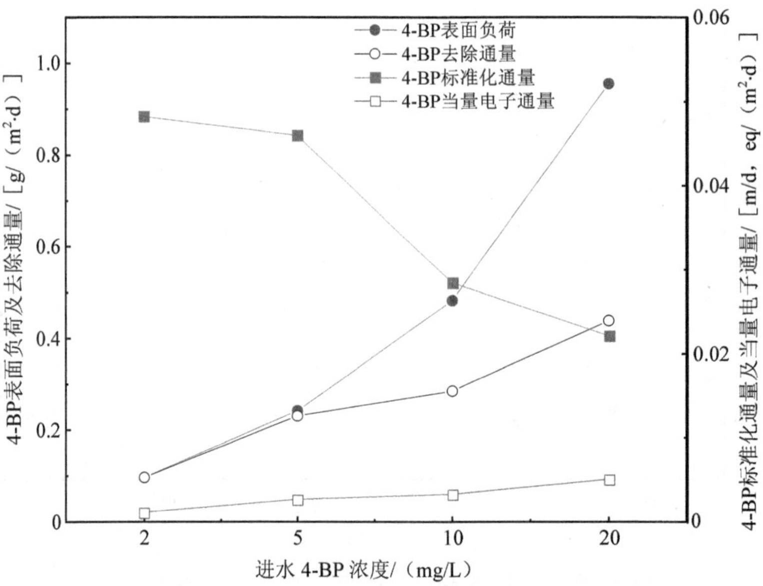

（c）不同进水 4-BP 浓度表面负荷及去除通量等的变化

图 3.25　不同进水 4-BP 浓度对反应器降低 4-BP 的影响

结果表明，当改变进水 4-BP 浓度时，其还原效率也随之改变，即增大进水 4-BP 浓度时其还原效率降低，减小进水 4-BP 浓度时其还原效率提升；当增大进水 4-BP 浓度时，单位面积的生物膜表面负荷随之增大，从而导致单位生物膜去除4-BP的通量增大。此外，在保持氢分压与进水NO_3^--N不变的情况下，随着进水4-BP浓度的增大，其获得电子供体的能力增强；相反，当进水4-BP浓度增大时，其标准化通量呈降低趋势，反应器去除4-BP的能力降低，这表明增大进水4-BP浓度并不能使其去除率呈正相关。

（2）NO_3^--N浓度

与4-BP共存的NO_3^--N会因电子供体的竞争关系对4-BP的去除造成影响，所以不同浓度的NO_3^--N也是去除4-BP的一个影响因素。在保持4-BP浓度为20 mg/L、氢分压为0.02 MPa的条件下，进行5 mg/L、10 mg/L、20 mg/L及30 mg/L的NO_3^--N浓度对4-BP去除影响的序批式试验。

如图3.26所示，在静态序批式试验中，在保持氢分压及目标污染物4-BP浓度不变的情况下，通过改变共存污染物NO_3^--N的浓度发现，随着NO_3^--N浓度的增大，4-BP出水浓度增大。当进水NO_3^--N浓度由5 mg/L增至30 mg/L时，如在第240 min时，在保持进水4-BP浓度不变的情况下，其出水浓度由9.963 mg/L增至15.521 mg/L，其去除率由51%降至21%，此时，NO_3^--N的去除率由5 mg/L的88%降至30 mg/L的72%，并且无NO_2^--N的累积。当增大进水NO_3^--N浓度时，4-BP表面负荷保持不变（因进水4-BP浓度保持不变），但4-BP的去除通量、标准化通量及当量电子通量均发生变化，分别由进水NO_3^--N浓度5 mg/L下的0.491 03 g/（m^2·d）、0.024 36 eq/（m^2·d）和0.005 68 eq/（m^2·d）降至进水NO_3^--N浓度30 mg/L下的0.020 621 g/（m^2·d）、0.010 41 eq/（m^2·d）和0.002 38 e·eq/（m^2·d）。由此分析，当增大进水NO_3^--N浓度时，4-BP在反应器内的还原效果下降。在保持氢分压不变的情况下，当增大进水NO_3^--N浓度时，其当量电子通量由5 mg/L的0.042 57 eq/（m^2·d）增至30 mg/L的0.370 88 eq/（m^2·d），相对地，单位浓度的4-BP获得的电子供体减少，其还原效率降低。

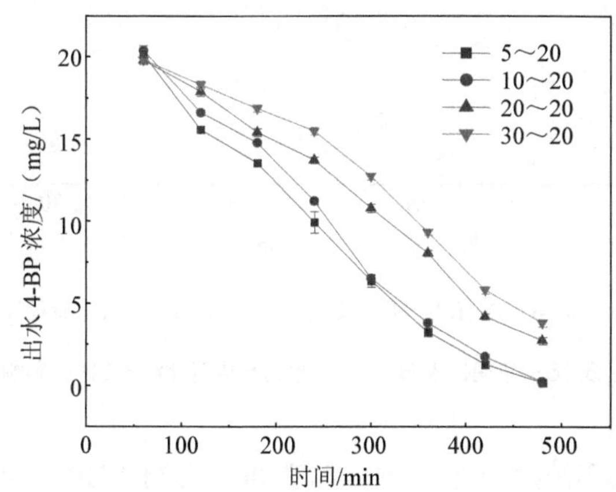

（a）序批式不同进水NO_3^--N浓度对反应器内4-BP去除的影响

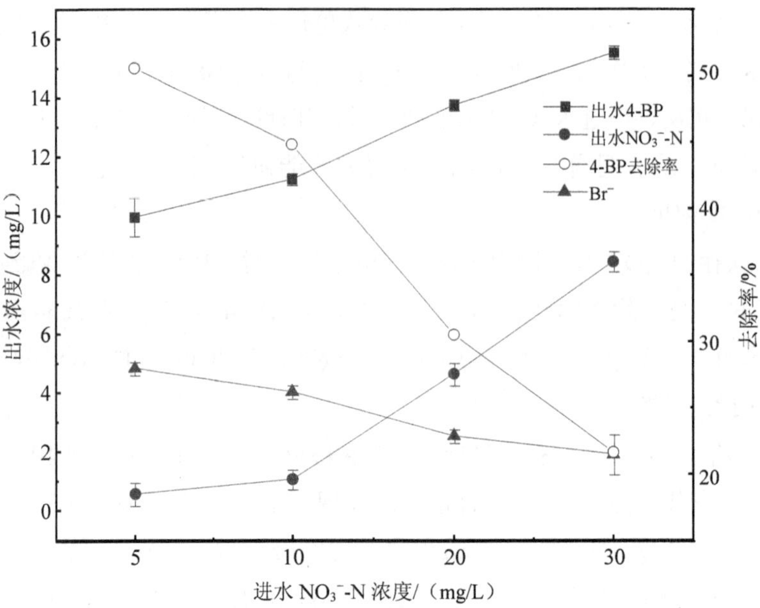

（b）不同进水 NO_3^--N 浓度对反应器内 4-BP 降解的影响

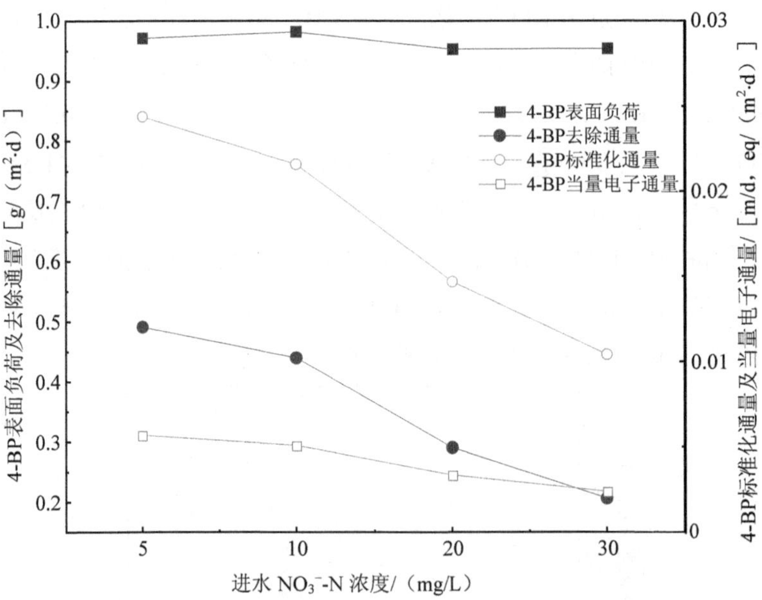

（c）不同进水 NO_3^--N 浓度下反应器内 4-BP 表面负荷及去除通量等的变化

图 3.26　不同进水 NO_3^--N 浓度对反应器降解 4-BP 的影响

综上所述，改变共存污染物进水 NO_3^--N 浓度会影响 4-BP 在反应器中的还原效果，在保持氢分压不变的情况下，增大进水 NO_3^--N 浓度时，4-BP 还原效率降低；降低进水

NO_3^--N 浓度时，4-BP 还原效率升高。增大进水 NO_3^--N 浓度时，其会获得更多的电子供体，4-BP 分配到更少的电子供体，从而解释了 4-BP 还原效率下降的原因。

（3）氢分压

在其他因素保持不变，即进水 4-BP 浓度为 20 mg/L 和进水 NO_3^--N 浓度为 10 mg/L 的条件下，改变氢分压（0.01 MPa、0.02 MPa、0.03 MPa、0.04 MPa）会改变单位浓度污染物获得的电子供体数量，对污染物的去除有一定的影响。

如图3.27所示，在静态序批式试验中，在保持进水4-BP浓度为20 mg/L和进水NO_3^--N浓度为 10 mg/L 的条件下，改变氢分压（0.01 MPa、0.02 MPa、0.03 MPa、0.04 MPa）会改变单位浓度污染物获得的电子供体数量。当氢分压增大时，出水 4-BP 浓度及 NO_3^--N 浓度随之降低。当氢分压由 0.01 MPa 增至 0.04 MPa 时，如在第 240 min 时保持进水 4-BP 浓度为 20 mg/L 和进水 NO_3^--N 浓度为 10 mg/L 的条件下，4-BP 出水浓度由 16.203 mg/L 降至 3.801 mg/L，且共存污染物 NO_3^--N 出水浓度由 1.442 mg/L 降至 0.283 mg/L。

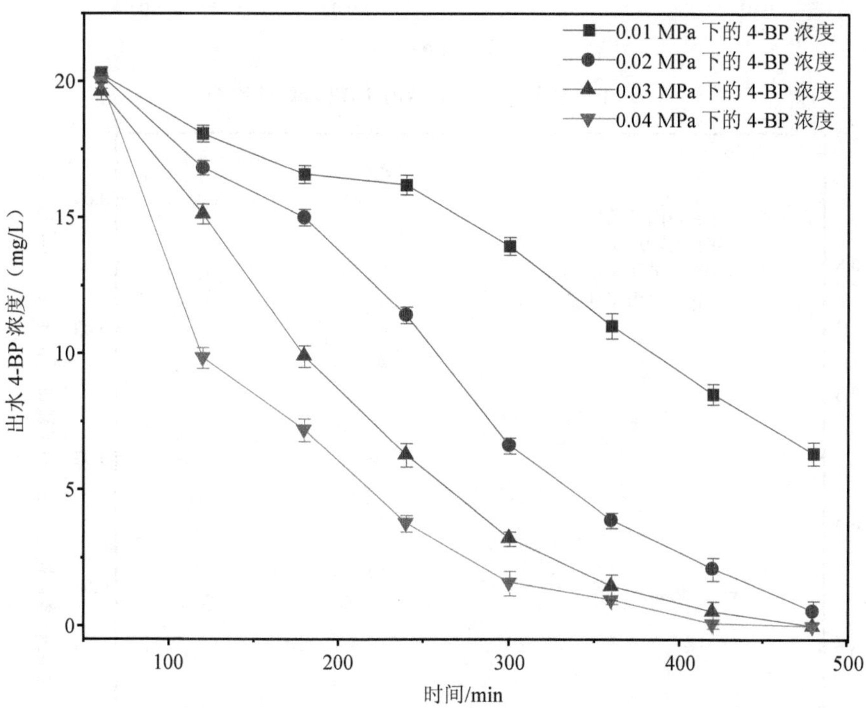

（a）序批式不同氢分压对反应器内 4-BP 去除的影响

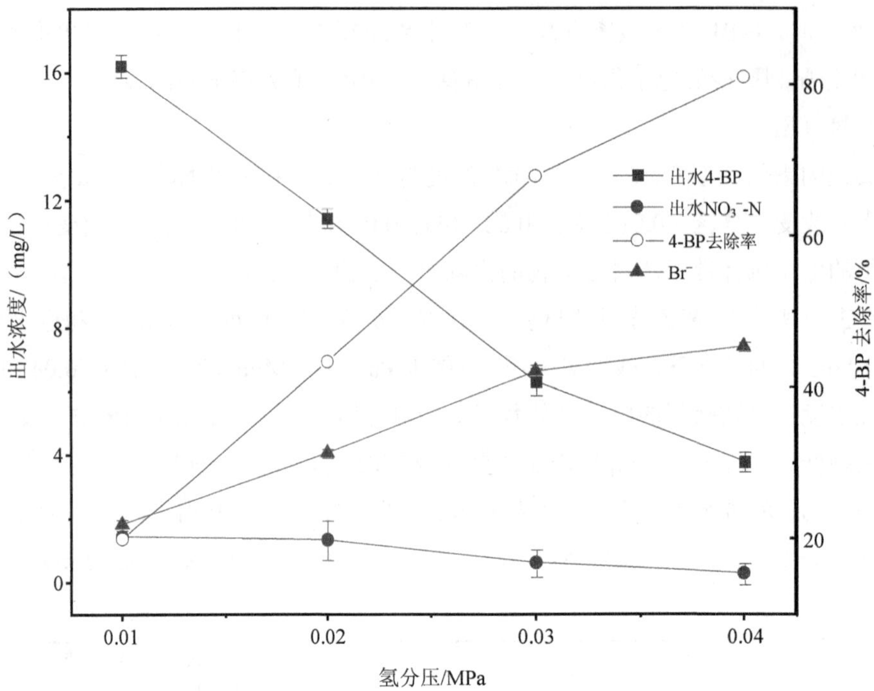

（b）不同氢分压对反应器内 4-BP 降解的影响

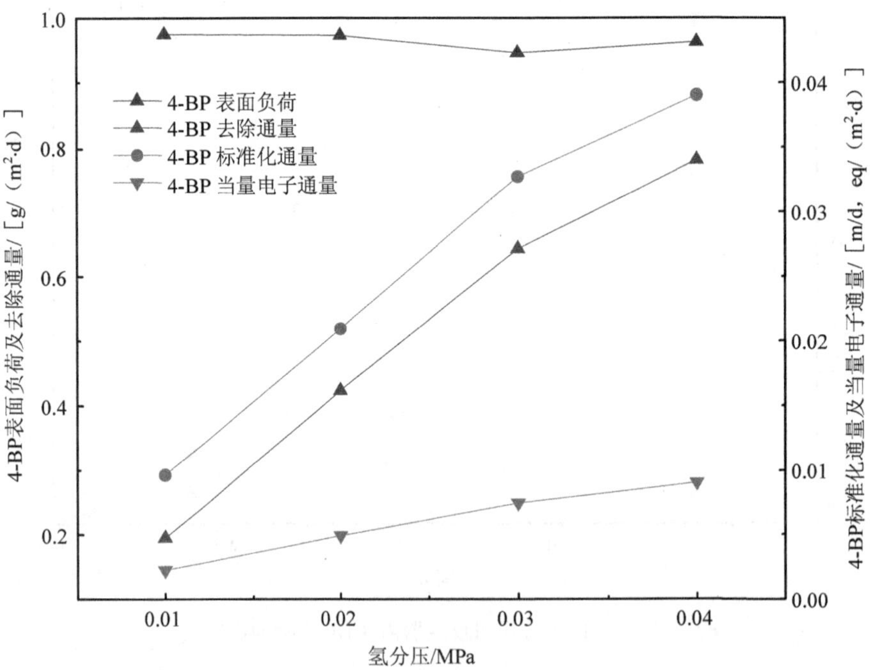

（c）不同氢分压下反应器内 4-BP 浓度下表面负荷及去除通量等的变化

图 3.27 不同氢分压对反应器降解 4-BP 的影响

当增大氢分压时，4-BP的去除通量、标准化通量及当量电子通量随之增大，如氢分压为 0.01 MPa 时，4-BP 的去除通量、标准化通量及当量电子通量分别为 0.194 57 g/（m^2·d）、0.009 61 eq/（m^2·d）和 0.002 25 eq/（m^2·d）；氢分压增至 0.04 MPa 时，4-BP 的去除通量、标准化通量及当量电子通量分别为 0.780 09 g/（m^2·d）、0.039 02 eq/（m^2·d）和 0.009 02 eq/（m^2·d），单位生物膜面积去除 4-BP 的能力提升了 4 倍，反应器降解 4-BP 的速度提升了 4.06 倍，单位浓度的 4-BP 获得的电子供体多了 4 倍。相应地，NO_3^--N 的去除通量、标准化通量及当量电子通量分别由 0.171 g/（m^2·d）、0.034 28 eq/（m^2·d）和 0.061 21 eq/（m^2·d）增至 1.431 g/（m^2·d）、0.047 71 eq/（m^2·d）和 0.511 17 eq/（m^2·d）。单位生物膜面积去除 NO_3^--N 的能力提升了 8.36 倍，反应器降解 NO_3^--N 的速度提升了 1.39 倍，单位浓度的 NO_3^--N 获得的电子供体多了 8.35 倍。

综上所述，改变氢分压的大小会使单位污染物获得电子供体的数量增大或减小。当增大氢分压时，单位 4-BP 和 NO_3^--N 获得更多的电子供体，去除效果增大；当降低氢分压时，单位 4-BP 和 NO_3^--N 获得更少的电子供体，去除效果降低；当增大氢分压时，4-BP 和 NO_3^--N 的去除通量、标准化通量及当量电子通量随之增大，合理地解释了为何当增大氢分压时 4-BP 和 NO_3^--N 的去除效果会增大。此外，NO_3^--N 的当量电子供体比 4-BP 的当量电子供体大，竞争电子供体的能力更强。

3.4 H_2-MBfR 中微生物群落特征分析

微生物在生物处理法中扮演着极其重要的角色，故对体系内的微生物进行分析从而筛选出优势菌种，对于优化反应器来说是不可或缺的部分。

3.4.1 试验设计

3.4.1.1 微生物取样

本试验微生物分析涉及三个阶段，其微生物取样操作详细见 3.2.4.2 节。

3.4.1.2 微生物 DNA 提取与检测

本试验微生物 DNA 提取及分析方法详见 3.2.3.2 节，此处不再赘述。

3.4.1.3 微生物分析

微生物分析具体流程如图 3.28 所示。

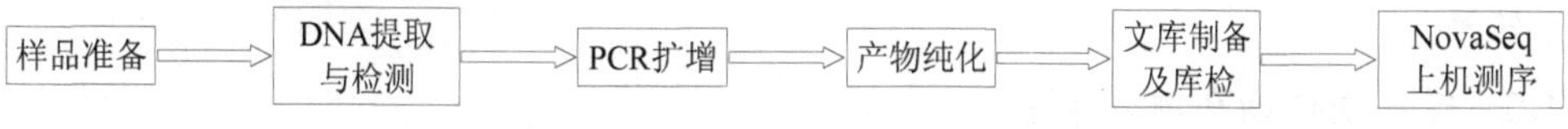

图 3.28 微生物分析具体流程

（1）测序数据预处理

微生物数据统计结果见表 3.13。

表 3.13 微生物数据预处理统计结果

样品名称	经过质量控制的测序标签	用于聚类分析的有效标签（OTUs 序列）	碱基对数目	平均长度/bp	碱基（base）的识别错误概率≤1%的百分比/%	碱基（base）的识别错误概率≤0.1%的百分比/%	DNA 或 RNA 分子中鸟嘌呤（G）和胞嘧啶（C）碱基所占的比例/%	有效数据占总数据的比例/%
MR0	88874	68016	28713547	422	96.74	90.79	55.39	61.51
MR1	61169	47221	20175129	427	96.59	90.49	54.43	62.51
MR2	86394	66714	28037110	420	98.57	95.14	54.90	74.67

（2）α多样性分析

α多样性主要关注单样本的多样性分析，其可以反映微生物群落中物种的数目，也被称为生境内的多样性，通过 Chao1 丰富度估计量（Chao1 richness estimator）、ACE 指数、香农-威纳多样性指数（Shannon-wiener diversity index）、辛普森多样性指数（Simpson diversity index）等进行评估。

3.4.1.4 DNA 的提取与检测

DNA 提取后需要检测其完整性、纯度、片段大小和浓度。本试验分三个阶段对微生物进行取样分析，DNA 浓度用 1%琼脂糖凝胶电泳检测，结果如图 3.29 所示。

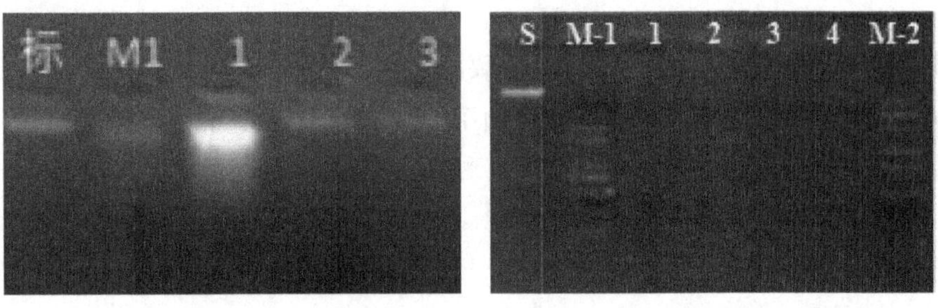

（a）原始及驯化 DNA 检测结果图　　（b）加入 4-BP 后 DNA 检测结果图

图 3.29 DNA 检测结果图

图 3.29（a）中的条带 1 及条带 2 分别为 H_2-MBfR 反应器的原始污泥及加入 NO_3^--N 驯化污泥微生物的 DNA 条带，图 3.29（b）中的条带 2 为加入 4-BP 后的污泥微生物的 DNA 条带。

3.4.1.5 第一次扩增产物电泳图

DNA 浓度用 2%琼脂糖凝胶电泳检测，结果如图 3.30 所示。根据诺禾生物公司

DNA/RNA 样品判定标准，各样品浓度均大于 0.5 ng/μL，PCR 产物目的条带大小正确，总量满足建库需要，可进行后续建库分析。

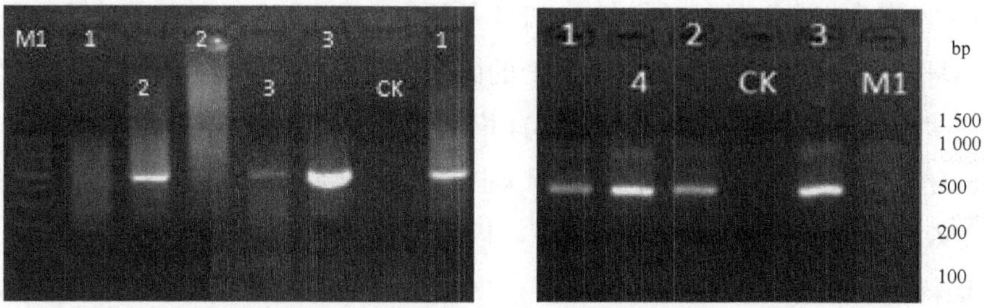

（a）原始及驯化 DNA 第一次扩增产物电泳图　（b）加入 4-BP 后 DNA 第一次扩增产物电泳图

图 3.30　DNA 第一次扩增产物电泳图

3.4.2　OTUs 及微生物多样性分析

3.4.2.1　OTUs 分析

Venn 图可用于统计多个样品所共有和独有的 OTU 数目，可以比较直观地表现环境样品的 OTU 数目组成相似性及重叠情况[121]。本试验采用 qiime1 微生物组分析流程，并采用 97%的相似水平进行 OTU 聚类，其 OTU 分布 Venn 图如图 3.31 所示。

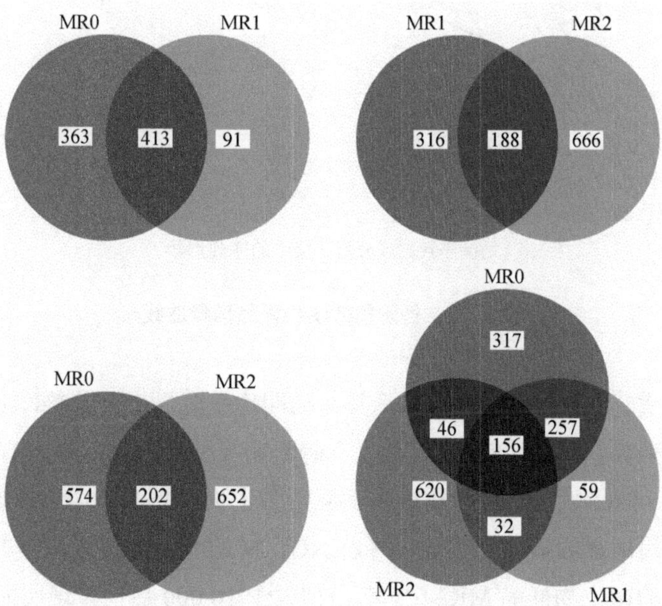

图 3.31　Venn 图

由图 3.31 可知，在所提取的 MR0、MR1、MR2 3 个微生物样品中，其 OTU 数量分别为 776、504、854，当加入 NO_3^--N 进行驯化时，OTU 数量由 776 减至 504，剔除了不适于 NO_3^--N 降解的微生物，并且两者共有的 OTU 数量为 413，加入 NO_3^--N 后新增了 59，这表明在自然环境中本身存在可降解 NO_3^--N 的微生物菌种。进一步加入 4-BP 驯化可降解 4-BP 的氢自养还原菌，此时 OTU 数量由 504 增至 854，并且两者共有的 OTU 数量为 188，这表明在驯化的 MR1 微生物中存在可降解 4-BP 的微生物菌种。此外，三者共有的 OTU 数量仅为 156，这表明在不同的调控因素下，样品间微生物菌种丰度存在较大差异。

3.4.2.2 稀释曲线分析

稀释曲线可以用来比较测序数据量不同的样品中物种的丰富度及样品的测序数据量是否合理[123]。当曲线趋向平坦时，说明测序数据量合理，更多的数据量只会产生少量新的 OTU，反之表明继续测序还可能产生更多新的 OTU。本试验中各阶段微生物样品稀释曲线如图 3.32 所示。

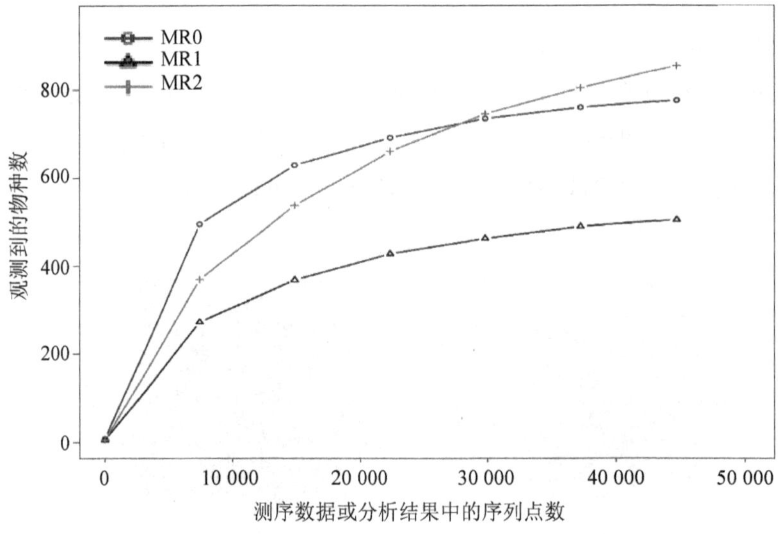

图 3.32 各阶段微生物样品稀释曲线

由图 3.32 可知，3 个微生物样品显示其在初期均呈明显上升趋势，其中 MR0 及 MR1 微生物样品的序列数大于 20 000 时，其上升趋势明显变缓，并且在含有 NO_3^--N 的微生物样品 MR1 中，可观测到的 OTU 数量少于原始微生物样品 MR0，这归咎于加入 NO_3^--N 后反应器的原始污泥逐渐被驯化为适合降解 NO_3^--N 的氢自养还原菌。与之对应的在含有 NO_3^--N 及 4-BP 的微生物样品 MR2 中，在序列大于 10 000 后便呈现明显变缓的趋势，新 OTU 的数量逐渐减少，表明测序数据量趋于合理。

3.4.2.3 等级聚类曲线（Rank Abundance）

等级聚类曲线可直观地反映样本中物种的丰富度和均匀度[106]。在水平方向上，物种的丰富度由曲线的宽度来反映，物种的丰富度越高，曲线在横轴上的跨度越大；在垂直方向上，曲线的平滑程度反映了样本中物种的均匀程度，曲线越平缓，物种分布越均匀[106]。本试验各阶段等级聚类曲线如图3.33所示。

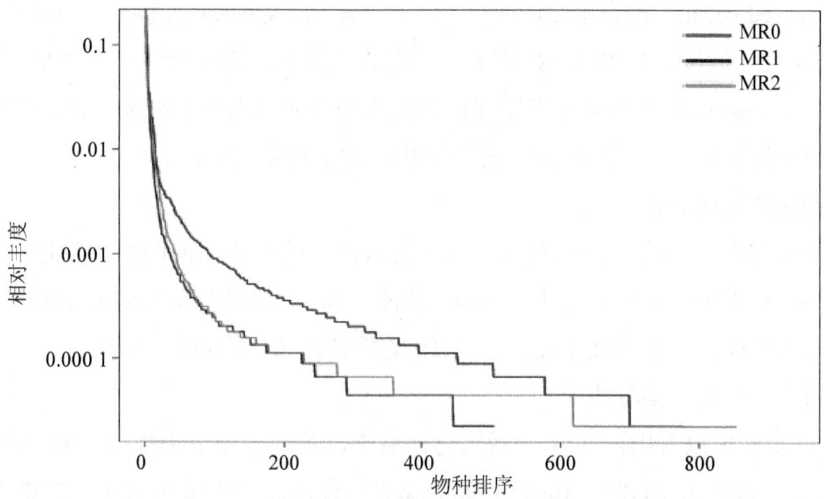

图3.33 各阶段等级聚类曲线

从图3.33可以看出，随着反应器的长期运行，曲线变化逐渐变得平缓，这表明反应器内的氢自养微生物数占比逐渐增大，且纯化程度逐渐提高。加入NO_3^--N可提升氢自养还原菌的纯度及占比，在加入NO_3^--N的基础上加入4-BP后，其纯度可更进一步提升。

3.4.2.4 α多样性分析

Chao1及ACE估计样品中所含OTU数量的指数，即菌种丰度指数。香农多样性指数（Shannon）及辛普森多样性指数（Simpson）评估微生物多样性，即多样性指数。覆盖度（Coverage）指样品的覆盖率，反映本次测序结果是否代表了样品中微生物的真实情况，观测物种数（Observed species）表示原始数据经过筛选后实际得到的OUT数量[106]。各参数具体数值见表3.14。

表3.14 α多样性指数

样品名称	观测物种数	Chao1	ACE	香农多样性指数	辛普森多样性指数	古德覆盖度
MR0	776	800.615	814.311	5.794	0.94	0.998
MR1	504	514.968	535.564	3.485	0.768	0.999
MR2	854	960.245	1047.17	3.823	0.746	0.995

由表 3.14 可以看出，各样品的古德覆盖度（Good coverage）均在 0.995 及以上，反映了各微生物的真实情况。从 Observed species 中可以看出，加入 NO_3^--N 可纯化有效 OTU 数量，剔除不利于 NO_3^--N 降解的 OTU，同时，当加入 4-BP 后，在 2 种污染物均存在的情况下，OTU 数量得到提升，有利于降解 NO_3^--N 且 4-BP 的菌种得到丰富。从样品的 Chao1 及 ACE 指数估计样品中得出，当仅加入 NO_3^--N 时，微生物的丰度降低，与可观测到的 Observed species 趋势相似，进一步地，Observed species、Chao1 及 ACE 指数得到提升，这表明存在 NO_3^--N 和 4-BP 两种污染物的情况下，微生物的丰度增加。通过分析 Shannon 及 Simpson，加入污染与未添加任何污染物提取的微生物样品相比，其丰度降低，这表明部分不适于 NO_3^--N 和 4-BP 2 种污染物的微生物会被淘汰。

3.4.2.5 微生物群落分析

微生物在生物处理法中扮演着极其重要的角色，故对体系内的微生物进行分析并筛选出优势菌种对于优化反应器是不可或缺的部分。根据 OTU 聚类所进行的物种注释，本试验选择门水平及属水平层面丰度排名前 10 的物种对微生物进行分析。

（1）门水平群落结构分析

从图 3.34 中可以看出，在 3 个微生物样品中，其中在微生物样品 MR0 中拟杆菌门（Bacteroidota）占比为 20.8%，Bacteroidota 属于活性污泥中丰度排名第二的微生物[109]，其他两个阶段的微生物中变形菌门（Proteobacteria）占据主导地位。在 Proteobacteria 中，大部分菌种具有反硝化作用，并且部分具有降解卤代有机污染物的脱卤作用[79,81]。当未添加任何污染物时，即 MR0 微生物样品中的 Proteobacteria 占比为 17%时，为第二丰度。当加入 NO_3^--N 驯化时，Proteobacteria 迅速提升至 93.6%，其丰度提高了 76.6%，这也说明在驯化条件下因 Proteobacteria 丰度提升，NO_3^--N 的去除由不稳定趋于稳定。再加入 4-BP 后，Proteobacteria 占比降至 82%，这可能是因为 4-BP 具有生物毒性，部分 Proteobacteria 不耐受 4-BP 而失去生物活性。有目的地加入 NO_3^--N 及 4-BP 可以使能降解 NO_3^--N 及 4-BP 的 Proteobacteria 丰度增大。

（2）属水平群落结构分析

图 3.35 为属水平微生物群落分析，其中仅列出了属水平丰度排名前 10 的物种。MR0 微生物样品中，*Blvii28_wastewater-sludge_group* 占据了主要地位，占比为 15.4%，其次为占比 11.6%的 SC103，但具有反硝化作用的兼性菌 *Thauera*（陶厄氏菌）仅占 2.9%。据报道，*Thauera* 具有脱氮及降低 COD 的功能[110]。在 MR1 微生物样品中加入 NO_3^--N 驯化后，*Thauera* 丰度迅速增大，占比由 2.9%增至 44%，而 MR0 微生物样品内的 *Blvii28_wastewater-sludge_group* 因无法适应 NO_3^--N 环境而大幅减小，由 15%降至 1%。此外，*Methylophilus*（嗜甲基菌属）也具有反硝化功能[81]，其由 0.1%增至 14%。在 MR2

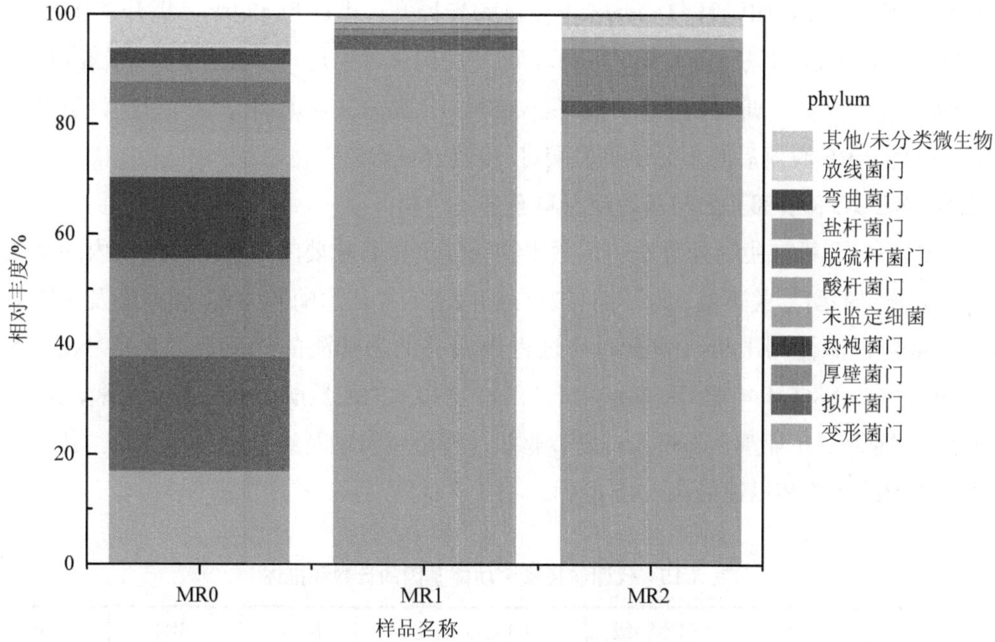

图 3.34　门水平微生物群落分析

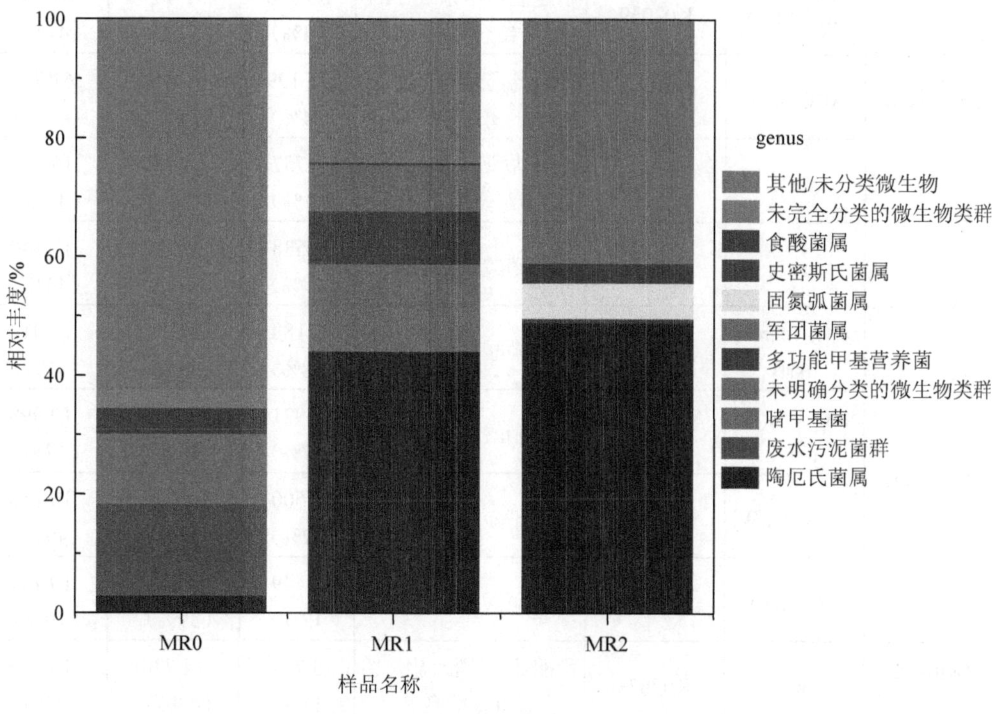

图 3.35　属水平微生物群落分析

微生物样品中加入 4-BP 后，*Thauera* 丰度进一步提升，占比为 48.9%，提升了 4.9%。除此之外，*Azonexus*（固氮弓菌）丰度为 6%，可使反硝化效果进一步提升。另外，*Acidovorax*（食酸菌）由第一、二阶段的不到 1%增至 3.3%，*Acidovorax* 具有分解有机酸、氨基酸的功能，可使 4-BP 脱溴后的小分子有机酸进一步被降解。

3.4.2.6 KEGG（京都基因与基因组百科全书）分析

在 KEGG 分析在生物处理法中，微生物扮演着极其重要的角色，微生物内的主要功能基因所分泌的酶至关重要。为了弄清参与氮代谢的氮还原酶和 4-BP 脱卤酶及其降解产物的代谢酶，需检测出与自养反硝化过程中相关的功能酶的拷贝数，包括 NO_3^--N、NO_2^--N、NO、N_2O 和 4-BP 降解及次级降解产物相关的还原酶。编码由 α 亚基、β 亚基、γ 亚基、δ 亚基、b 亚基、c 亚基、大小亚基、转录调节剂及结合蛋白等组成。其具体预测功能基因的计数和描述如表 3.15 所示。

表 3.15 代谢途径预测功能基因的计数和描述

还原酶	名称	KO_等级	KEGG 描述	MR0	MR1	MR2
硝酸还原酶	ABC.SN.S	K02051	硝酸盐转运系统底物结合蛋白	39 632（23%）	59 231（35%）	70 500（42%）
	ABC.SN.A	K02049	硝酸盐转运系统 ATP 结合蛋白	36 076（24%）	51 463（35%）	61 383（41%）
	ABC.SN.P	K02050	硝酸盐转运系统渗透酶蛋白	35 199（24%）	51 448（35%）	61 759（42%）
	narX	K07673	硝酸盐/亚硝酸盐传感器组氨酸激酶	3 757（11%）	14 770（43%）	15 456（45%）
	nasA	K00372	硝酸还原酶	4 538（17%）	10 126（39%）	11 440（44%）
硝酸还原酶	narH，narY，nxrB	K00371	硝酸还原酶	4 188（18%）	8 311（35%）	11 010（47%）
	narG，narZ，nxrA	K00370	硝酸还原酶	3 921（17%）	8 285（36%）	10 998（47%）
	narJ，narW	K00373	硝酸还原酶	2 500（12%）	8 226（39%）	10 155（49%）
	narI，narV	K00374	硝酸还原酶	2 449（12%）	8 217（39%）	10 147（49%）
亚硝酸盐还原酶	narX	K07673	硝酸盐/亚硝酸盐传感器组氨酸激酶	3 757（11%）	14 770（43%）	15 456（45%）

还原酶	名称	KO_等级	KEGG 描述	MR0	MR1	MR2
亚硝酸盐还原酶	nirB	K00362	亚硝酸还原酶	4 646（16%）	10 591（37%）	13 113（46%）
	nirD	K00363	亚硝酸还原酶	4 616（17%）	10 304（38%）	12 044（45%）
一氧化氮合酶	norQ	K04748	一氧化氮还原酶	5 184（22%）	8 342（35%）	10 516（44%）
	norB	K04561	一氧化氮还原酶	4 352（19%）	10 186（45%）	8 263（36%）
	norC	K02305	一氧化氮还原酶	3 258（18%）	7 513（41%）	7 346（41%）
	norD	K02448	一氧化氮还原酶	3 131（17%）	7 498（42%）	7 342（41%）
	norR	K12266	厌氧一氧化氮	1 418（10%）	6 339（44%）	6 529（46%）
一氧化二氮还原酶	nosD	K07218	一氧化二氮酶辅助蛋白	4 801（25%）	6 700（34%）	8 035（41%）
	nosZ	K00376	一氧化二氮还原酶	4 216（22%）	6 690（35%）	8 035（42%）
脱卤酶	E3.8.1.2	K01560	2-卤素脱卤素酶	5 128（20%）	9 375（36%）	11 328（44%）
苯酚氧化酶	E1.14.13.7	K03380	苯酚 2-单加氧酶	4 711（21%）	16 510（38%）	21 683（51%）
邻苯二酚氧化酶	catA	K03381	儿茶酚 1,2-双加氧酶	272（5%）	1 262（21%）	4 374（74%）
小分子有机酸分解酶	ilvD	K01687	二羟基酸脱水酶	16 479（30%）	15 665（29%）	22 420（41%）
	TTUC	K07246	脱羧酶	7 223（17%）	13 277（31%）	21 739（51%）
小分子有机酸分解酶	oxdd	K01569	草酸脱羧酶	217（14%）	140（9%）	1 157（76%）
	sdhC，frdC	K00241	琥珀酸脱氢酶	7 457（22%）	12 818（38%）	13 881（41%）
	sdhD，frdD	K00242	琥珀酸脱氢酶	4 583（15%）	12 317（41%）	13 035（44%）

注：括号内的数字代表功能基因计数占酶的基因总数的百分比。

由表3.15可知，在MR1阶段，当加入一定浓度的NO_3^--N时，硝酸还原酶基因数大幅增加，且其降解产物的还原酶的基因均会增大。在MR2阶段，当加入4-BP时，其小分子有机酸还原酶的基因得到提升，其中最大计数为 22 420，相较于 MR0 阶段增加了 5 941 条基因，值得注意的是，此阶段仍有对应于 MR1 浓度的 NO_3^--N 的注入，NO_3^--N 还原酶的基因数得到进一步的提升，但此阶段 NO_3^--N 的还原效果有所下降，这可能归因于 4-BP 具有一定的毒性，抑制了微生物细胞活性，但此阶段并无 NO_2^--N 的累积。

3.4.2.7 功能预测分析

根据数据库注释结果，选取每个样本或分组在各注释层级上最大丰度排名前 10 的功能信息，生成功能相对丰度柱状堆积图，以便直观查看各样本在不同注释层级上相对丰度较高的功能及其比例[111]。本试验以 Level 2 相对丰度柱形图分析，如图 3.36 所示。

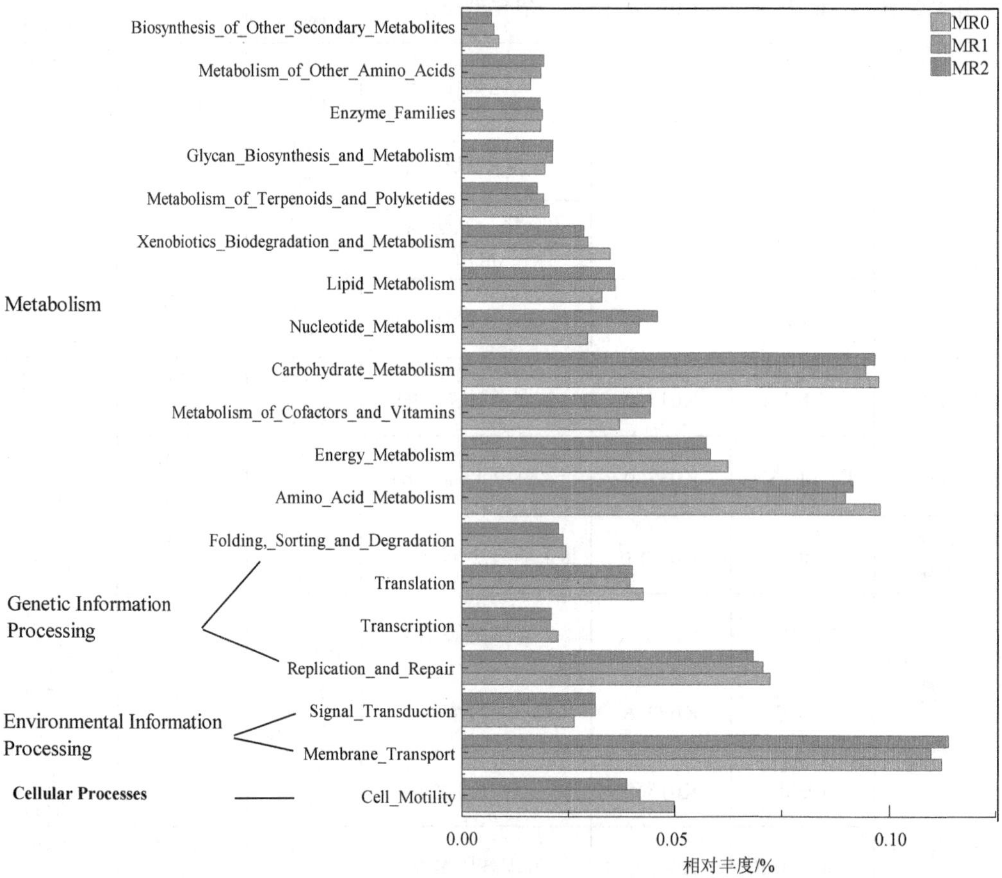

图 3.36 PICRUSt 功能注释 Level 2 相对丰度柱形图

注：本试验只列出在 Level 2 层次上丰度排名前 20 的功能信息，其他以 other 表示未列出。

由图 3.36 可知，基于 16S rRNA 的高通量测序结果应用 PICRUSt 对微生物样本的功能基因进行预测，包括膜转移（Membrane_Transport）和能量代谢（Energy_Metabolism）、碳水化合物代谢（Carbohydrate_Metabolism）及异生素生物降解和代谢（Xenobiotics_Biodegradation_and_Metabolism）等。不同阶段的微生物，其各功能基因表达均有所不同，与代谢相关的基因的预测最高丰度出现在加入NO_3^--N和4-BP之后，即微生物样品MR2的丰度达到48.42%，与之变化趋势相同的膜传输在此阶段也达到最大丰度（11.39%）。

3.4.3 4-BP还原转化机理

在前几节的试验中，将4-BP投入反应器后，4-BP出水浓度一直在降低，并且在反应器内检测到了Br^-及低浓度水平苯酚及邻苯二酚的存在。因营养基质中含有缺氧级别的少量O_2，研究表明，邻苯二酚的产生是由于苯酚通过单氧化作用活化所致[112]。故猜测4-BP脱溴生成苯酚，苯酚单加氧生成邻苯二酚。此外，利用相关技术手段检测到开环后较低浓度的黏糠酸、琥珀酸及草酸等无色中间体。

在微生物层次分析中发现其中有可脱掉卤素原子的脱卤酶E3.8.1.2、苯酚单加氧酶E1.14.13.7、邻苯二酚1,2-双加氧酶catA及羧酸脱酸酶ilvD、TTUC、oxdd。检测分析到的酶均与前文所检测到的物质一一对应。

研究表明，芳香族化合物代谢的关键步骤是通过苯环的羟基化和裂变破坏共振结构，该步骤是通过有氧系统中的双加氧酶催化反应实现的[113]。根据开环酶双加氧酶所攻击的底物，芳香代谢可分为儿茶酚途径、龙胆酸途径和原儿茶酸途径。在这些途径中，苯环通过引入羟基基团的环活化之后，会发生酶促环裂解。环裂变产物随后经历转化，最终进入生物体的一般代谢途径。大多数芳香分解代谢途径汇聚在儿茶酚处。儿茶酚是由大量取代和未取代的单芳族和多芳族化合物形成的中间体。在有氧条件下，苯酚首先转化为儿茶酚，随后儿茶酚通过原位或异位裂变降解为中枢代谢的中间体[114]。

苯酚可通过单氧化转化为儿茶酚，儿茶酚的开环裂解位置由酶的种类决定。间位裂解开环由儿茶酚2,3双加氧酶（$C_{23}O$）决定，并生成2-羟基黏糠酸半醛以及α-酮基己二酸中间产物，该途径由假单胞菌主导。邻位裂解开环由儿茶酚2,3双加氧酶（$C_{12}O$，catA）决定，邻位开环裂解产生黏糠酸以及内脂和琥珀酸等中间物，并进入三羧酸循环最终生成CO_2和H_2O[115]。在厌氧环境下，邻苯二酚在双加氧酶的作用下，通过加一分子氧，将碳—碳双键打开，生成不饱和脂肪酸，最终矿化生成CO_2和H_2O[116]，其降解机理如图3.37所示。

综上所述，微生物利用H_2为电子供体，在E3.8.1.2脱卤酶的作用下将4-BP脱Br^-生成苯酚，从而揭示了反应器中微生物能以H_2为电子供体生物还原4-BP［图3.14（a）、图3.15］。在E1.14.13.7单加氧酶的作用下，苯酚单氧化生成邻苯二酚，在catA邻苯二酚1,2双加氧酶等作用下，邻苯二酚开环生成黏糠酸及琥珀酸、草酸等无色中间产物小分子有机酸，小分子有机酸等在 ilvD、TTUC、oxdd 等脱羧酶的作用下最终生成 CO_2 和 H_2O。与之共存的污染物 NO_3^--N，被 NO_3^-还原酶 nasA、nxrB、narX 等还原生成 NO_2^-，所生成的 NO_2^-被还原酶 narX、nirB、nirD 还原生成 NO，NO 被还原酶 norB、norC、norD 还原生成 N_2O，N_2O 被还原酶 nosD、nosZ 还原生成 N_2。其降解途径如图 3.38 所示。

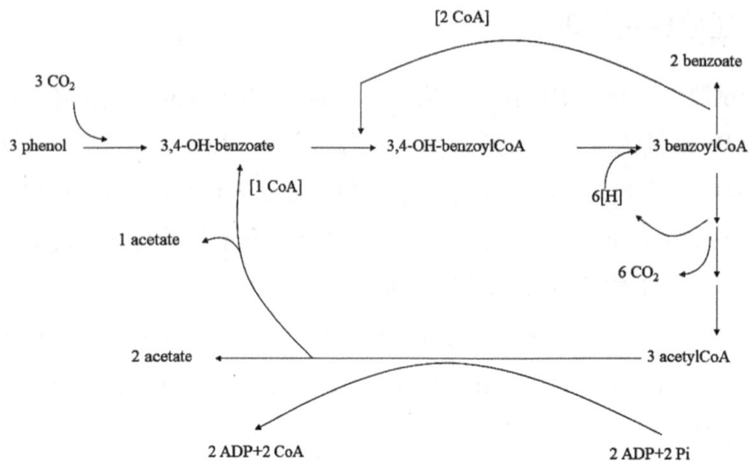

图 3.37 微生物在厌氧条件下降解苯酚的途径

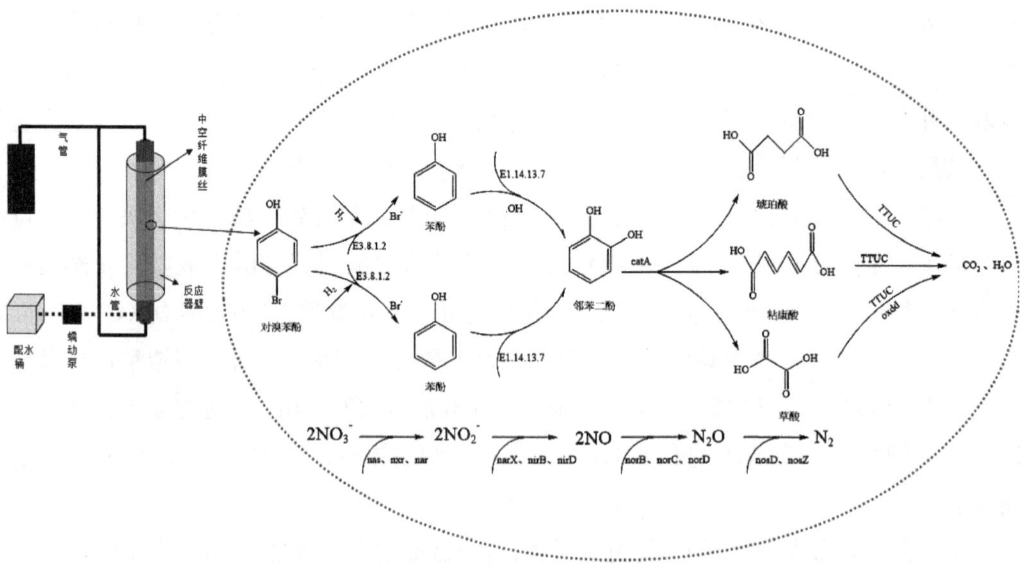

图 3.38 4-BP 在反应器内降解途径

3.5 本章小结

本章主要通过利用 H_2-MBfR 探究 4-BP 在其内的可行性研究及长期运行，检测 4-BP 在反应器内的降解产物，探寻其降解机理，同时在此基础上研究 4-BP 浓度、NO_3^--N 浓度、氢分压对反应器去除 4-BP 的影响，主要得出以下结论。

①在 H_2-MBfR 中投加 NO_3^--N 及 4-BP 对微生物进行驯化富集，经过 86 d 的长期运行，反应器内的 HFM 表面形成明显的黄褐色固体，并且出水 NO_3^--N 及 4-BP 浓度保持稳定，去除效果达到稳定。

②当 4-BP 投入反应器后，经过长期运行检测，4-BP 在反应器内被大量还原，其最大还原速率达到 41.52 g/（m^3·d），并且伴随 Br^-的释放，检测到 Br^-的浓度接近进水 4-BP 浓度的 46%。除此之外，通过各种技术手段，还检测到了苯酚、邻苯二酚及黏糠酸、草酸、琥珀酸等不饱和脂肪酸，4-BP 经过还原脱溴阶段、苯环羟基化与开环阶段、脂肪酸代谢阶段最终生成 CO_2 和 H_2O。

③在影响因素探究中，改变进水 4-BP 浓度使其还原效率改变，即增大进水 4-BP 浓度，其还原效率降低，单位面积的生物膜表面负荷随之增大，从而导致单位生物膜去除 4-BP 的通量增大，即当进水 4-BP 浓度由 2 mg/L 增至 20 mg/L 时，其去除率由 100%降至 45%。改变共存污染物进水 NO_3^--N 浓度会影响 4-BP 在反应器中的还原效果，在保持氢分压不变的情况下，增大进水 NO_3^--N 浓度时 4-BP 还原效率降低，增大进水 NO_3^--N 浓度时，其会获得更多的电子供体，使 4-BP 分配到更少的电子供体，这解释了为何 4-BP 还原效率会下降，如当进水 NO_3^--N 浓度由 5 mg/L 提升至 30 mg/L 时，20 mg/L 的 4-BP 去除率由 51%降至 21%。改变氢分压的大小会使单位污染物获得电子供体增大或减小，当增大氢分压时，单位 4-BP 和 NO_3^--N 获得更多的电子供体，去除效果增大，氢分压由 0.01 MPa 增至 0.04 MPa，20 mg/L 的 4-BP 及 10 mg/L 的 NO_3^--N 去除率分别由 19.9%、85.6%提升至 80.9%、97.1%。增大氢分压，4-BP 和 NO_3^--N 的去除通量、标准化通量及当量电子通量随之增大，合理解释了当增大氢分压时，4-BP 和 NO_3^--N 的去除效果增大。

④通过高通量测序发现，在门水平，Proteobacteria 占据主导地位，占比达 93.6%。属水平微生物群落分析，*Thauera* 为驯化后占比最大的菌种，此外，*Methylophilus* 由 0.1%增至 14%，表明 *Methylophilus* 也具有反硝化功能。通过功能预测分析，膜转移和能量代谢、碳水化合物代谢及异生素生物降解和代谢为主要表达。其中与代谢相关的基因的预测最高丰度出现在加入 NO_3^--N 和 4-BP 之后，即微生物样品 MR2，其丰度达到 48.42%，沟通了细胞内外及细胞各细胞器之间的联系，保证了微生物新陈代谢等生命活动中的正

常物质交换。微生物利用 H_2 为电子供体，在 E3.8.1.2 的作用下 4-BP 脱 Br^- 生成苯酚，再在 E1.14.13.7 的作用下，苯酚单氧化生成邻苯二酚，进一步地，在 catA 表达下，邻苯二酚开环生成黏糠酸、琥珀酸、草酸等小分子有机酸，最终生成 CO_2 和 H_2O。与之共存的污染物 NO_3^--N 被 NO_3^- 还原酶 nasA、nxrB、narX 等还原生成 NO_2^-，所生成的 NO_2^- 被还原酶 narX、nirB、nirD 还原生成 NO，NO 被还原酶 norB、norC、norD 还原生成 N_2O，N_2O 被还原酶 nosD、nosZ 还原生成 N_2。

参考文献

[1] 赵迎迎. 基于实时用水模式的城市供水管网水质模型研究[D]. 杭州：浙江大学，2018.

[2] 高靖雨，李莉娜，赵玉宝. Pd-TiO_2 光催化高效降解有机卤代污染物[J]. 环境保护科学，2021，47（5）：133-139.

[3] 胡煜，陈娟，王沛芳，等. 腐殖质参与的卤代有机污染物厌氧降解研究进展[J]. 环境科学与技术，2020，43（10）：212-220.

[4] 唐才明. 新型卤代有机污染物及多环芳烃代谢物的准靶向定性分析[D]. 广州：中国科学院大学（中国科学院广州地球化学研究所），2016.

[5] Zhang F Z，Wu C F，Hu Y，et al. Photochemical degradation of halogenated organic contaminants[J]. Progress in Chemistry，2014，26（6）：1079-1098.

[6] 李祥生. 含氯苯类化合物废气生物净化技术的研究进展[J]. 广东化工，2018，45（5）：161-162.

[7] 吕小凡. 非均相催化降解地下水中有机氯化合物的机理研究[D]. 北京：中国地质大学，2020.

[8] 方金辉. $NiCo_2O_4$ 中间层修饰的钯/泡沫镍电极对 2,4-二氯苯氧乙酸电催化还原脱氯研究[D]. 杭州：浙江工业大学，2020.

[9] Nichkova M，Germani M，Marco MP，et al. Immunochemical analysis of 2,4,6-tribromophenol for assessment of wood contamination[J]. Journal of Agricultural and Food Chemistry，2008，56（1）：29-34.

[10] Liu A F，Shi J B，Qu G B，et al. Identification of emerging brominated chemicals as the transformation products of tetrabromobisphenol A（TBBPA）Derivatives in Soil[J]. Environmental Science & Technology，2017，51（10）：5434-5444.

[11] Payal D D，Vaidya P D. Aqueous-phase hydrodechlorination of model chlorinated organic compounds over Ru/C catalyst[J]. Chemical Engineering Communications，2018，205（5）：657-666.

[12] Liang Z S，Li G Y，Mai B X，et al. Application of a novel gene encoding bromophenol dehalogenase from *Ochrobactrum* sp. in TBBPA degradation[J]. Chemosphere，2018，217：507-515.

[13] 武倩倩. 土壤中多氯联苯的洗脱-曝气修复及数值模拟研究[D]. 青岛：中国海洋大学，2015.

[14] Alaee M，Arias P，Sjodin A，et al. An overview of commercially used brominated flame retardants，their applications，their use patterns in different countries/regions and possible modes of release[J]. Environment International，2003，29（6）：683-689.

[15] Zhang S J，Xiao J P，Chen X Y，et al. Insulation and flame retardancy improvement of PBDEs using 3D-QSAR model combined with a fuzzy membership function method[J]. Chemical Research in Chinese Universities，2021，37（3）：729-738.

[16] Xia S Q，Li H X，Zhang Z Q，et al. Bioreduction of para-chloronitrobenzene in drinking water using a continuous stirred hydrogen-based hollow fiber membrane biofilm reactor[J]. Journal of Hazardous Materials，2011，192（2）：593-598.

[17] Ma B R，Xin S S，Xin Y J，et al. Visible-light-driven photoelectrocatalytic degradation of *p*-chloronitrobenzene by BiOBr/TiO_2 nanotube arrays photoelectrodes：Mechanisms，degradation pathway and DFT calculation[J]. Separation and Purification Technology，2021，268：118699.

[18] Kang J，Wu W C，Liu W X，et al. Zero-valent iron（ZVI）Activation of persulfate（PS）for degradation of para-chloronitrobenzene in soil[J]. Bulletin of Environmental Contamination and Toxicology，2019，103：140-146.

[19] 赵士燕. 土壤环境中多氯联苯的分析方法研究[D]. 济南：山东大学，2007.

[20] Sim W J，Lee S H，Lee I S，et al. Distribution and formation of chlorophenols and bromophenols in marine and riverine environments[J]. Chemosphere，2009，77（4）：552-558.

[21] Cynthia A. An overview of brominated flame retardants in the environment[J]. Chemosphere，2002，46（5）：583-624.

[22] Davidsen N，Lauv A J，Myhre O，et al. Exposure to human relevant mixtures of halogenated persistent organic pollutants（POPs）alters neurodevelopmental processes in human neural stem cells undergoing differentiation. [J]. Reproductive Toxicology，2020，100：17-34.

[23] Wang L，Pang S J，Zhou G，et al. Recent advances in spectroscopy technology for trace analysis of persistent organic pollutants[J]. Applied Sciences，2019，9（17）：34-39.

[24] Ning L，Song X Z，Wang L，et al. Single-atom cobalt catalysts for electrocatalytic hydrodechlorination and oxygen reduction reaction for the degradation of chlorinated organic compounds[J]. ACS Applied Materials & Interfaces. 2020，12（21）：24019-24029.

[25] Nisha G，Korrapati N，Pydisetty Y，et al. Recent advances in the bioremediation of persistent organic pollutants and its effect on environment[J]. Journal of Cleaner Production，2018，198：1602-1631.

[26] 任华. 电子束辐照处理水体中氯酚、溴酚的研究[D]. 上海：上海大学，2013.

[27] Saeed A，Altarawneh M，Dlugogorski B Z，et al. Photodecomposition of bromophenols[J].

Chemosphere，2016，150（5）：749-758.

[28] Ashraf H，Husain Q. Application of immobilized peroxidase for the removal of *p*-bromophenol from polluted water in batch and continuous processes[J]. Journal of Water Reuse and Desalination，2011，1（1）：52-60.

[29] Sun SF，Jiang J，Qiu LP，et al. Activation of ferrate by carbon nanotube for enhanced degradation of bromophenols：Kinetics，products，and involvement of Fe（Ⅴ）/Fe（Ⅳ）[J]. Water Research，2019，156：1-8.

[30] Yuan Z，Ahn S，Luthy RG，et al. Debromination of polybrominated diphenyl ethers by nanoscale zerovalent iron：Pathways，kinetics，and reactivity[J]. Environmental Science & Technology，2010，44（21）：8236-8242.

[31] Saeed A，Altarawneh M，Dlugogorski B Z，et al. Photodecomposition of bromophenols[J]. Chemosphere，2016，150（5）：749-758.

[32] Markova E，Kucerova P，Bednar P，et al. Electrochemical oxidative dimerization of monobrominated phenols and pentabromophenol in methanol-aqueous media[J]. Monatshefte Fur Chemie，2016，147（1）：75-87.

[33] Walter V，Dorte J. Halogenated natural products in five species of Antarctic sponges：Compounds with POP-like properties？[J]. Environmental Science & Technology，2005，39（11）：3889-3895.

[34] Jiang J，Han J，Zhang X，et al. Nonhalogenated aromatic DBPs in drinking water chlorination：A gap between nom and halogenated aromatic DBPs[J]. Environmental Science & Technology，2020，54（3）：1646-1656.

[35] 周玲希. 超声过程中典型含溴副产物生成机制的研究[D]. 重庆：重庆大学，2017.

[36] Budi L F，Kim I. Application of in situ liquid ferrate（Ⅵ）for 2-bromophenol removal[J]. Journal of the Korean Society of Water and Wastewater，2015，29（6）：685-692.

[37] 范洪凯. 臭氧化组合工艺降解四溴双酚 A 特性及副产物控制[D]. 哈尔滨：哈尔滨工业大学，2014.

[38] 强喆林. 载铜二氧化硅微球在苯酚氧化中的催化性能研究[D]. 沈阳：沈阳化工大学，2021.

[39] 强喆林，王玲，吴迪，等. 含酚废水处理技术研究进展[J]. 当代化工，2021，50（9）：2206-2210.

[40] 沈宁飞. 谷胱甘肽修饰纳米 Fe_3O_4 的制备及其催化 H_2O_2 降解水中 2,4-二氯苯酚的效能和机理研究[D]. 长春：吉林大学，2018.

[41] 齐亚兵，杨清翠. 煤化工废水脱酚技术研究进展[J]. 应用化工，2021，50（5）：1414-1419.

[42] 白丽影. Er 与 Pr 掺杂氧化锌的制备及对苯酚光催化降解的研究[D]. 阜新：辽宁工程技术大学，2019.

[43] 安桓，闫好奎，向梅，等. 外电场下 4-溴苯酚的分子结构和解离特性[J]. 激光与光电子学进展，2021，59（3）：1-13.

[44] Yang S Q，Cui Y H，Liu Y Y，et al. Electrochemical generation of persulfate and its performance on 4-bromophenol treatment[J]. Separation and Purification Technology，2018，207：461-469.

[45] Luo C W，Gao J，Wu D J，et al. Oxidation of 2,4-bromophenol by UV/PDS and formation of bromate and brominated products：A comparison to UV/H_2O_2[J]. Chemical Engineering Journal，2019，358：1342-1350.

[46] Zhang Q，Liu Y W，Lin Y F，et al. Multiple metabolic pathways of 2,4,6-Tribromophenol in Rice Plants[J]. Environmental Science & Technology，2019，53（13）：7473-7482.

[47] Ashraf H，Husain Q. Studies on bitter gourd peroxidase catalyzed removal of *p*-bromophenol from wastewater[J]. Desalination，2010，262（1）：267-272.

[48] Ashraf H，Husain Q，Humaira Ashraf，et al. Removal of alpha-naphthol and other phenolic compounds from polluted water by white radish（raphanus sativus）peroxidase in the presence of an additive，polyethylene glycol[J]. Biotechnology & Bioprocess Engineering，2009，14（4）：536-542.

[49] 曲久辉. 物理技术——值得关注的清洁水处理方法[J]. 给水排水，2014，50（4）：1.

[50] 孙玉颖. 贵金属沉积碳包覆钼酸铋复合光催化剂降解 2,4-二溴苯酚的研究[D]. 青岛：青岛农业大学，2017.

[51] Sui D P，Chai Y. Removal of bromophenols from aqueous solution by using hazelnut shell-derived activated carbon：Equilibrium study and influence of operation conditions[J]. Chemistry Letters，2017，46（4）：516-519.

[52] Bhatnagar A. Removal of bromophenols from water using industrial wastes as low cost adsorbents[J]. Journal of Hazardous Materials，2007，139（1）：93-102.

[53] Oh S Y，Seo Y D. Sorption of halogenated phenols and pharmaceuticals to biochar：Affecting factors and mechanisms[J]. Environmental Science and Pollution Research，2016，23（2）：951-961.

[54] 皮若冰. 高铁酸盐/过一 SO_4^{2-} 体系降解水中布洛芬的效能和机制研究[D]. 吉林：东北电力大学，2021.

[55] 周时洋，宋亮辉，孙粉玲. 天然锰砂对水中溴酚的去除效果及其机理研究[J]. 工业用水与废水，2015，46（5）：53-57.

[56] 张家金. 基于 ZIF 的功能化炭材料制备及其吸附性能研究[D]. 北京：中国矿业大学，2019.

[57] Mantzavinos D，Psillakis E. Enhancement of biodegradability of industrial wastewaters by chemical oxidation pretreatment[J]. Journal of Chemical Technology and Biotechnology，2004，79（5）：431-454.

[58] 崔杨，梁睿渊，何爱晓，等. 化学氧化法处理 AKD 废水的研究[J]. 广州化工，2020，48（13）：25-27.

[59] 华建良，赵吉，杨晶晶，等. 水合锰氧化物对水中溴酚的去除及脱溴效能[J]. 中国给水排水，2018，

34（5）：44-46.

[60] Fan J H，Liu X，Ma L M. EDTA enhanced degradation of 4-bromophenol by AlO-FeO-O_2 system[J]. Chemical Engineering Journal，2015，263：71-82.

[61] 马骥. 电解合成高铁酸盐及强化氧化垃圾渗滤液[D]. 重庆：重庆大学，2007.

[62] Ashraf H，Husain Q. Studies on bitter gourd peroxidase catalyzed removal of *p*-bromophenol from wastewater[J]. Desalination，2010，262（1）：267-272.

[63] 张婷. 改性木质素基多孔碳对重金属和多环芳烃的吸附降解性能研究[D]. 泰安：山东农业大学，2021.

[64] 赵洪霞，王燕丽，邓敏杰，等. 水体中 2,6-二溴酚光降解行为研究[J]. 环境科学与技术，2014，37（11）：128-131.

[65] Yang J，Cui S H，Qiao J Q，et al. The photocatalytic dehalogenation of chlorophenols and bromophenols by cobalt doped nano TiO_2[J]. Journal of Molecular Catalysis. A，Chemical，2014，395：42-51.

[66] 郭秋. 零价铁强化沉积型微生物燃料电池降解三溴苯酚研究[D]. 哈尔滨：哈尔滨工业大学，2019.

[67] 孙维孟，何伟，刘胜伟，等. 电化学法深度处理焦化废水的试验研究[J]. 给水排水，2020，56（S1）：751-755.

[68] 刘雅玥. 阴阳极协同生成过 SO_4^{2-}降解 4-溴酚的研究[D]. 武汉：华中科技大学，2017.

[69] 刘辉，姜林，王琪，等. 六氯苯微生物降解研究进展[J]. 环境污染与防治，2013，35（1）：86-92.

[70] 吴伟林. 弱电能强化厌氧生物分解三溴酚和间甲酚效能研究[D]. 哈尔滨：哈尔滨工业大学，2020.

[71] Li Z L，Yoshida N，Wang A J，et al. Anaerobic mineralization of 2,4,6-tribromophenol to CO_2 by a synthetic microbial community comprising clostridium，dehalobacter，and desulfatiglans[J]. Bioresource Technology，2015，176：225-232.

[72] Sahoo N K，Ghosh P K. Biodegradation of 4-bromophenol by arthrobacter chlorophenolicus A6（T）in a newly designed packed bed reactor[J]. Journal of Bioscience and Bioengineering，2012，115（2）：182-188.

[73] Chen D，Shen J Y，Jiang X B，et al. Simultaneous debromination and mineralization of bromophenol in an up-flow electricity-stimulated anaerobic system[J]. Water Research，2019，157：8-18.

[74] Uhnakova B，Pet IKova A，Biedermann B，et al. Biodegradation of brominated aromatics by cultures and laccase of Trametes versicolor[J]. Chemosphere，2009，76（6）：826-832.

[75] 李海翔，徐晓茵，梁郡，等. 氢基质自养微生物还原降解水中对氯硝基苯的研究[J]. 环境科学学报，2012，32（10）：2394-2401.

[76] 韩亚梅. 氢基质生物膜反应器同步去除水中 BrO_3^-和 ClO_4^-的研究[D]. 桂林：桂林理工大学，2018.

[77] Kang LA，Bya B，Lwa C，et al. Performance evaluation of a biotrickling filter for the removal of

gasphase 1,2-dichlorobenzene：Influence of rhamnolipid and ferric ions[J]. Chemosphere，2020，250：126261.

[78] 李海翔，杨昕，钟佛华，等. 氢自养生物还原去除地下水中对硝基氯苯（*p*-NCB）的试验研究[J]. 环境工程学报，2011，5（2）：246-250.

[79] Long M，Zeng C，Wang Z C，et al. Complete dechlorination and mineralization of para-chlorophenol（4-CP）in a hydrogen-based membrane biofilm reactor（MBfR）[J]. Journal of Cleaner Production，2020，276：123257.

[80] Lai Y S，Ontiveros-Valencia A，Coskun T，et al. Electron-acceptor loadings affect chloroform dechlorination in a hydrogen based membrane biofilm reactor[J]. Biotechnology & Bioengineering，2019，116（6）：1439-1448.

[81] Long M，Ilhan Z E，Xia S Q，et al. Complete dechlorination and mineralization of pentachlorophenol（PCP）in a hydrogen-based membrane biofilm reactor（MBfR）[J]. Water Research，2018，144：134-144.

[82] Ziv-El M，Popat S C，Cai K，et al. Managing methanogens and homoacetogens to promote reductive dechlorination of trichloroethene with direct delivery of H_2 in a membrane biofilm reactor[J]. Biotechnology and Bioengineering，2012，109（9）：2200-2210.

[83] He J，Sung Y，Krajmalnik-Brown R，et al. Isolation and characterization of *Dehalococcoides* sp. strain FL2，a trichloroethene（TCE）-and 1,2-dichloroethene-respiring anaerobe[J]. Environmental Microbiology，2010，7（9）：1442-1450.

[84] Steven V G，Yang Z M，Kim B O，et al. The removal of selenate to low ppb levels from flue gas desulfurization brine using the H_2 based membrane biofilm reactor（MBfR）[J]. Bioresource Technology，2011，102（10）：6360-6364.

[85] 冉雅郡，周云，杨潇潇，等. MBfR处理水中氧化性污染物的研究进展[J]. 中国环境科学，2018，38（12）：4484-4493.

[86] Lai Y J，Ontiveros-Valencia A，Coskun T，et al. Electron-acceptor loadings affect chloroform dechlorination in a hydrogen-based membrane biofilm reactor[J]. Biotechnology & Bioengineering，2019，116（6）：1439-1448.

[87] Oba B T，Zheng X，Aborisade M A，et al. Remediation of trichloroethylene contaminated soil by unactivated peroxymonosulfate：Implication on selected soil characteristics[J]. Journal of Environmental Management，2021，285：112063.

[88] Frascari D，Zanaroli G，Danko A S，et al. In situ aerobic cometabolism of chlorinated solvents：A review[J]. Journal of Hazardous Materials，2015，283：382-399.

[89] 孙仲平，吴乃瑾，杨苏才，等. 微生物降解污染地下水中三氯乙烯的微宇宙试验研究[J]. 环境工程

技术学报，2021，11（2）：298-306.

[90] Lendvay J M，Loffer F E，Dollhopf M，et al. Bioreactive barriers：a comparison of bioaugmentation and biostimulation for chlorinated solvent remediation[J]. Environmental Ence & Technology，2003，37（7）：1422-1431.

[91] 左剑恶，肖晶华，陈莉莉. 氯代有机污染物在厌氧条件下还原脱氯的研究进展[J]. 环境污染治理技术与设备，2003（6）：43-48.

[92] Yan N，An M，Chu J Y，et al. More rapid dechlorination of 2,4-dichlorophenol using acclimated bacteria[J]. Bioresource Technology，2021，326：124738.

[93] Xia S Q，Zhang Z Q，Zhong F H，et al. High efficiency removal of 2-chlorophenol from drinking water by a hydrogen-based polyvinyl chloride membrane biofilm reactor[J]. Journal of Hazardous Materials，2011，186（2）：1367-1373.

[94] Li H X，Zhang Z Q，Xu X Y，et al. Bioreduction of para-chloronitrobenzene in a hydrogen based hollow fiber membrane biofilm reactor：Effects of nitrate and sulfate[J]. Biodegradation，2014，25（2）：205-215.

[95] 詹津辉. 汽油产品中氯离子、硫酸根离子的测定——离子色谱法[J]. 天津化工，2018，32（3）：48-49.

[96] 王丕波，曾艳敏，闫晶，等. 离子色谱法测定海水中氯离子和硫酸根离子[J]. 海洋科学，2020，44（11）：52-56.

[97] 额日和木，王旭，张煜琳，等. 高效液湘色谱法测定苯、苯酚、对苯醌、苯二酚和苯三酚[J]. 分析仪器，2014，193（3）：34-39.

[98] 韩啸，罗世鹏，商贵芹，等. 高效液相色谱法测定食品接触材料中 1,4-二氯苯的迁移量[J]. 中外食品工业：下，2014，5：35-36.

[99] 袁静，张平安，潘畅，等. 高效液相色谱法精确分析地表水中氯苯的研究[J]. 现代农业科技，2017，706（20）：158-159，163.

[100] Jiang M M，Zhang Y Y，Yuan Y H，et al. Nitrate removal and dynamics of microbial community of a hydrogen based membrane biofilm reactor at diverse nitrate loadings and distances from hydrogen supply end[J]. Water，2020，12（11）：3196.

[101] 张娟. 地热水与围岩介质中“三氮”迁移机理研究[D]. 焦作：河南理工大学，2011.

[102] 林青. 三种水质调控方式下刺参池塘及肠道细菌群落结构分析[D]. 大连：大连海洋大学，2020.

[103] 韩廿. 螯合剂对植物修复镉砷复合污染农田的影响[D]. 北京：中国农业科学院，2020.

[104] 苏有升. 生物滴滤法处理制药厂恶臭及 VOCs 的运行实践研究[D]. 杭州：浙江工业大学，2020.

[105] 张艺鸣. 基于微生物群体感应的氢基质生物膜反应器生物膜富集特性研究[D]. 桂林：桂林理工大学，2021.

[106] 苑宇杭. 基于表面特性的HFM材料选择及其构建的氢基质生物膜反应器去除NO_3^--N的研究[D]. 桂林：桂林理工大学，2020.

[107] Ashraf H，Husain Q. Application of immobilized peroxidase for the removal of pbromophenol from polluted water in batch and continuous processes[J]. Journal of Water Reuse & Desalination，2011，1（1）：52.

[108] 杨攀，黄丽，唐艳，等. 腐败干酪中微生物种类的分离与鉴定[J]. 中国乳品工业，2019，47（3）：17-20，36.

[109] 杨宗政，张天宇，孙炜，等. 基于A_2O-MBR工艺的耐盐活性污泥微生物群落研究[J]. 工业水处理，2022，42（8）：60-66，148.

[110] Ji B X，Zhang H N，Lun Z，et al. Effect of the rapid increase of salinity on anoxic-oxic biofilm reactor for treatment of high-salt and high-ammonia-nitrogen wastewater[J]. Bioresource Technology，2021，337：125363.

[111] 王亚莉. 松花粉多糖酯化前后对小鼠结肠炎的作用及肠道菌群的研究[D]. 济南：山东师范大学，2020.

[112] Nagamani A. Isolation and characterization of phenol degrading soil bacterium[J]. African Journal of Biotechnology，2009，820（1）：5449-5453.

[113] Nair C I，Jayachandran K，Shashidhar S. Biodegradation of phenol[J]. Africanjournal of Biotechnology，2008，7（25）：4951-4958.

[114] Li H，Meng F P，Duan W Y，et al. Biodegradation of phenol in saline or hypersaline environments by bacteria：A review[J]. Ecotoxicology and Environmental Safety，2019，184：109658.

[115] 陈军. 苯酚生物降解开环裂解方式影响因素及其对矿化效率的促进作用[D]. 西安：西安建筑科技大学，2017.

[116] 王燕. 五氯硝基苯降解细菌的分离鉴定及菌株DH19的降解特性、代谢途径和SufB基因功能研究[D]. 长春：吉林农业大学，2016.

第4章

氢基质生物膜反应器去除水中 ClO_4^-研究

4.1 研究内容

本章主要围绕 H_2-MBfR 去除水中 ClO_4^-的试验研究进行论述。在筛选出 ClO_4^-还原菌的基础上构建 H_2-MBfR，并对生物膜进行培养和富集；观察进水流速、氢分压、pH、NO_3^--N、NO_2^--N 等对还原性能的影响；通过计算电子通量分配关系，定量剖析 NO_3^--N 和 ClO_4^-被微生物利用时的竞争抑制关系；通过建立生物膜反应动力学，进一步观察进水负荷、氢分压、NO_3^--N 和 NO_2^--N 等对 ClO_4^-去除的影响。

4.2 材料与方法

4.2.1 H_2-MBfR

试验所用装置如图 4.1、图 4.2 所示，各特征参数见表 4.1。反应器由筒体、回流装置、进水及供氢系统组成。筒体内含 1 束 PVC 的 HFM，共 120 根，分别固定在筒体两端，作为生物膜的附着载体。试验采用模拟地下水的方式，利用蠕动泵将模拟地下水从反应器底部泵入，在 HFM 的外部流动，并由上端出水口溢流而出。H_2 由反应器顶部通入膜内，并在压力作用下以无泡方式从膜的内层扩散到外层，被附着在膜上的微生物利用，从而将水中污染物还原降解。进水流速和氢分压根据驯化要求和工况进行调节。

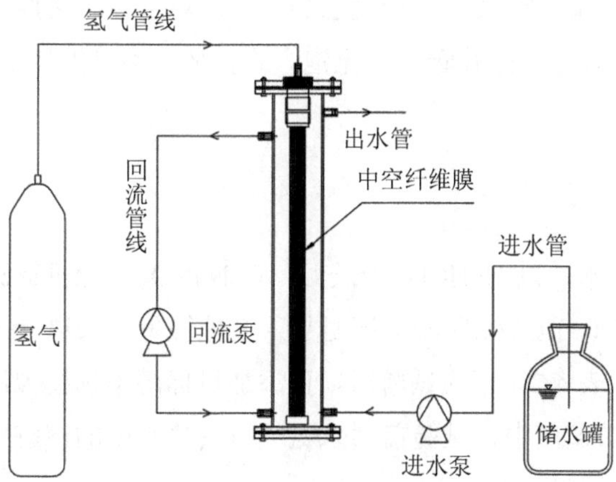

图 4.1　H_2-MBfR 结构示意图

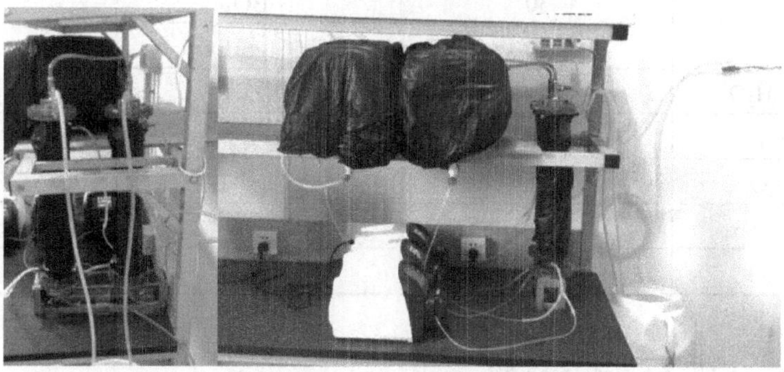

图 4.2　H_2-MBfR 装置图

表 4.1　H_2-MBfR 特征参数

参数	数值
反应器高度/cm	64
反应器内径/mm	6
HFM 数量/根	120
HFM 长度/cm	50
膜内径/mm	1
膜外径/mm	1.5
膜微孔孔径/μm	0.02
膜表面积/m^2	0.28
反应器有效容积/L	1.8

H_2-MBfR 结合了微孔曝气和生物膜法的优点，对水中氧化性污染物有良好的去除效果。与传统供氢技术相比，微孔曝气以无泡方式扩散，不仅提高了 H_2 利用率还增强了系统的安全性[1,2]。

4.2.2 试验用水

试验采用模拟配水，以 $NaHCO_3$ 为碳源，以 $NaNO_3$ 为无机氮源，以磷酸盐缓冲对（Na_2HPO_4+KH_2PO_4）调节进水的 pH，同时加入其他微量元素以满足微生物正常的生长代谢。水中具体成分见表 4.2。正式试验时，再添加目标污染物模拟污染水样。将模拟配水贮存在 10 L 的棕色玻璃瓶中，试验前通入氮气以去除水中的溶解氧。

表 4.2 模拟配水成分

成分	浓度/（mg/L）	成分	浓度/（mg/L）
$NaNO_3$	30	H_3BO_3	0.3
$NaHCO_3$	80	$CoCl_2·6H_2O$	0.2
$Na_2HPO_4·12H_2O$	216	$CuCl_2·2H_2O$	0.01
KH_2PO_4	236	$Na_2MoO_4·2H_2O$	0.03
$FeSO_4·7H_2O$	1	$MnCl_2·4H_2O$	0.01
$CaCl_2·2H_2O$	1	$NiCl_2·6H_2O$	0.01
$ZnSO_4·7H_2O$	0.1		

4.2.3 ClO_4^-还原降解系列试验

研究发现，利用 H_2-MBfR 处理水中氧化性污染物时，进水流速、氢分压和 pH 对去除效果均有一定的影响，因此，需要将其均作为控制因素来考虑[3,4]。NO_3^--N 是水体中常见的氧化性污染物，与 ClO_4^-共存时，会对电子供体产生竞争作用[5]。另外，NO_2^--N 作为 NO_3^--N 还原时的中间产物，其会对微生物酶活性产生毒性，也可能对 ClO_4^-还原产生影响，因此，需同时考虑 NO_3^--N 和 NO_2^--N 对 ClO_4^-还原的影响[6]。ClO_4^-的还原降解试验研究分为 5 个系列（表 4.3），分别考察氢分压、进水流速、pH、NO_3^--N 负荷和 NO_2^--N 负荷对 ClO_4^-去除的影响。各系列保持进水 ClO_4^-浓度为 2 000 μg/L，SO_4^{2-}浓度为 5 mg/L。

对于每个系列试验，每改变一次工况条件，都要让反应器运行水力停留时间的 4 倍以上，这个时间足以使系统达到拟稳定状态。此时，溶液浓度达到稳定状态，但生物膜累积和生物量并没有明显的变化[1]。每个系列试验完成后，在下个系列开始之前，要将系统调回稳定状态，即氢分压为 0.04 MPa，NO_3^--N 进水浓度为 5 mg/L，pH 为 7.0，进水流速为 2 mL/min。

表 4.3 ClO_4^-降解系列试验工况

工况	变量	氢分压/MPa	进水流速/（mL/min）	pH	NO_3^--N 浓度/（mg/L）	NO_2^--N 浓度/（mg/L）
系列 1	氢分压	0.02	2.0	7.0	5	0
		0.03				
		0.04				
		0.05				
系列 2	进水流速	0.04	1.0	7.0	5	0
			2.0			
			3.0			
			4.0			
系列 3	pH	0.04	2.0	6.0	5	0
				7.0		
				8.0		
				9.0		
系列 4	NO_3^--N 负荷	0.04	2.0	7.0	0.5	0
					1	
					5	
					10	
					20	
					50	
系列 5	NO_2^--N 负荷	0.04	2.0	7.0	0	0.5
						1
						5
						10
						20
						50

4.2.4 分子生物学试验

当反应器运行到一个稳定状态后，取出膜表面的生物膜样品进行分子生物学分析，观察不同工况条件下微生物群落结构的动态变化，继而从微生物角度考察反应器还原ClO_4^-的机理及影响因素。试验过程中共有 4 次取样，第 1 个样品为反应器接种污泥样品（经过摇瓶富集驯化的混合细菌），后 3 个样品均为膜表面生长的生物膜样品，取样时间为 ClO_4^-还原过程中达到稳定阶段之后。

4.3 试验结果

4.3.1 反应器启动驯化阶段氢自养菌对 ClO_4^-的还原降解

图 4.3 为 H_2-MBfR 启动驯化阶段氢自养菌还原降解 ClO_4^-过程中各物质的浓度变化。反应器启动后进入挂膜阶段。挂膜初期，进水中不添加污染物 ClO_4^-，设置 NO_3^--N 浓度为 10 mg/L，进水流速为 0.5 mL/min，氢分压保持在 0.04 MPa，以培养生物膜。经过 9 d 的运行，NO_3^--N 浓度降至 0.2 mg/L 左右，并在随后几天保持基本平衡，此时，膜表面初步形成了生物膜。随后，将进水流速提高至 2 mL/min，对生物膜进行培养和富集。虽然在第 20 天时 NO_3^--N 有小幅升高，但不影响反硝化效果。运行一段时间后，出水中的 NO_3^--N 浓度已基本为零，此时膜表面附着有大量的黄褐色生物固体，即认为挂膜完成。在整个挂膜阶段，NO_2^--N 初始浓度基本为零，随后出现累积现象，并随着 NO_3^--N 的快速降解呈下降趋势，第 11 天以后，NO_2^--N 浓度降至检测限以下。

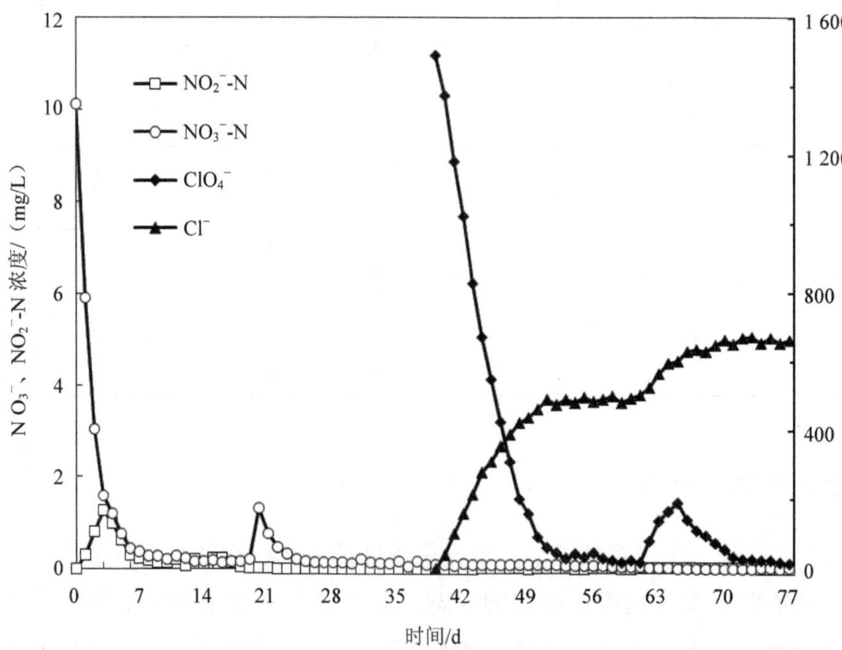

图 4.3 反应器出水中 ClO_4^-、Cl^-、NO_3^--N 以及 NO_2^--N 的浓度变化

连续运行 40 d 以后，生物膜逐渐成熟，反应器趋于稳定。此时向进水中投加 ClO_4^-，开始还原 ClO_4^-的运行阶段。运行初期，向进水中加入 1 500 μg/L 的 ClO_4^-，其他条件保持不变。由于反硝化效果良好，在出水中未检测出 NO_3^--N 和 NO_2^--N。反应器对 ClO_4^-具有良好的去除效果，第 61 天时，出水中 ClO_4^-浓度已基本为零，去除率接近 100%，Cl^-浓度则随 ClO_4^-的还原逐渐升高。从第 53 天开始，ClO_4^-和 Cl^-浓度基本保持稳定，这表明 H_2-MBfR 对 ClO_4 的还原达到稳定状态。

从第 62 天起，将 ClO_4^-浓度提升至 2 000 μg/L。由图 4.3 可知，提高进水浓度后，ClO_4^-的还原基本不受影响，出水 ClO_4^-浓度在小幅增加后持续降低，而 Cl^-浓度则缓慢提高。至反应结束（第 77 天）时，出水 ClO_4^-浓度已降至检测限以下，出水 Cl^-浓度则保持相对稳定。另外，ClO_4^-浓度的提高，并未对 NO_3^--N 和 NO_2^--N 的还原产生明显影响，在出水中仍未检测出 NO_3^--N 和 NO_2^--N。结果表明，H_2-MBfR 对水中的 ClO_4^-具有良好的去除效果。

4.3.2 ClO_4^-生物还原的影响因素

4.3.2.1 氢分压对 ClO_4^-还原降解的影响

H_2 作为电子供体，会直接影响 ClO_4^-的还原，因此，对氢分压的控制尤为重要。为此，在进水 ClO_4^-浓度、NO_3^--N 浓度、进水流速和 pH 分别为 2 000 μg/L、5 mg/L、2 mL/min 和 7.0 时，调整氢分压分别为 0.02 MPa、0.03 MPa、0.04 MPa 和 0.05 MPa，观察 H_2-MBfR 中氢分压对 ClO_4^-还原的影响。结果如图 4.4 所示。

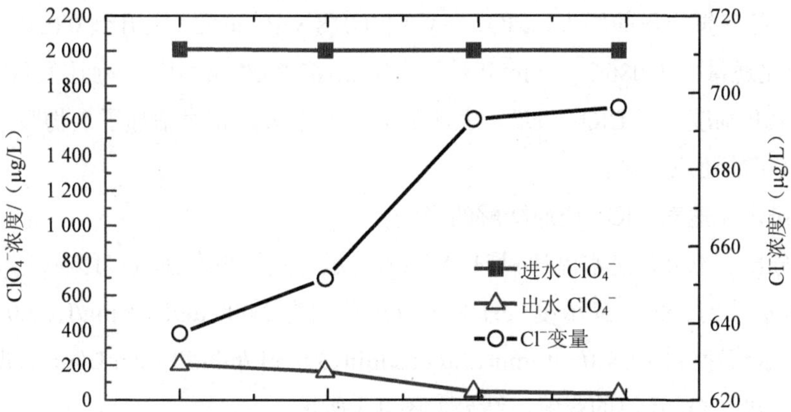

（a）进水 ClO_4^-、出水 ClO_4^-和 Cl^-变量

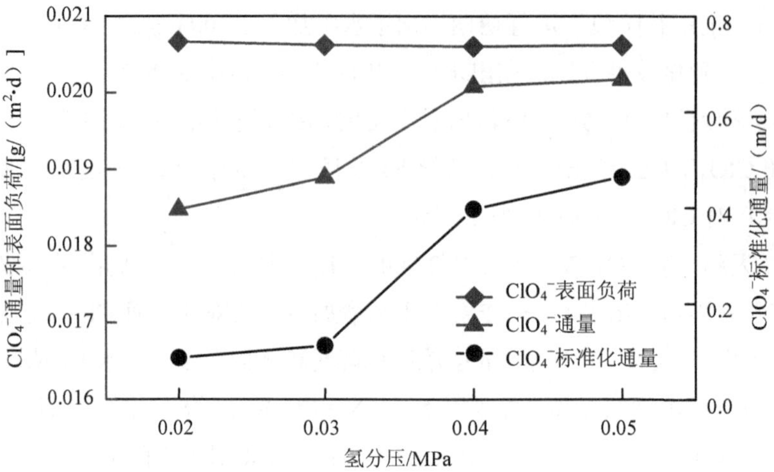

（b）ClO_4^-通量、ClO_4^-表面负荷和ClO_4^-标准化通量

图 4.4 氢分压对 ClO_4^-还原降解的影响

当氢分压由 0.02 MPa 增至 0.05 MPa 时，ClO_4^-去除率由 89.4%提高至 97.8%，出水ClO_4^-浓度逐渐下降，出水 Cl^-浓度则持续升高。这说明 ClO_4^-浓度一定时，氢分压的增加提高了可供利用的电子供体数量，对 ClO_4^-还原有一定的促进作用。总体来看，ClO_4^-去除率的上升幅度不大，仅有 8.4%，说明氢分压为 0.02 MPa 时，电子供体数量虽有所不足，对 ClO_4^-还原仍有一定限制，但这种限制作用相对较小，即使过多增大氢分压，也不能使去除率呈线性增加。为此，需要合理地调控氢分压，以满足去除率和经济成本要求。

同时，随着氢分压的增大，ClO_4^-通量由 0.018 5 g/（m^2·d）上升到 0.020 2 g/（m^2·d），ClO_4^-标准化通量由 0.086 7 g/（m^2·d）上升到 0.463 7 g/（m^2·d）。对比发现，ClO_4^-标准化通量的上升幅度大于 ClO_4^-通量，表明氢分压的增大，相对增加了生物膜的有效厚度，增强了 ClO_4^-的还原效果。

4.3.2.2 进水流速对 ClO_4^-还原降解的影响

除氢分压影响外，进水流速对 H_2-MBfR 的运行效果也存在直接影响。为此，本试验在进水 ClO_4^-浓度、NO_3^--N 浓度、pH 和氢分压分别为 2 000 μg/L、5 mg/L、7.0 和 0.04 MPa 时，调整进水流速分别为 1.0 mL/min、2.0 mL/min、3.0 mL/min 和 4.0 mL/min，观察 H_2-MBfR 中进水流速对 ClO_4^-还原的影响。结果如图 4.5 所示。

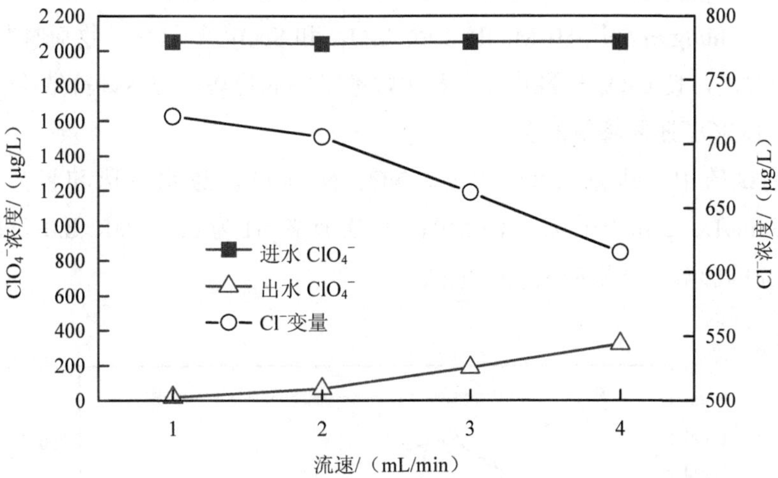

（a）进水 ClO_4^-、出水 ClO_4^- 和 Cl^- 变量

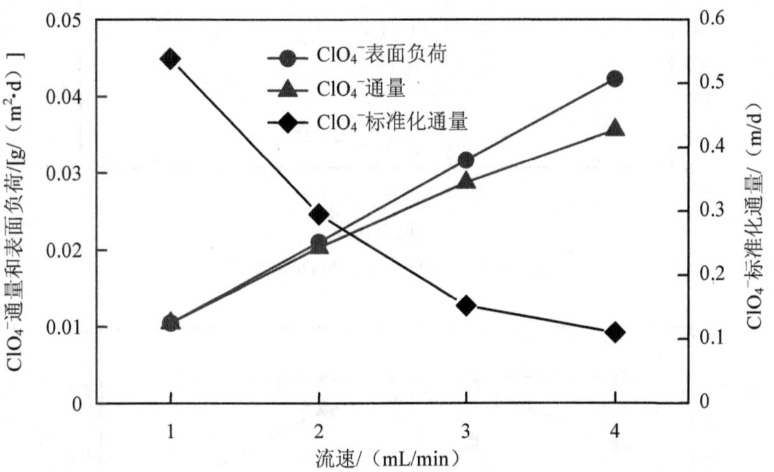

（b）ClO_4^- 通量、ClO_4^- 表面负荷和 ClO_4^- 标准化通量

图 4.5　进水流速对 ClO_4^- 还原降解的影响

在氢分压和生物膜相对稳定的条件下，进水流速的提高会导致 ClO_4^- 去除率持续降低，由 99.0%（进水流速为 1.0 mL/min 时）降至 84.2%（进水流速 4.0 mL/min 时），出水 ClO_4^- 浓度升高，Cl^- 浓度则逐渐降低。同时，进水流速由 1.0 mL/min 提高至 4.0 mL/min 的过程中，ClO_4^- 表面负荷呈线性上升，ClO_4^- 通量也大幅提高，由 0.010 4 g/（m^2·d）上升至 0.035 6 g/（m^2·d）。而 ClO_4^- 标准化通量却持续下降，由 0.538 7 m/d 降至 0.109 9 m/d。

试验结果表明，进水流速的变化对 ClO_4^- 还原有较大影响，进水流速的提高，增大了

ClO_4^-的表面负荷，电子受体总量增加，所需电子供体数量随之增加，从而导致 ClO_4^-的还原效果降低。Chung 等利用 H_2-MBfR 去除 AsO_4^{3-}和 SeO_3^{2-}等氧化性物质时发现，污染物表面负荷的提高，使 ClO_4^-标准化通量和去除率呈降低趋势，与本试验结论一致[7,8]。

4.3.2.3 pH 对 ClO_4^-还原降解的影响

在本系列试验中，进水 ClO_4^-浓度、NO_3^--N 浓度、进水流速和氢分压分别为 2 000 μg/L、5 mg/L、2 mL/min 和 0.04 MPa，依次调整 pH 为 6.0、7.0、8.0 和 9.0，观察其对 ClO_4^-还原的影响。结果如图 4.6 所示。

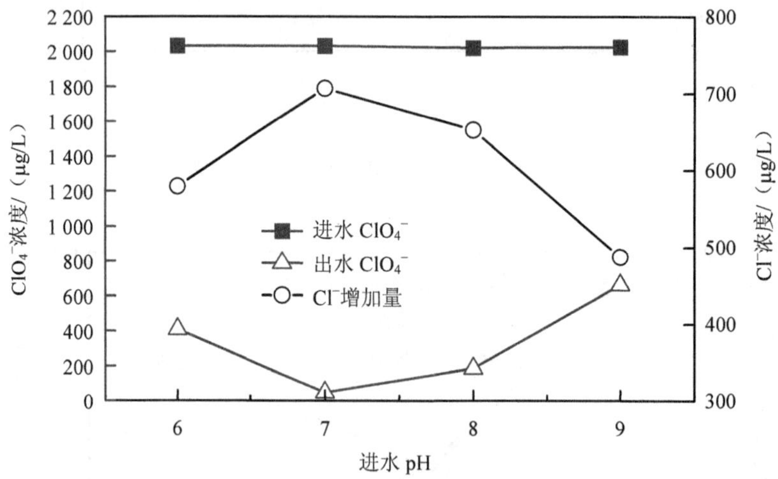

（a）进水 ClO_4^-、出水 ClO_4^-和 Cl^-改变量

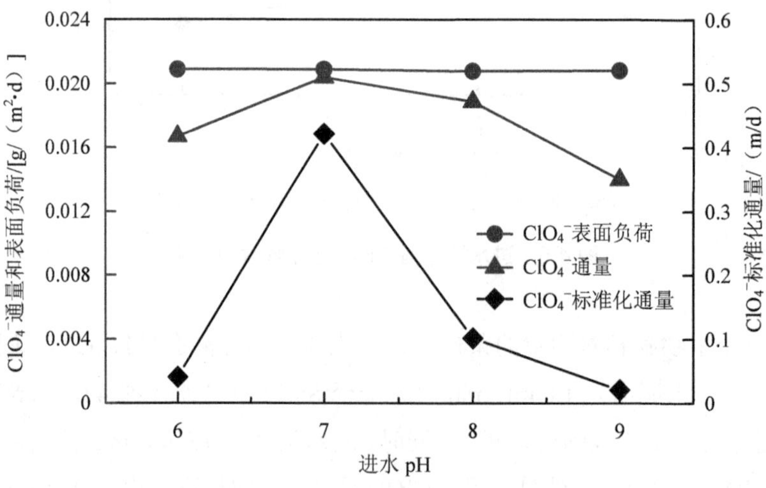

（b）ClO_4^-通量、ClO_4^-表面负荷和 ClO_4^-标准化通量

图 4.6 pH 对 ClO_4^-还原降解的影响

由图 4.6 可知，pH 的变化，对 ClO_4^- 的还原效果影响较大。pH 为 7.0 或 8.0 时，ClO_4^- 的还原效果较好，出水 ClO_4^- 浓度较低，去除率分别为 97.6%和 90.8%。pH 为 6.0 或 9.0 时，去除率分别下降至 79.8%和 67.2%，出水 ClO_4^- 浓度升高。同时，随着 pH 升高，ClO_4^- 通量和标准化通量呈先升高后降低的趋势，这与出水 ClO_4^- 浓度的变化趋势相对应。因此，pH 在 7.0～8.0 时，H_2-MBfR 对 ClO_4^- 的还原效果最好。pH 过高或过低均会抑制微生物的酶活性，导致还原效率降低，因此，应将 pH 维持在 7.0～8.0，尽量避免使 ClO_4^- 还原受到抑制。Van Ginkel 等[9]利用氢自养还原反应器处理 BrO_3^-，并对 pH 的影响进行分析，结果显示，pH 处于 7.0～8.0 较为适宜，与本研究结果一致。

4.3.2.4 NO_3^--N 对 ClO_4^- 还原降解的影响

在本系列试验中，进水 ClO_4^- 浓度、进水流速、pH 和氢分压分别为 2 000 μg/L、2 mL/min、7.0 和 0.04 MPa，调整 NO_3^--N 浓度为 0.5 mg/L、1 mg/L、5 mg/L、10 mg/L、20 mg/L 和 50 mg/L，观察 NO_3^--N 负荷对 ClO_4^- 还原的影响。结果如图 4.7 所示。

当进水 NO_3^--N 浓度为 0.5 mg/L、1 mg/L 和 5 mg/L 时，ClO_4^- 还原较为彻底，去除率分别可达 97.9%、97.5%和 96.9%；当进水 NO_3^--N 浓度提高至 10 mg/L、20 mg/L 和 50 mg/L 时，ClO_4^- 还原效率明显降低，去除率分别降至 89.2%、62.8%和 44.6%，出水 ClO_4^- 浓度显著增加，出水 Cl^- 浓度则持续减少。同时，随着 NO_3^--N 浓度的增加，ClO_4^- 通量和 ClO_4^- 标准化通量均呈下降趋势，ClO_4^- 通量从 0.020 4 g/（m^2·d）降至 0.009 3 g/（m^2·d），ClO_4^- 标准化通量也从 0.485 1 m/d 减少为 0.008 3 m/d。

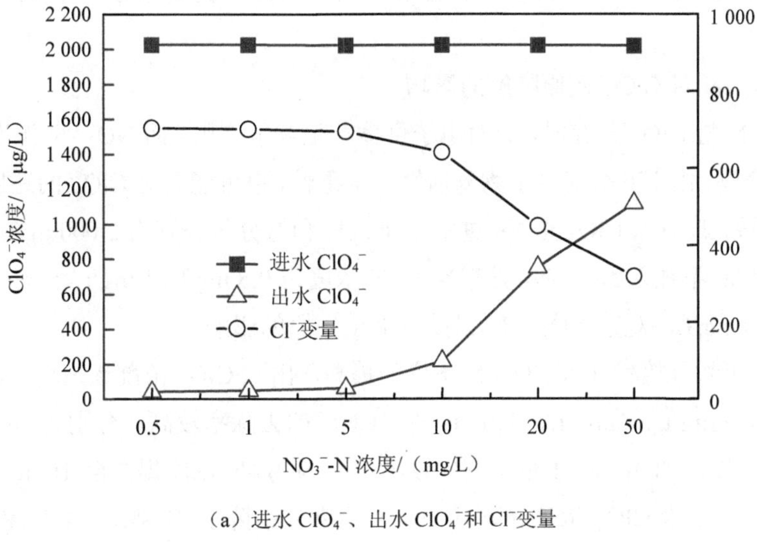

（a）进水 ClO_4^-、出水 ClO_4^- 和 Cl^- 变量

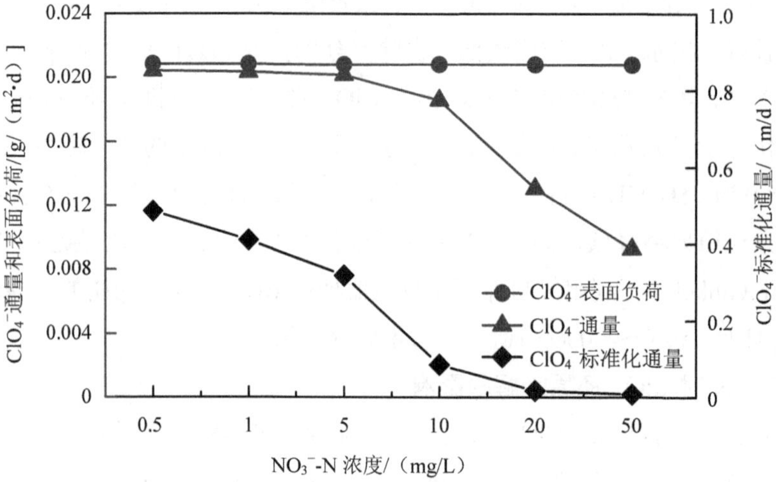

（b）ClO_4^-通量、ClO_4^-表面负荷和 ClO_4^-标准化通量

图 4.7 NO_3^--N 对 ClO_4^-还原降解的影响

试验结果表明，在氢分压一定的情况下，NO_3^--N 的存在会对 ClO_4^-还原产生抑制作用，且随着 NO_3^--N 浓度的增加，其抑制作用显著增强。这主要是由于 NO_3^--N 作为第一电子受体，会优先于 ClO_4^-被氢自养菌还原，其浓度的增加，使消耗的电子供体数量也相应增加，导致 ClO_4^-还原过程中电子供体不足，进而使 ClO_4^-的去除受到抑制。夏四清等[10]利用 H_2-MBfR 处理地下水中的 Cr（Ⅵ），研究发现，NO_3^--N 浓度的增加会对污染物的还原产生抑制作用。因此，当 NO_3^--N 浓度较高时，可适当提高氢分压，以弥补电子供体的不足。

4.3.2.5 NO_2^--N 对 ClO_4^-还原降解的影响

当 NO_3^--N 与 ClO_4^-共存时，会对电子供体产生竞争作用，而 NO_2^--N 作为 NO_3^--N 还原时的中间产物，由于其会对微生物酶活性产生毒性，也可能会对 ClO_4^-的还原产生影响。为此，在本系列试验中，ClO_4^-浓度、进水流速、pH 和氢分压分别为 2 000 μg/L、2 mL/min、7.0 和 0.04 MPa，不加入 NO_3^--N，调整 NO_2^--N 浓度为 0.5 mg/L、1 mg/L、5 mg/L、10 mg/L、20 mg/L 和 50 mg/L，观察 NO_2^--N 负荷对 ClO_4^-还原的影响。

由图 4.8 可知，随着进水 NO_2^--N 浓度的提高，出水 ClO_4^-浓度逐渐增大。当 NO_2^--N 浓度分别为 0.5 mg/L、1 mg/L、5 mg/L 时，ClO_4^-的去除率较高，分别为 98.3%、98.1% 和 97.6%，出水中 ClO_4^-和 Cl^-浓度变化较小；当 NO_2^--N 浓度提高至 10 mg/L、20 mg/L 和 50 mg/L 时，出水 ClO_4^-浓度显著增加，去除率分别降至 91.8%、74.7%和 55.3%。同时，随着 NO_2^--N 浓度的增加，ClO_4^-通量和 ClO_4^-标准化通量均呈下降趋势，分别从

0.020 7 g/（m^2·d）和 0.581 7 m/d 降至 0.016 g/（m^2·d）和 0.012 7 m/d。

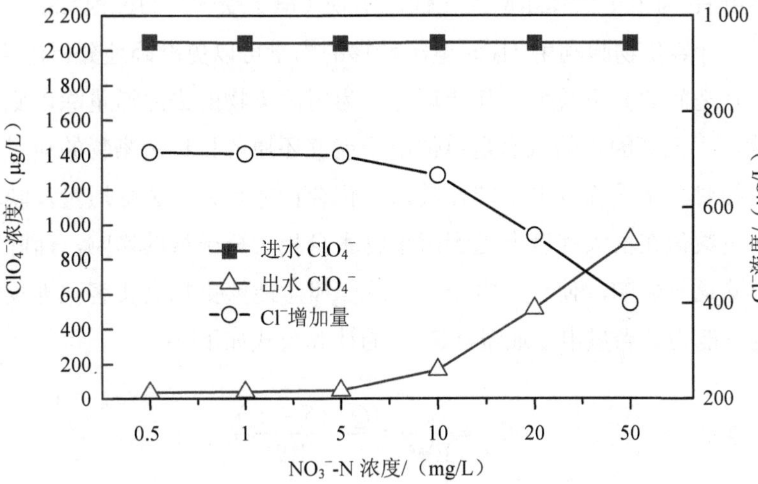

（a）进水 ClO_4^-、出水 ClO_4^-和 Cl^-改变量

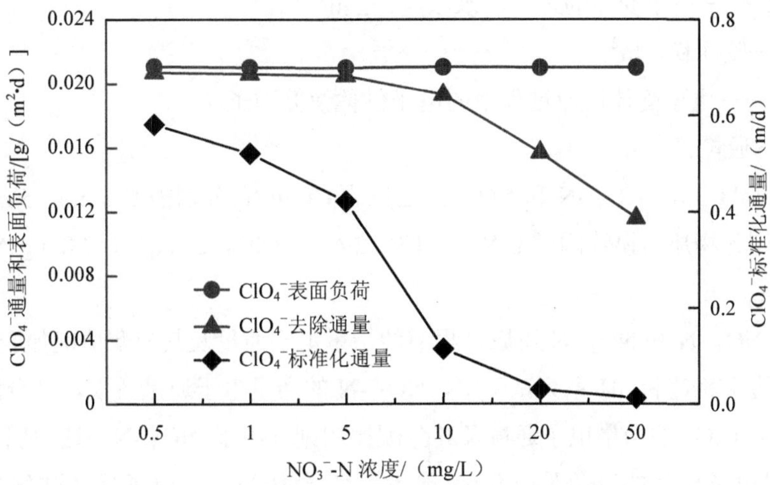

（b）ClO_4^-通量、ClO_4^-表面负荷和 ClO_4^-标准化通量

图 4.8 NO_2^--N 对 ClO_4^-还原降解的影响

结果表明，在氢分压一定的情况下，NO_2^--N 会对 ClO_4^-还原产生抑制作用，且随着 NO_2^--N 浓度的增加，其抑制作用显著增强。同时，与 NO_3^--N 相比，在 TN（总氮）一定的情况下，共存 NO_2^--N 时 ClO_4^-的去除率和标准化通量均有不同程度的升高，这说明 NO_2^--N 对 ClO_4^-还原的抑制作用略弱于 NO_3^--N。

4.3.3 生物膜利用 H_2 通量分析

微生物利用 H_2 为电子供体还原氧化性污染物（电子受体）的过程实质是生物膜中电子转移的过程。计算生物膜利用 H_2 时电子转移的当量可以更准确地分析污染物对 H_2 的利用及它们相互之间的竞争关系，其计算方法为用污染物的去除通量除以底物电子换算因子[12]。底物电子换算因子的概念是单位电子能够还原的目标污染物的质量，其计算方法为污染物的相对分子量除以电子转移数量（化合价之差）。去除通量反映了污染物的直接还原能力，数值在很大程度上受到污染物本身相对分子量的影响，而除以换算因子的目的在于消除这一影响，使当量电子通量这一概念能够更加真实客观地反映出各种污染物的电子竞争能力。当量电子通量（E_{eq}）的计算公式如下[7]：

$$E_{eq}=\frac{J}{\mathrm{EW}_s}=\frac{Q\times(S_i-S_e)}{A\times\mathrm{EW}_s} \tag{4-1}$$

式中，Q —— 进水流量，m^3/d；

S_i、S_e —— 电子受体的进、出水浓度，g/m^3；

A —— 膜面积，m^2；

EW_s —— 电子受体还原过程中的电子供体换算因子；

J —— 通量。

假定 1 mol ClO_4^-、NO_3^--N 和 NO_2^--N 还原为 Cl^-和 N_2 分别需要 8 mol、5 mol 和 3 mol 电子供体，则各物质的换算因子 EW_s 分别为 12.4（g ClO_4^-/e^- eq）、2.8（g N/e^- eq）和 4.7（g N/e^- eq）。

ClO_4^-、NO_3^--N 和 NO_2^--N 还原过程中的当量电子通量及其分配情况如表 4.4 所示。在氢分压、进水流速和 pH 系列试验中，NO_3^--N 的当量电子通量较大，其分配比例均在 92%以上，而 ClO_4^-的当量电子通量及其分配比例则远小于 NO_3^--N。这说明在还原过程中，ClO_4^-对电子供体的竞争处于劣势，NO_3^--N 会作为第一电子受体被优先还原。在 NO_3^--N 和 NO_2^--N 系列试验中，随着 NO_3^--N 和 NO_2^--N 浓度的增加，两者的当量电子通量大幅提高，其分配比例分别由 52.94%和 39.29%上升至 99.78%和 99.18%，而 ClO_4^-的当量电子通量及其分配比例则持续降低，这说明 NO_3^--N 和 NO_2^--N 对电子供体的竞争作用均强于 ClO_4^-。在氢分压一定时，两者浓度的升高会导致电子供体短缺，对 ClO_4^-的还原有抑制作用。同时，在 TN 一定的情况下，NO_3^--N 的当量电子通量及其分配比例均高于 NO_2^--N，表明 NO_3^--N 对 ClO_4^-还原的竞争抑制作用强于 NO_2^--N。

表 4.4 电子受体的当量电子通量及其分配

变量		当量电子通量/[eq/(m²·d)]			通量总和/[eq/(m²·d)]	通量分配/%		
		ClO_4^-	NO_3^--N	NO_2^--N		ClO_4^-	NO_3^--N	NO_2^--N
氢分压/MPa	0.02	0.001 5	0.018 4	0	0.019 9	7.54	92.46	0
	0.03	0.001 5	0.018 4	0	0.019 9	7.54	92.46	0
	0.04	0.001 6	0.018 4	0	0.020 0	8.00	92.00	0
	0.05	0.001 6	0.018 4	0	0.020 0	8.00	92.00	0
进水流速/(mL/min)	1	0.000 8	0.009 2	0	0.010 0	8.00	92.00	0
	2	0.001 6	0.018 4	0	0.020 0	8.00	92.00	0
	3	0.002 3	0.027 6	0	0.029 9	7.70	92.30	0
	4	0.002 9	0.036 7	0	0.039 6	7.32	92.68	0
pH	6	0.001 3	0.018 4	0	0.019 7	6.60	93.40	0
	7	0.001 6	0.018 4	0	0.020 0	8.00	92.00	0
	8	0.001 5	0.018 4	0	0.019 9	7.54	92.46	0
	9	0.001 1	0.018 4	0	0.019 5	5.64	94.36	0
NO_3^--N/(mg/L)	0.5	0.001 6	0.001 8	0	0.003 4	47.06	52.94	0
	1	0.001 6	0.003 7	0	0.005 3	30.19	69.81	0
	5	0.001 6	0.018 4	0	0.020 0	8.00	92.00	0
	10	0.001 5	0.036 7	0	0.038 2	3.93	96.07	0
	20	0.001 1	0.073 5	0	0.074 6	1.47	98.53	0
	50	0.000 7	0.183 7	0	0.183 9	0.38	99.62	0
NO_2^--N/(mg/L)	0.5	0.001 7	0	0.001 1	0.002 7	60.71	0	39.29
	1	0.001 7	0	0.002 2	0.003 8	43.59	0	56.41
	5	0.001 6	0	0.010 9	0.012 4	12.80	0	87.20
	10	0.001 5	0	0.021 9	0.023 3	6.41	0	93.59
	20	0.001 3	0	0.043 8	0.044 7	2.88	0	97.12
	50	0.000 9	0	0.109 4	0.109 5	0.82	0	99.18

综上所述，在同一反应体系中，ClO_4^-对电子供体的竞争不占优势，以 NO_3^--N 或 NO_2^--N 为氮源，均会对电子供体产生激烈竞争，进而对 ClO_4^-还原产生抑制，且 NO_3^--N 的抑制作用强于 NO_2^--N。

4.3.4 生物膜内物质的还原动力学

由于 ClO_4^-的进水表面负荷和氢分压会对反应器去除 ClO_4^-的性能产生直接影响，基于生物膜内的反应动力学，进一步观察其对反应器性能的影响程度。还原动力学级数（k'）

可由各物质的去除通量和出水浓度的对数图拟合后得出，计算公式如下[11]：

$$k' = \frac{\mathrm{d}(\lg J)}{\mathrm{d}(\lg S_e)} \tag{4-2}$$

式中，J—— 生物膜内物质的去除通量，g/（m^2·d）；

S_e—— 各物质的出水浓度，μg/L。

研究表明，自养反硝化的 Monod 饱和常数（K_S）很低，故可将生物膜的生化反应视为零级反应；当生物膜较厚时，底物扩散会受到一定限制，此时的反应动力学类似于半级反应[11]。在不同进水表面负荷条件下，ClO_4^-的还原动力学级数如图 4.9 所示。从图中可以看出，ClO_4^-的还原动力学级数为 0.430 6，说明在进水表面负荷改变时，生物膜内的还原反应接近于半级反应。Chung 等[7,13]利用 H_2-MBfR 处理 SeO_3^{2-}和 CrO_4^{2-}时，对生物膜内的反应动力学级数进行了分析，结果显示，两者分别为 0.41 和 0.49，与本研究结果一致。反应级数小于 1，表明增加进水表面负荷，并不能使 ClO_4^-通量线性增大，由此导致了 ClO_4^-去除率降低，符合图 4.5 的变化趋势。生物膜对扩散的限制，阻碍了 ClO_4^-的还原，为此可适当降低进水负荷，从而使去除率进一步提高。

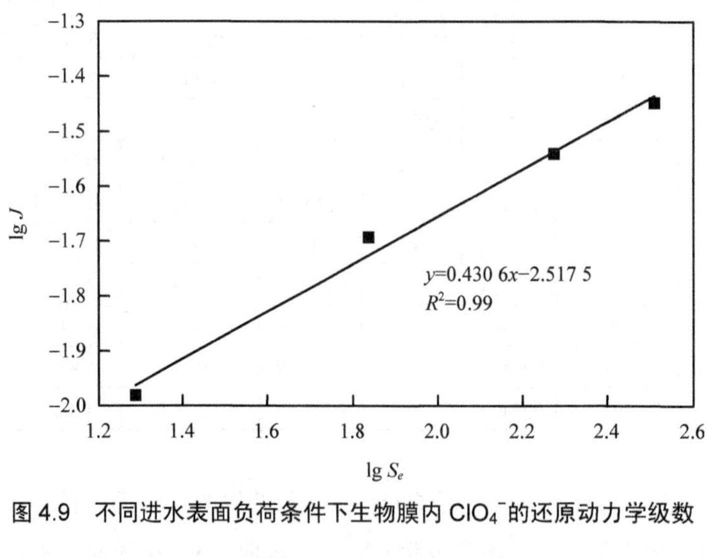

图 4.9 不同进水表面负荷条件下生物膜内 ClO_4^-的还原动力学级数

在不同氢分压条件下，ClO_4^-的还原动力学级数如图 4.10 所示。由图可知，ClO_4^-的还原动力学级数为−0.053 9，表明在此条件下，H_2 利用的限制相对较小，增大氢分压对 ClO_4^-通量的影响不明显，因而去除率的上升幅度较小。Chung 等[7]利用 H_2-MBfR 处理 SeO_3^{2-}时发现，其反应级数也为−0.053 9，在提高氢分压的过程中，生物膜有效厚度随之增加，导致 SeO_3^{2-}通量增大，但总体变化幅度较小，去除率的上升幅度不大。同时，Chung

等[8]在研究 AsO_4^{3-}还原时也得到了类似结果。

NO_3^--N 和 NO_2^--N 对 ClO_4^-还原的影响还可通过还原动力学级数进行分析，结果如图 4.11 和图 4.12 所示。由图可知，在 NO_3^--N 和 NO_2^--N 浓度变化时，ClO_4^-的还原动力学级数分别为−0.209 9 和−0.151 7，说明在 NO_3^--N 浓度变化时，ClO_4^-对 H_2 的竞争性较弱，ClO_4^-通量和去除率均相对较低。这些结果也说明了 NO_3^--N 对 ClO_4^-还原的抑制作用强于 NO_2^--N，与前面得到的结果类似。

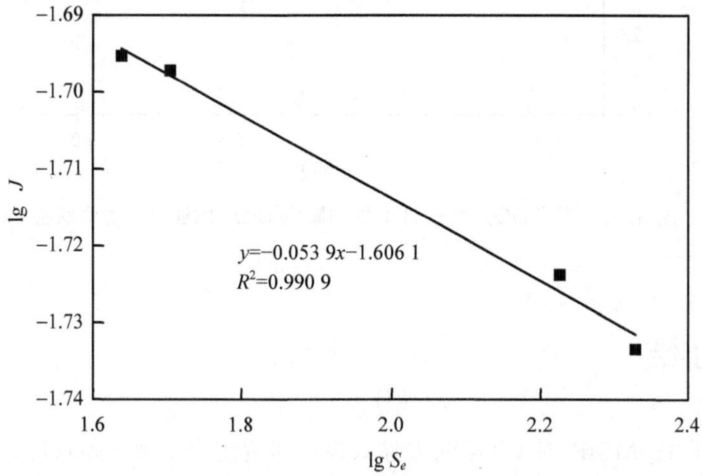

图 4.10　不同氢分压条件下生物膜内 ClO_4^-的还原动力学级数

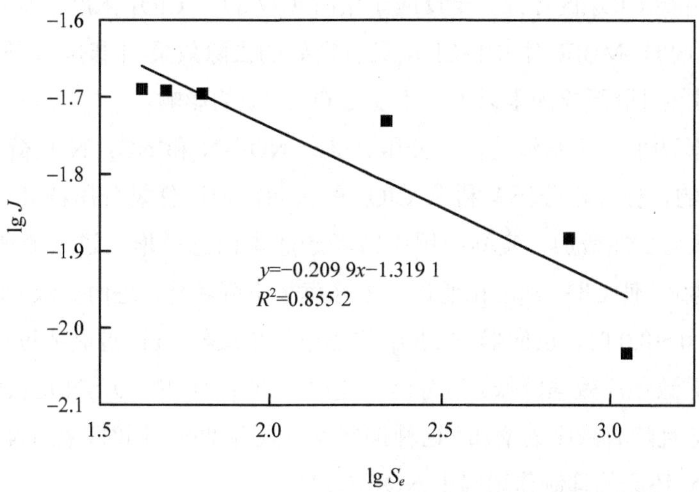

图 4.11　不同 NO_3^--N 条件下生物膜内 ClO_4^-的还原动力学级数

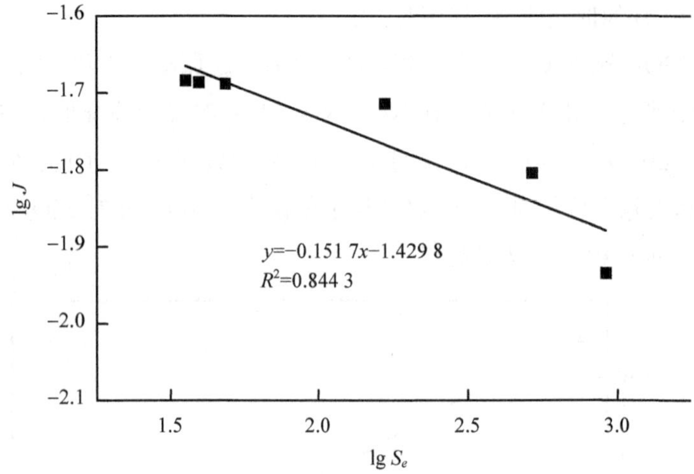

图 4.12　不同 NO_2^--N 条件下生物膜内 ClO_4^-的还原动力学级数

4.4　本章小结

本章研究了 H_2-MBfR 对 ClO_4^-的去除效果，研究内容主要包括反应器的启动驯化、影响因素、处理性能以及还原动力学等，得出结论如下：

①反应器启动后，连续运行 40 d，膜表面附着有大量的黄褐色生物固体时即认为挂膜完成。随后开始 ClO_4^-的还原，至反应结束时（77 d），ClO_4^-浓度已基本为零，去除率接近 100%，说明 H_2-MBfR 对水中 ClO_4^-具有良好的去除效果。同时，在整个反应过程中，NO_3^--N 浓度最终可降至检测限以下，不受 ClO_4^-还原的影响。

②系列试验表明，进水流速、氢分压、pH、NO_3^--N 和 NO_2^--N 负荷对 ClO_4^-还原有较为显著的影响。提高氢分压有利于 ClO_4^-的去除，但即使氢分压持续增大，也不能使 ClO_4^-的去除率呈线性增加，实际应用中需考虑成本问题。增大进水流速，可大幅提高 ClO_4^-的表面负荷，使 ClO_4^-标准化通量和去除率呈下降趋势，进而导致 ClO_4^-的还原效率降低。pH 在 7.0～8.0 时，反应器对 ClO_4^-的还原效果最好，pH 过高或过低均会抑制微生物的酶活性，导致还原效率降低。氢分压一定时，NO_3^--N 和 NO_2^--N 均会对 ClO_4^-的还原产生抑制作用，且随着浓度的增加，这种抑制作用显著增强。同时，在 TN 一定的情况下，NO_3^--N 对 ClO_4^-还原的抑制作用强于 NO_2^--N。

③电子通量分析表明，反硝化过程消耗的电子供体数量最多，ClO_4^-的当量电子通量及其分配比例远小于 NO_3^--N 和 NO_2^--N，表明在还原过程中，ClO_4^-在电子供体的竞争中不占优势，NO_3^--N 或 NO_2^--N 会优先于 ClO_4^-被还原。氢分压一定时，两者浓度的升高均

会导致电子供体短缺，对 ClO_4^- 的还原产生抑制作用。同时，在 TN 一定的情况下，NO_3^--N 的当量电子通量及其分配比例均高于 NO_2^--N，也证明了 NO_3^--N 对 ClO_4^- 还原的抑制作用强于 NO_2^--N。

参考文献

[1] Xia S Q，Li H X，Zhang Z Q，et al. Bioreduction of para-chloronitrobenzene in drinking water using a continuous stirred hydrogen-based hollow fiber membrane biofilm reactor[J]. Journal of Hazardous Materials，2011，192（2）：593-598.

[2] Li H X，Zhang Z Q，Xu X Y，et al. Bioreduction of para-chloronitrobenzene in a hydrogen-based hollow-fiber membrane biofilm reactor：Effects of nitrate and sulfate[J]. Biodegradation，2014，25（2）：205-215.

[3] Nerenberg R，Rittmann B E. Hydrogen-based hollow fiber membrane biofilm reactor forreduction of perchlorate and other oxidized contaminants[J]. Water Science and Technology，2004，49（11-12）：223-230.

[4] Ju D H，Shin J H，Lee H K，et al. Effects of pH conditions on the biological conversion of carbondioxide to methane in a hollow-fiber membrane biofilm reactor[J]. Desalination，2008，234：409-415.

[5] Tan K，Anderson T A，Jackson W A. Degradation kinetics of perchlorate in sediments and soils[J]. Water Air and Soil Pollution，2004，151（1）：245-259.

[6] Herman D C，Frankenberger W T. Microbial-mediated reduction of perchlorate in groundwater[J]. Journal of Environmental Quality，1998，27（4）：750-754.

[7] Chung J，Nerenberg R，Rittmann B E. Bioreduction of selenate using a hydrogen-based membrane biofilm reactor[J]. Environmental Science & Technology，2006，40（5）：1664-1671.

[8] Chung J，Li X H，Rittmann B E. Bio-reduction of arsenate using a hydrogen-based membrane biofilm reactor[J]. Chemosphere，2006，65（1）：24-34.

[9] van Ginkel C G，Middelhuis B J，Spijk F，et al. Cometabolic reduction of bromate by amixed culture of microorganisms using hydrogen gas in a gas-lift reactor[J]. Journal of Industrial Microbiology & Biotechnology，2005，32（1）：1-6.

[10] 夏四清，杨昕，钟佛华，等. 利用氢基质生物膜反应器去除地下水中的 Cr（Ⅵ）[J]. 同济大学学报（自然科学版），2010，38（9）：1303-1308.

[11] Rittmann B E，Mccarty P L. Envrionmental biotechnology：Principles and applications[M]. New York：McGraw-Hill Companies，2001.

[12] Chung J，Rittmann B E. Bio-reductive dichlorination of 1,1,1-trichoroethane and chloroform using a hydrogen-based membrane biofilm reactor [J]. Biotechnology and Bioengineering，2007，97（1）：52-60.

[13] Chung J，Nerenberg R，Rittmann B E. Bio-reduction of soluble chromate using a hydrogen-based membrane biofilm reactor[J]. Water Research，2006，40（8）：1634-1642.

第 5 章

氢基质生物膜反应器同步还原去除 BrO_3^-和 ClO_4^-研究

5.1 研究内容

（1）构建 H_2-MBfR 反应器，建立最佳稳定运行条件，研究 H_2-MBfR 对 BrO_3^-和 ClO_4^-同步降解的效果以及影响因素分析。向反应器中加入从摇瓶中培养好的氢自养菌，在一定的氢分压下，以含有 BrO_3^-和 ClO_4^-的培养基进行培养驯化氢自养反硝化微生物，并让其在 HFM 的外表面富集生长。生物膜成熟以后，添加 BrO_3^-和 ClO_4^-，观察其去除效果。观察氢分压、pH、进水流速、回流比、NO_3^--N 以及 NO_2^--N 等工况对 H_2-MBfR 同步降解 BrO_3^-和 ClO_4^-的影响。

（2）通过分子生物学技术解析微生物群落结构特征，剖析 NO_3^-影响下微生物种群演替规律与污染物去除之间的关系。利用高通量测序技术对生物膜微生物群落结构进行解析，分析优势微生物种群及数量变化。利用克隆文库、FISH、激光扫描共聚焦显微镜等手段，结合目标还原菌种的关键酶基因表达活性研究，进一步观察 NO_3^-影响下生物膜微生物群落结构的动态变化，解析氢基质自养还原菌在反应器中的存在状态。

5.2 材料与方法

5.2.1 H_2-MBfR

如图 5.1 和图 5.2 所示，H_2-MBfR 的主体包括有机玻璃筒体、进水、回流装置以及供氢系统。筒体内部含有一束对弯呈“U”形的HFM，膜丝数量为60根，将其底端固定在筒体的底端，作为微生物附着的载体。在一定氢气压力下向膜内通入H_2，并以无泡的形式从膜内扩散至膜外，被附着在膜外表面的微生物作为电子供体利用。模拟地下水在蠕动泵的作用下从反应器底端泵入并在膜的外部自下向上流动，并由反应器顶端的出水口流出，在该过程中，膜表面的微生物接触模拟水中的氧化性污染物，将其作为电子受体还原降解，产生无毒或者低毒的产物，达到净化水体的目的。反应器的回流装置是为了使反应器中水体混合均匀。氢分压以及进水流速根据试验驯化要求和工况条件进行调节。反应器各特征参数详见表5.1。

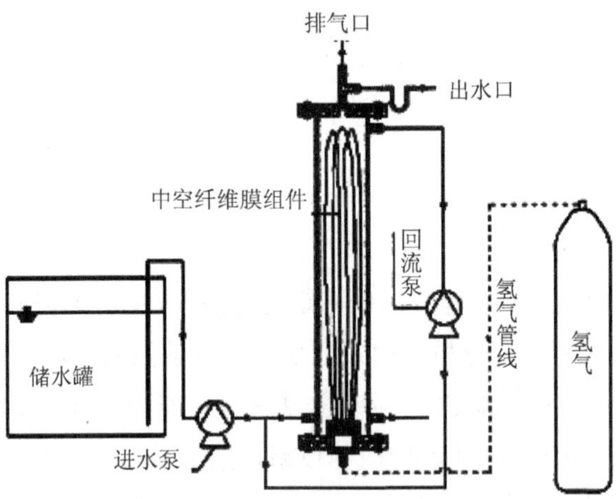

图5.1 H_2-MBfR结构示意图

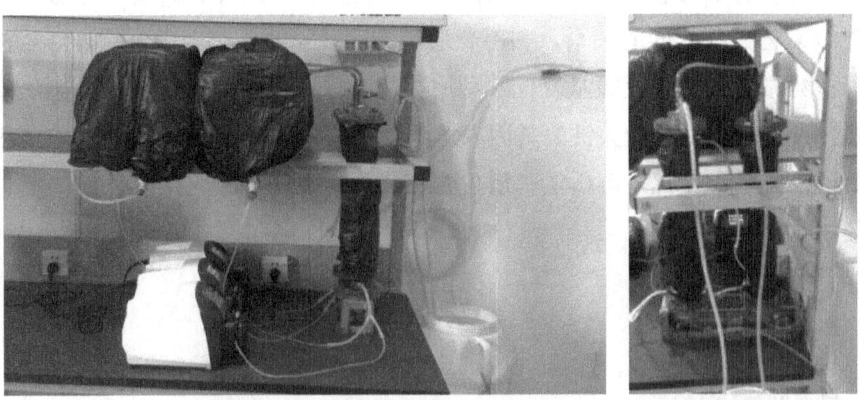

图5.2 H_2-MBfR装置图

表 5.1 H_2-MBfR 特征参数

参数	数值
反应器高度/cm	64
反应器内径/mm	6
HFM 数量/根	60
HFM 长度/cm	100
膜内径/mm	1
膜外径/mm	1.5
膜微孔孔径/μm	0.02
膜表面积/m^2	0.28
反应器有效容积/L	1.8

5.2.2 试验用水

本试验进水采用模拟地下水，利用自来水作为配水水源、80 mg/L 的 $NaHCO_3$ 作为无机碳源、30 mg/L 的 $NaNO_3$ 作为氮源，利用 216 mg/L 的 $Na_2HPO_4·12H_2O$ 和 236 mg/L 的 KH_2PO_4 作为缓冲溶液调节进水 pH，自来水中含有微量元素以满足微生物的代谢生长。氢自养反硝化菌驯化完成以后，向进水中添加目标污染物以模拟污染水体。模拟水体储存在 25 L 的白色水桶中，外面套上一层黑色塑料袋遮光。试验开始前向模拟水体中通入氮气以排出水中的溶解氧。

5.2.3 反应器启动与驯化

将取自桂林市区七里店污水处理厂的厌氧池污泥接种至 H_2-MBfR 中。试验之前，先取通过摇瓶试验（摇瓶试验主要目的是进行氢自养反硝化菌的驯化培养、探究其对目标污染物去除的可行性以及影响因素的研究）驯化过的菌液 50 mL 接种至反应器中，并向反应器中通入模拟水，开始挂膜。挂膜初期，模拟进水中不添加目标污染物，NO_3^--N 含量为 10 mg/L，调整氢分压为 0.04 MPa、进水流速为 0.5 mL/min，以培养生物膜。反应器运行一段时间以后，出水中的 NO_3^-浓度达到稳定，此时将进水流速提高至 2.0 mL/min。当出水中的 NO_3^-被完全去除，并且 HFM 外表面附着有大量的黄褐色生物固体时，则可认为挂膜完成。

挂膜完成后，向进水中添加 1 mg/L 的 BrO_3^-和 1.1 mg/L 的 ClO_4^-，直到出水中 BrO_3^-和 ClO_4^-的浓度达到稳定，认为驯化阶段完成。

5.2.4 BrO_3^-和 ClO_4^-降解系列试验

有研究表明[1,2]，利用 H_2-MBfR 降解水体中的氧化性污染物时，氢分压、进水流速、回流比以及 pH 等因素均会对降解效果产生一定的影响，需要将其作为控制因素予以考虑。NO_3^-作为水体中常规的氧化性污染物，地下水中含量较高，与 BrO_3^-和 ClO_4^-共存时，会竞争电子供体，对 BrO_3^-和 ClO_4^-的还原降解效果产生影响[3-5]。NO_2^-作为 NO_3^-还原时的中间产物，会对微生物的酶活性产生毒性作用，也会影响 BrO_3^-和 ClO_4^-的去除效果。因此，BrO_3^-和 ClO_4^-降解系列试验考虑氢分压、进水流速、pH、NO_3^--N、NO_2^--N 以及回流比等 6 个系列对 BrO_3^-和 ClO_4^-去除的影响。在进行每项试验前，均应将反应器调节到稳定的状态，即氢分压为 0.04 MPa，NO_3^--N 浓度为 5 mg/L，pH 为 7.0。

H_2-MBfR 的水力停留时间是 15 h，因此每个工况条件运行 48 h（多于 3 倍水力停留时间），而系列 2 工况条件下，改变进水流速，反应器的水力停留时间改变，同样使该系列每个工况条件运行时间多于 3 倍水力停留时间，以保证试验的准确性。此时溶液浓度达到稳定，但是生物膜累积以及生物量并没有明显变化[6]。因此，每个系列完成后，在下个系列开始之前，系统均需调节到稳定状态。

表 5.2 BrO_3^-和 ClO_4^-降解系列试验工况

工况	变量	氢分压/MPa	进水流速/（mL/min）	pH	NO_3^--N 浓度/（mg/L）	NO_2^--N 浓度/（mg/L）	回流速度/（mL/min）
系列 1	氢分压	0.02	2.0	7.0	5	—	20
		0.04					
		0.06					
		0.08					
系列 2	进水流速	0.04	1.0	7.0	5	—	20
			2.0				
			3.0				
			4.0				
系列 3	pH	0.04	2.0	6.0	5	—	20
				7.0			
				8.0			
				9.0			
系列 4	NO_3^--N 负荷	0.04	2.0	7.0	0.1	—	20
					0.5		
					1		

<table>
<tr><th>工况</th><th>变量</th><th>氢分压/MPa</th><th>进水流速/（mL/min）</th><th>pH</th><th>NO_3^--N 浓度/（mg/L）</th><th>NO_2^--N 浓度/(mg/L)</th><th>回流速度/（mL/min）</th></tr>
<tr><td rowspan="4">系列 4</td><td rowspan="4">NO_3^--N 负荷</td><td rowspan="4">0.04</td><td rowspan="4">2.0</td><td rowspan="4">7.0</td><td>2.5</td><td rowspan="4">—</td><td rowspan="4">20</td></tr>
<tr><td>5</td></tr>
<tr><td>7.5</td></tr>
<tr><td>10</td></tr>
<tr><td rowspan="5">系列 5</td><td rowspan="5">NO_2^--N 负荷</td><td rowspan="5">0.04</td><td rowspan="5">2.0</td><td rowspan="5">7.0</td><td rowspan="5">—</td><td>0.5</td><td rowspan="5">20</td></tr>
<tr><td>1</td></tr>
<tr><td>5</td></tr>
<tr><td>10</td></tr>
<tr><td>20</td></tr>
<tr><td rowspan="5">系列 6</td><td rowspan="5">回流比</td><td rowspan="5">0.04</td><td rowspan="5">2.0</td><td rowspan="5">7.0</td><td rowspan="5">5</td><td rowspan="5">—</td><td>2.5（5）</td></tr>
<tr><td>5（10）</td></tr>
<tr><td>7.5（15）</td></tr>
<tr><td>10（20）</td></tr>
<tr><td>15（30）</td></tr>
</table>

注：系列 6 中最后一列，括号内数据为回流速度，括号外数据为回流比。

5.2.5 分子生物学试验

当反应器运行到一个稳定状态之后，取出膜表面的生物膜样品进行分子生物学上的分析，观察不同工况条件下微生物群落结构的动态变化，继而从微生物角度观察反应器还原 BrO_3^- 和 ClO_4^- 的机理及影响因素。试验过程中共有 4 次取样，第 1 个样品为反应器接种污泥样品（经过摇瓶富集驯化的混合细菌）；后 3 个样品均为膜表面生长的生物膜样品，取样时间为 BrO_3^- 和 ClO_4^- 还原过程中达到稳定的阶段。

5.3 试验结果

5.3.1 H_2-MBfR 启动驯化

H_2-MBfR 启动驯化阶段反应器出水中 NO_3^-、NO_2^-、BrO_3^-、Br^-、ClO_4^-、Cl^- 等离子的浓度变化如图 5.3 和图 5.4 所示。

反应器启动与初期运行之间进入挂膜阶段，使膜表面富集生物。挂膜阶段详见图 5.3（a），初始阶段，调节进水流速为 0.5 mL/min，此时进水中未添加目标污染物。挂膜开始 1 d，NO_3^- 浓度从 22 mg/L 迅速降至 4.73 mg/L，随后保持持续稳定的降低，至第 10 天，

NO_3^-的浓度降至 0.72 mg/L，并基本保持稳定。此时调节进水流速为 2 mL/min，直至 NO_3^-被完全降解。同时，NO_2^-的浓度随着 NO_3^-的还原出现短暂的上升，反应进行至第 3 天时，NO_2^-的浓度达到最大，为 2.06 mg/L，随后迅速降低，随着反应的进行，反应器出水中 NO_3^-和 NO_2^-的浓度均低于仪器的检出限，此时膜表面基本形成大量黄褐色的生物膜，挂膜阶段完成。

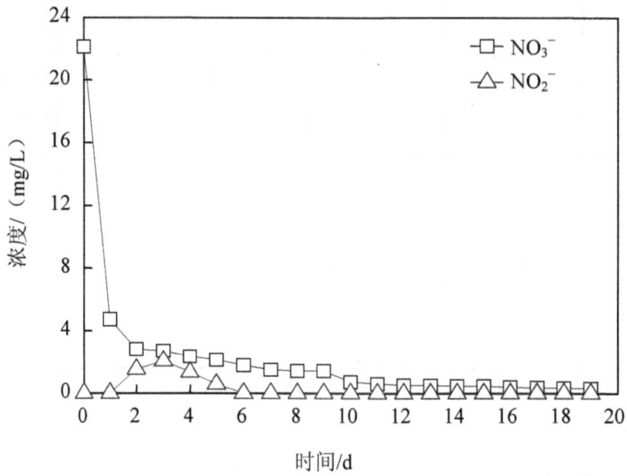

（a）H_2-MBfR 启动驯化阶段反应器出水中 NO_3^-、NO_2^-的浓度变化

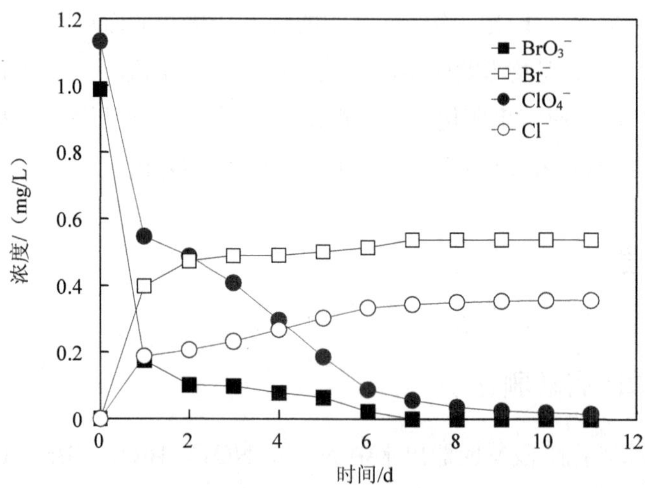

（b）H_2-MBfR 启动驯化阶段反应器出水中 BrO_3^-、Br^-、ClO_4^-和 Cl^-的浓度变化

图 5.3　H_2-MBfR 启动驯化阶段反应器出水中 NO_3^-、NO_2^-、BrO_3^-、Br^-、ClO_4^-和 Cl^-的浓度变化

反应器连续运行 19 d 后，运行逐渐稳定，此时向反应器中添加目标污染物，开始 H_2-MBfR 同步还原降解 BrO_3^-和 ClO_4^-的运行阶段，详见图 5.3（b）。反应开始时，向进水中添加 1 mg/L 的 BrO_3^-和 1.1 mg/L 的 ClO_4^-，反应运行 1 d 后，BrO_3^-和 ClO_4^-均有明显的降解，其出水浓度分别降至 0.17 mg/L 和 0.55 mg/L；随着反应的进行，两者的出水浓度均持续稳定地降低，反应至第 7 天，BrO_3^-的含量低于仪器检出限，去除率几乎可以达到 100%，平均去除速率达到 0.16 mg/（L·d），而 ClO_4^-在反应进行至 11 d 时，出水浓度降至 0.015 mg/L，平均去除速率达到 0.1 mg/（L·d），去除率达到 98%。同时，随着 BrO_3^-和 ClO_4^-的还原降解，出水中 Br^-和 Cl^-的含量增加，并且其含量的增加与 BrO_3^-和 ClO_4^-含量的降低均符合完全反应化学计量学，因此认为该反应阶段的最终产物为无毒的 Br^-和 Cl^-，并没有中间产物的累积。反应器运行至 11 d 时，仍未检测到 NO_3^-和 NO_2^-，此时驯化阶段完成。以上试验结果表明，H_2-MBfR 同步去除 BrO_3^-和 ClO_4^-可以达到良好的去除效果。

5.3.2 BrO_3^-和 ClO_4^-还原去除的影响因素

5.3.2.1 氢分压对 BrO_3^-和 ClO_4^-降解的影响

根据表 5.2 固定进水流速、pH、NO_3^--N、NO_2^--N 以及回流速度等影响因子，调节氢分压为 0.02 MPa、0.04 MPa、0.06 MPa 和 0.08 MPa，观察其对 H_2-MBfR 同步还原降解 BrO_3^-和 ClO_4^-的影响，结果如图 5.4 所示。由图 5.4（a）中可知，氢分压由 0.02 MPa 升高至 0.08 MPa，BrO_3^-和 ClO_4^-的去除率均逐渐增大，分别由 85.42%、79.49%升高至 97.95%和 96.66%；出水 BrO_3^-的浓度由 0.14 mg/L 降至 0.02 mg/L，ClO_4^-的浓度由 0.23 mg/L 降至 0.04 mg/L。这说明提高氢分压增大了 H_2 的可利用率，H_2 作为电子供体的限制降低，从而对 BrO_3^-和 ClO_4^-的还原降解具有明显的促进作用。

随着氢分压由 0.02 MPa 升高至 0.08 MPa，BrO_3^-的去除通量由 0.008 6 g/（m^2·d）升高至 0.009 8 g/（m^2·d）（增大 0.1 倍），标准化通量由 0.060 3 m/d 升高至 0.490 4 m/d（增大 7 倍）；同时，ClO_4^-的去除通量由 0.009 3 g/（m^2·d）升高至 0.011 3 g/（m^2·d）（增大 0.2 倍），标准化通量由 0.039 9 m/d 升高至 0.297 7 m/d（增大 6 倍）。虽然 BrO_3^-和 ClO_4^-的去除通量和标准化通量均呈现上升趋势，但标准化通量上升的幅度明显高于去除通量上升的幅度［图 5.4（b）和（c）］。这表明，氢分压的增大相对增加了生物膜的活性层厚度，导致 BrO_3^-和 ClO_4^-出水浓度降低的幅度高于去除通量增加的幅度，因此 BrO_3^-和 ClO_4^-去除率明显升高，但其并未呈线性升高，因此，本着节约成本的原则，试验中将氢分压调节为 0.04 MPa 较合适。

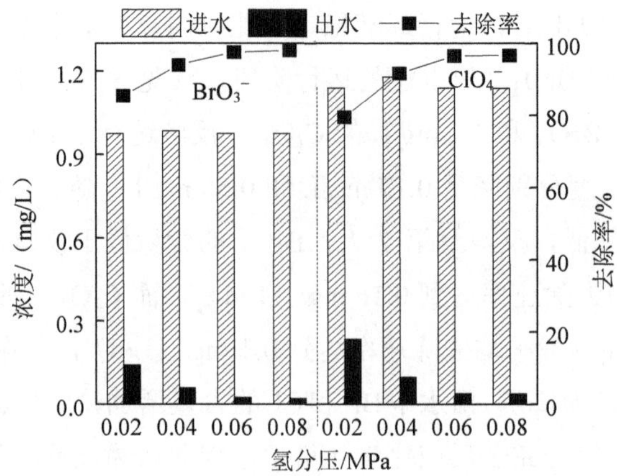

（a）BrO_3^-和ClO_4^-进、出水浓度和去除率

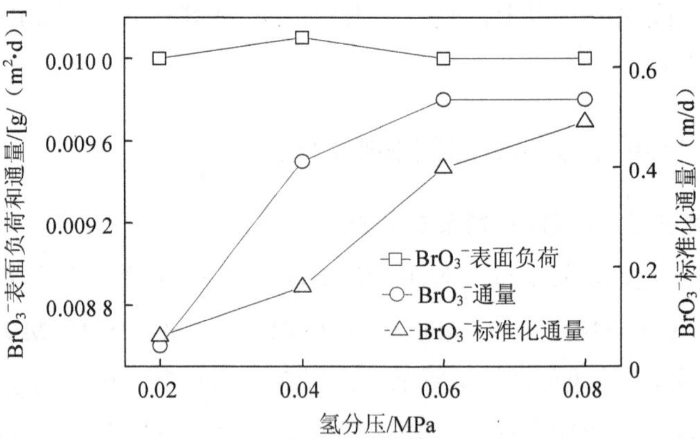

（b）BrO_3^-通量、表面负荷和标准化通量

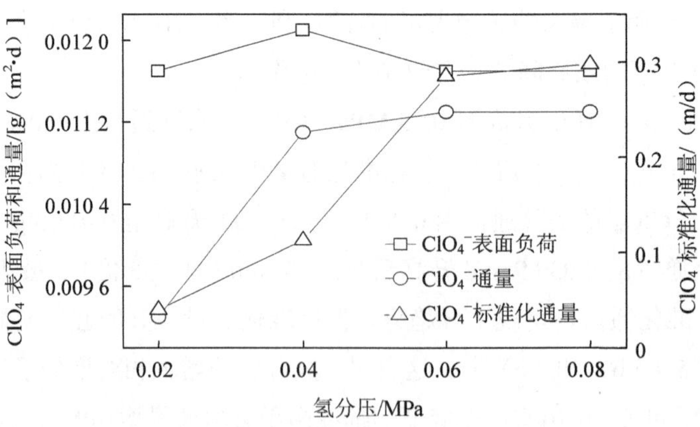

（c）ClO_4^-通量、表面负荷和标准化通量

图 5.4 氢分压对 BrO_3^-和 ClO_4^-降解的影响

5.3.2.2 进水流速对 BrO_3^-和 ClO_4^-降解的影响

如图 5.5 所示，固定其他影响因子（表 5.2），调节进水流速分别为 1 mL/min、2 mL/min、3 mL/min、4 mL/min 时，考察进水流速对 H_2-MBfR 还原降解 BrO_3^-和 ClO_4^-的影响。在氢分压和生物膜稳定的条件下，进水流速由 1 mL/min 提高至 4 mL/min 时，BrO_3^-和 ClO_4^-的去除率均持续降低，分别由 98.44%降至 69.72%（降低了 28.72%）和由 98.1%降至 71.15%（降低了 26.95%），BrO_3^-的出水浓度由 0.02 mg/L 升高至 0.29 mg/L。同时，ClO_4^-的出水浓度由 0.02 mg/L 升高至 0.33 mg/L［图 5.4（a）］。结果表明，增大进水流速对 H_2-MBfR 同步还原降解 BrO_3^-和 ClO_4^-产生明显的抑制作用。

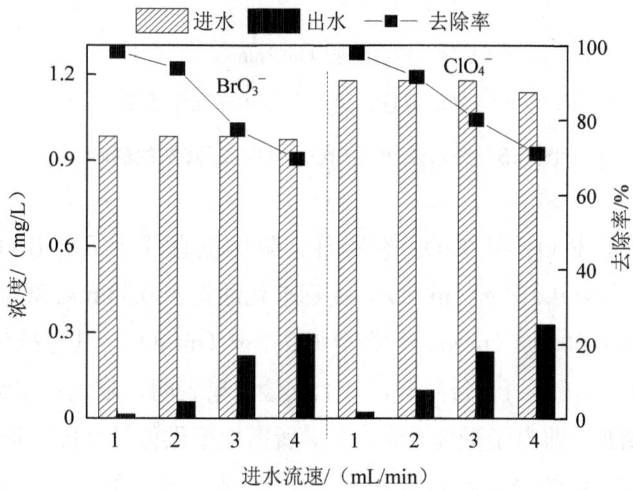

（a）BrO_3^-和 ClO_4^-进、出水浓度和去除率

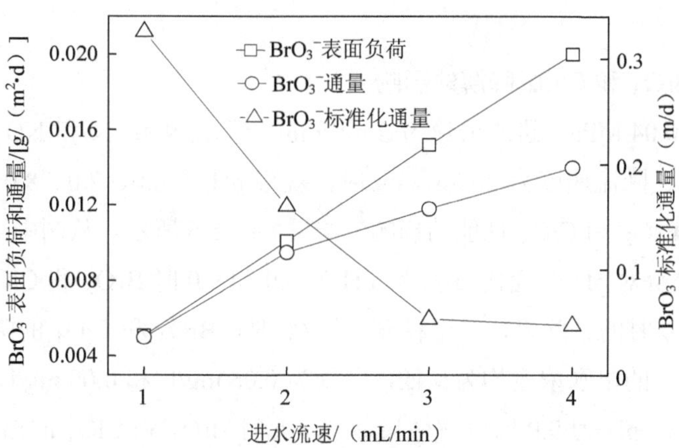

（b）BrO_3^-通量、表面负荷和标准化通量

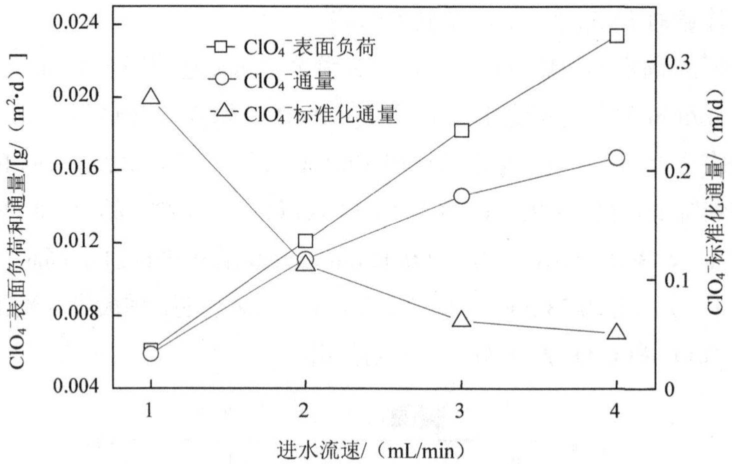

（c）ClO_4^-通量、表面负荷和标准化通量

图 5.5 进水流速对 BrO_3^-和 ClO_4^-降解的影响

增大进水流速，BrO_3^-和 ClO_4^-的表面负荷均呈直线上升，BrO_3^-的去除通量由 0.005 g/（m^2·d）升高至 0.014 g/（m^2·d），而标准化通量由 0.33 m/d 降至 0.05 m/d；同时，ClO_4^-的去除通量由 0.006 g/（m^2·d）升高至 0.017 g/（m^2·d），其标准化通量由 0.27 m/d 降至 0.05 m/d［图 5.5（b）和（c）］。以上试验结果表明，增大进水流速，使 BrO_3^-和 ClO_4^-的表面负荷增加，即电子受体总量增加，所需电子供体量会随之增加，固定氢分压，从而导致 BrO_3^-和 ClO_4^-的去除率明显降低。而当进水流速过低时，水力停留时间较长，营养供应不及时，长时间运行会对微生物的生长产生不良影响，大幅降低污水处理量，不适宜工程应用中。综合考虑，H_2-MBfR 同步还原降解 BrO_3^-和 ClO_4^-的最适宜进水流速为 2 mL/min。

5.3.2.3 pH 对 BrO_3^-和 ClO_4^-降解的影响

在氢分压为 0.04 MPa、进水流速为 2 mL/min、进水 NO_3^--N 和 NO_2^--N 浓度分别为 5 mg/L 和 0 mg/L、回流速度为 20 mL/min 时，观察 pH 在 6.0、7.0、8.0 和 9.0 条件下对反应器同步降解 BrO_3^-和 ClO_4^-性能的影响，结果如图 5.6 所示。从图中可以看出，BrO_3^-和 ClO_4^-的生物降解对 pH 的变化较敏感。pH 为 6.0 和 9.0 时 BrO_3^-和 ClO_4^-的去除率均低于 pH 为 7.0 和 8.0 时的去除率，其中在 pH 为 7.0 时，BrO_3^-和 ClO_4^-的降解效果均最好，此时 BrO_3^-和 ClO_4^-的出水浓度均为最低，分别为 0.06 mg/L 和 0.09 mg/L，去除率分别达到 93.9%和 91.6%。pH 为 9.0 时降解效果最差，此时 BrO_3^-和 ClO_4^-的出水浓度均最高，去除率分别为 80.1%和 37.2%。随着 pH 的增大，BrO_3^-和 ClO_4^-的去除通量和标准化通量均呈先升高后降低的趋势，这与 BrO_3^-和 ClO_4^-的出水浓度变化趋势相对应，进一步表明 pH

在 7.0～8.0 时反应器同步降解 BrO_3^- 和 ClO_4^- 的效果最好，而当 pH 大于 9.0 或者小于 6.0 时，BrO_3^- 和 ClO_4^- 的生物还原受到抑制，去除率降低。该研究结果与前面章节 pH 对 BrO_3^- 和 ClO_4^- 还原的影响研究得到的结论（BrO_3^- 和 ClO_4^- 降解最适宜的 pH 范围为 7.0～7.5，pH＜6.5 或 pH＞8.5 时，均会对目标污染物的降解产生抑制作用）一致，共同验证了 pH 在 7.0～8.0 时，氢自养反硝化菌同步降解 BrO_3^- 和 ClO_4^- 的效果最好，而当 pH 大于 9.0 或者小于 6.0 时，BrO_3^- 和 ClO_4^- 的生物还原受到抑制作用，去除率降低这一结论。

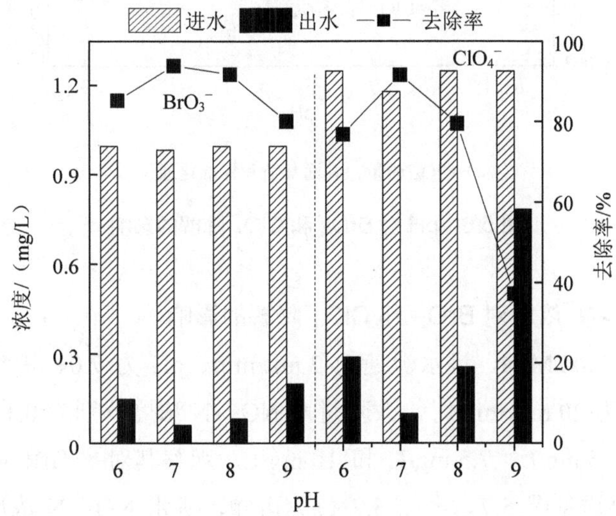

（a）BrO_3^- 和 ClO_4^- 进、出水浓度和去除率

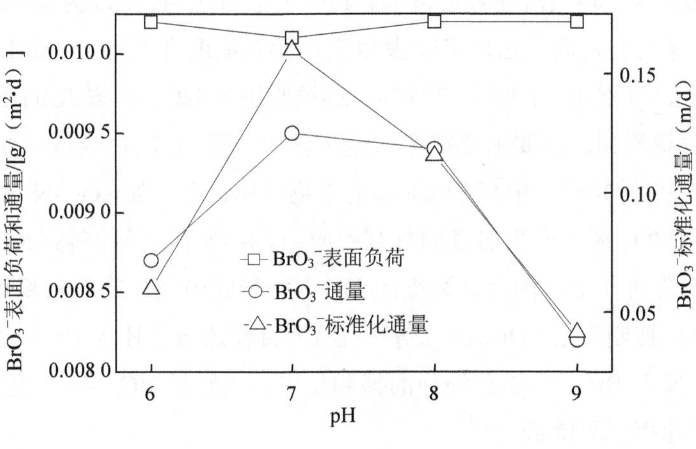

（b）BrO_3^- 通量、表面负荷和标准化通量

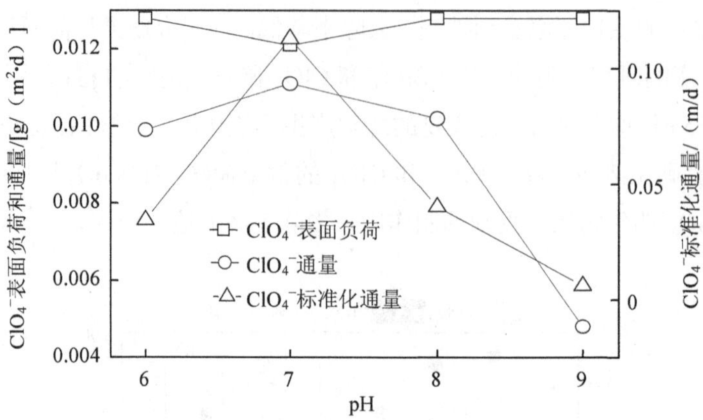

（c）ClO_4^-通量、表面负荷和标准化通量

图 5.6　pH 对 BrO_3^-和 ClO_4^-降解的影响

5.3.2.4　进水 NO_3^--N 浓度对 BrO_3^-和 ClO_4^-降解的影响

调节氢分压为 0.04 MPa、进水流速为 2 mL/min、pH 为 7.0、进水 NO_2^--N 浓度为 0 mg/L、回流速度为 20 mL/min 时，改变进水 NO_3^--N 浓度分别为 0.1 mg/L、0.5 mg/L、1 mg/L、2.5 mg/L、5 mg/L、7.5 mg/L 和 10 mg/L，观察其对 MBfR 同步降解 BrO_3^-和 ClO_4^-的影响，结果详见图 5.7。由图 5.7（a）可知，进水 NO_3^--N 浓度的改变对 BrO_3^-和 ClO_4^-的生物还原效果有较明显影响，随着 NO_3^--N 浓度的升高，BrO_3^-和 ClO_4^-的出水浓度升高，其去除率均出现明显的降低，其中进水 NO_3^--N 浓度为 0.1 mg/L 时，BrO_3^-和 ClO_4^-的去除率均为最高，达到 95%及以上，而其浓度升高至 10 mg/L 时，目标污染物的去除率最低，分别为 18.7%和 22.4%。这说明进水 NO_3^--N 浓度的增加，即反应器中电子受体的总量增加，需要消耗更多的电子供体，而 H_2 的供应量不变，电子供体的供应受到限制，因此抑制了 BrO_3^-和 ClO_4^-的生物还原，尤其当 NO_3^--N 浓度高于 5 mg/L 时会对 BrO_3^-和 ClO_4^-还原产生明显的抑制效应。NO_3^--N 的还原产物（NO_2^--N、N_2O 等）对细菌活性酶有毒害作用，因而高浓度的 NO_3^--N 导致中间产物的累积也可能对 BrO_3^-和 ClO_4^-还原产生抑制作用。Downing 等[7]利用氢自养还原菌还原 BrO_3^-过程中发现，反硝化产物 NO_2^--N 对 BrO_3^-还原有强烈的抑制作用，尤其是 NO_3^--N 浓度超过 5 mg/L 会导致 BrO_3^-降解速率明显降低。

观察图 5.7（b）和（c）可知，随着进水 NO_3^--N 浓度的升高，BrO_3^-和 ClO_4^-的表面负荷变化不明显，而去除通量和标准化通量均出现降低，其中 BrO_3^-的去除通量由 0.008 2 g/（m^2·d）降至 0.001 6 g/（m^2·d），标准化通量由 0.687 4 m/d 降至 0.002 4 m/d，

而 ClO_4^- 的去除通量由 0.011 8 g/（m^2·d）降至 0.002 7 g/（m^2·d），标准化通量由 0.775 8 m/d 降至 0.003 m/d，可以看出目标污染物的标准化通量降低幅度明显高于其去除通量的降低幅度，且 ClO_4^- 标准化通量降低幅度明显大于 BrO_3^- 标准化通量降低幅度，这说明 BrO_3^- 和 ClO_4^- 的生物还原均受到 NO_3^- 还原过程的抑制作用，且其对 ClO_4^- 的抑制作用更加明显。根据氧化态物质的降解反应和自由能表中 NO_3^-、BrO_3^- 和 ClO_4^- 3 种氧化性污染物的降解反应以及热力学函数值，NO_3^- 降解反应的热力学函数值最小，这说明 NO_3^- 降解反应吸收的热量最少，最易被降解；其次是 ClO_4^-；最后是 BrO_3^-。因此，在电子供体总量限制的条件下，NO_3^--N 相较于 BrO_3^- 和 ClO_4^- 更具电子竞争优势，导致 H_2 的可利用率降低，限制了 BrO_3^- 和 ClO_4^- 的生物降解，且对 ClO_4^- 的限制作用更加明显。

综上所述，NO_3^--N 对 BrO_3^- 和 ClO_4^- 还原的影响机制主要有 2 种，分别是对电子供体的强烈竞争及反硝化中间产物对微生物酶活性的抑制。因此，在 BrO_3^- 和 ClO_4^- 还原过程中必须考虑或控制共存的 NO_3^--N 浓度。该研究结果与本研究团队进行可行性试验时，NO_3^--N 浓度对 BrO_3^- 和 ClO_4^- 还原的影响研究得到的 BrO_3^- 降解菌、ClO_4^- 降解菌以及氢自养反硝化菌同时利用 H_2 作为电子供体发生生物还原反应时，NO_3^--N 对 BrO_3^- 和 ClO_4^- 的降解具有抑制效果的结论一致，共同验证了在氢分压一定的情况下，NO_3^--N 对 BrO_3^- 和 ClO_4^- 还原产生电子供体的竞争作用，进而抑制 BrO_3^- 和 ClO_4^- 的降解这一结论。

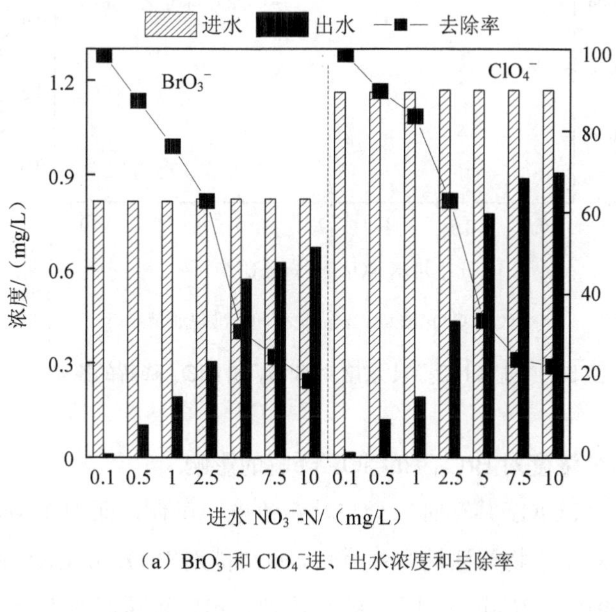

（a）BrO_3^- 和 ClO_4^- 进、出水浓度和去除率

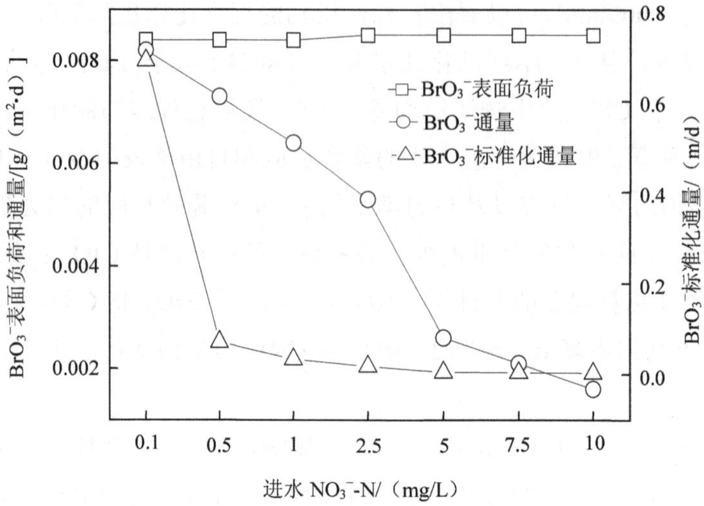

（b）BrO_3^-通量、表面负荷和标准化通量

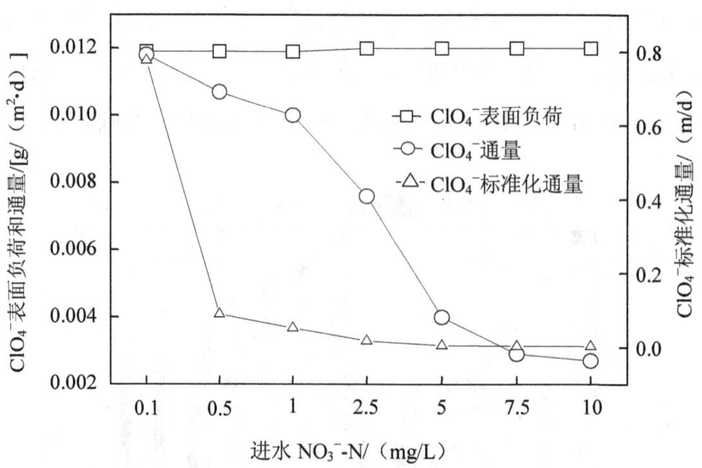

（c）ClO_4^-通量、表面负荷和标准化通量

图 5.7 进水 NO_3^--N 浓度对 BrO_3^-和 ClO_4^-降解的影响

5.3.2.5 进水 NO_2^--N 浓度对 BrO_3^-和 ClO_4^-降解的影响

NO_3^--N 与 BrO_3^-和 ClO_4^-共存时，会与其竞争电子供体，而 NO_2^--N 作为 NO_3^--N 还原时的中间产物，会对微生物酶活性产生毒性，也可能对 BrO_3^-和 ClO_4^-的降解产生影响。为此，在本系列试验中，控制氢分压、进水流速、pH 和回流速度分别为 0.04 MPa、2 mL/min、7.0 和 20 mL/min，不加入 NO_3^--N，调整 NO_2^--N 浓度为 0.5 mg/L、1 mg/L、

5 mg/L、10 mg/L、20 mg/L，观察 NO_2^--N 负荷对 BrO_3^-和 ClO_4^-降解的影响，结果如图 5.8 所示。

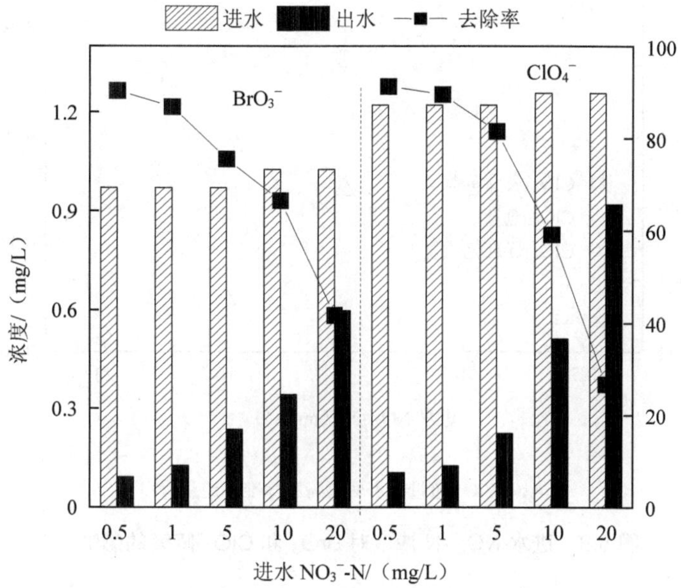

（a）BrO_3^-和 ClO_4^-进、出水浓度和去除率

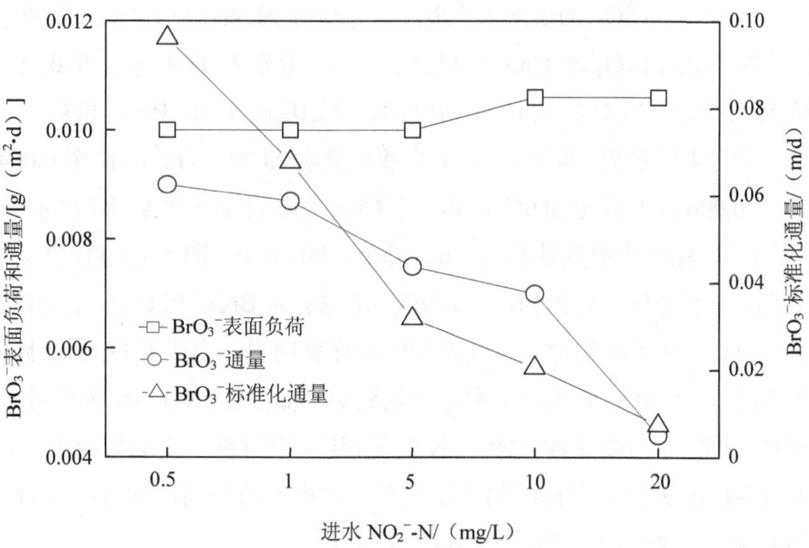

（b）BrO_3^-通量、表面负荷和标准化通量

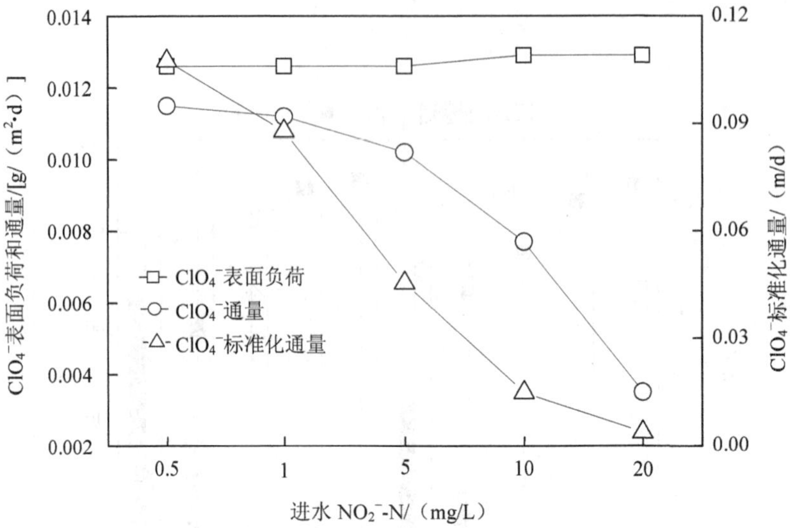

（c）ClO_4^-通量、表面负荷和标准化通量

图 5.8 进水 NO_2^--N 浓度对 BrO_3^-和 ClO_4^-降解的影响

由图 5.8（a）可知，随着进水 NO_2^--N 浓度的增加，出水 BrO_3^-和 ClO_4^-浓度逐渐增大。进水 NO_2^--N 浓度为 0.5 mg/L 时，出水中 BrO_3^-和 ClO_4^-浓度最低，分别为 0.09 mg/L 和 0.11 mg/L，BrO_3^-和 ClO_4^-的去除率均最高，分别为 90.3%和 91.3%。当 NO_2^--N 浓度提高至 20 mg/L 时，出水 BrO_3^-和 ClO_4^-浓度显著增加，分别为 0.60 mg/L 和 0.92 mg/L，去除率则分别降至 41.7%和 26.8%。同时，随着 NO_2^--N 浓度的增加，BrO_3^-和 ClO_4^-去除通量以及标准化通量均呈下降趋势，其中 BrO_3^-的去除通量由 0.009 g/(m^2·d)降至 0.004 g/(m^2·d)，标准化通量由 0.096 m/d 降至 0.007 m/d，而 ClO_4^-的去除通量则从 0.012 g/（m^2·d）降至 0.004 g/（m^2·d），标准化通量从 0.108 m/d 降至 0.004 m/d［图 5.8（b）和（c）］。

结果表明，在氢分压一定的情况下，NO_2^--N 也会对 BrO_3^-和 ClO_4^-生物降解产生抑制作用，且随着 NO_2^--N 浓度的增加，其抑制作用显著增强，由于 ClO_4^-的去除率和标准化通量降低幅度均大于 BrO_3^-的去除率和标准化通量降低幅度，NO_2^--N 负荷对 ClO_4^-降解的抑制作用更强。同时，与图 5.7 中 NO_3^--N 负荷相比，在 TN 一定的情况下，共存 NO_2^--N 时 BrO_3^-和 ClO_4^-的去除率和标准化通量均有不同程度的升高，这说明 NO_2^--N 负荷对 BrO_3^-和 ClO_4^-降解的抑制作用略弱于 NO_3^--N 负荷。

5.3.2.6 回流比对 BrO_3^-和 ClO_4^-降解的影响

固定氢分压、进水流速、pH、NO_3^--N 负荷、NO_2^--N 负荷分别为 0.04 MPa、2.0 mL/min、

7.0、5.0 mg/L 和 0 mg/L，当调节回流速度分别为 5 mL/min、10 mL/min、15 mL/min、20 mL/min、30 mL/min，即回流比为 2.5、5、7.5、10、15 时，观察反应器的回流比对 H_2-MBfR 同步降解 BrO_3^-和 ClO_4^-的影响，结果如图 5.9 所示。由图 5.9（a）可以看出，随着回流比的不断增大，BrO_3^-和 ClO_4^-的去除率均呈先升高后降低的趋势。回流比较低（如 2.5 和 5）时，BrO_3^-和 ClO_4^-的出水浓度均较高，去除率较低；而当回流比为 7.5 时，BrO_3^-和 ClO_4^-的去除率均达到最大，分别为 79.9%和 81.9%，出水浓度分别为 0.20 mg/L 和 0.25 mg/L，随着回流比继续增大，目标污染物的去除率出现降低的趋势。

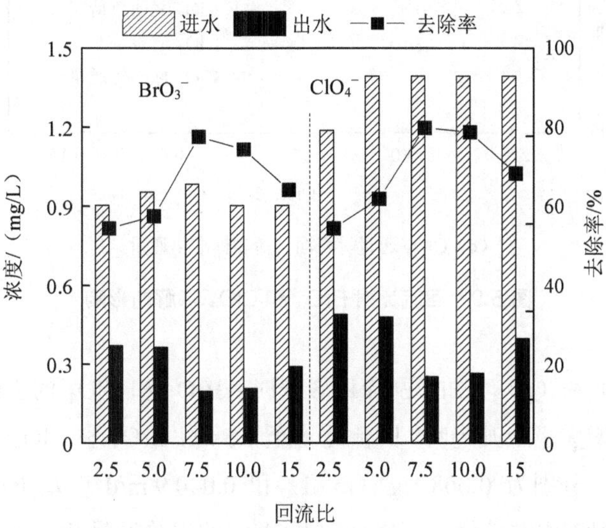

（a）BrO_3^-和 ClO_4^-进、出水浓度和去除率

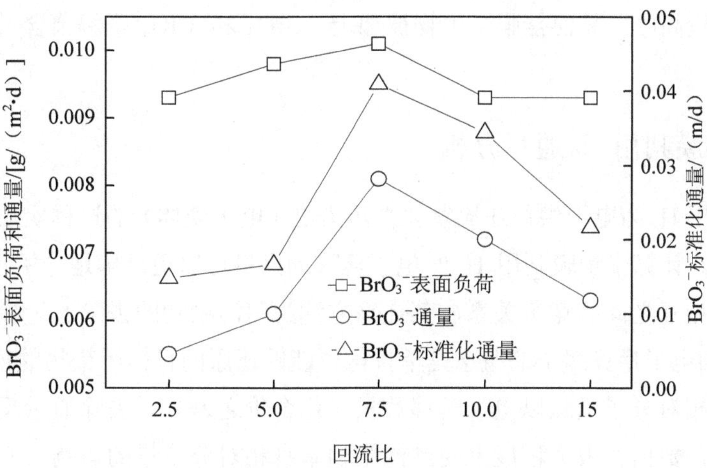

（b）BrO_3^-通量、表面负荷和标准化通量

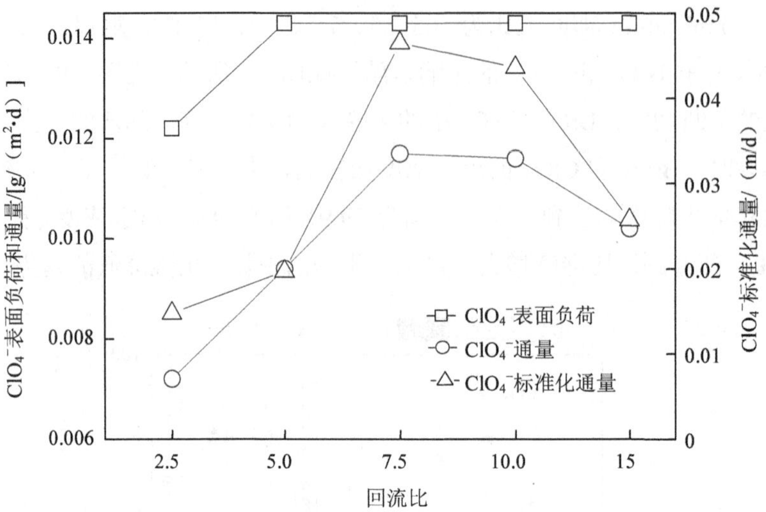

（c）ClO_4^-通量、表面负荷和标准化通量

图 5.9 回流比对 BrO_3^-和 ClO_4^-降解的影响

观察图 5.9（b）和（c）可知，回流比较低时，BrO_3^-和 ClO_4^-的去除通量和标准化通量均随着回流比的增大呈上升趋势，回流比增至 7.5 时，BrO_3^-和 ClO_4^-的去除通量和标准化通量均达到最大，分别为 0.008 1 g/（m^2·d）和 0.040 9 m/d 以及 0.011 7 g/（m^2·d）和 0.046 5 m/d，随着回流比继续增大，BrO_3^-和 ClO_4^-的去除通量和标准化通量则呈下降趋势。说明回流比为 7.5 时，反应器对 BrO_3^-和 ClO_4^-的降解效果最好，分析原因为回流比较低时，反应器中液体混合不均匀，致使降解反应不充分，导致 BrO_3^-和 ClO_4^-的去除率较低；回流比较高时，易使挂膜微生物被冲走，BrO_3^-和 ClO_4^-降解菌含量减少，导致其去除率降低。

5.3.3 生物膜利用 H_2 通量分析

微生物利用 H_2 为电子供体还原氧化性污染物（电子受体）的过程实质是生物膜中电子转移的过程。计算生物膜利用 H_2 时电子转移的当量可以更准确地分析污染物对 H_2 的利用以及它们相互之间的竞争关系，其计算方法为用污染物的去除通量除以底物电子换算因子[8]。底物电子换算因子的概念是单位电子能够还原的目标污染物的质量，其计算方法为污染物的相对分子量除以电子转移数量（化合价之差）。去除通量反映了污染物的直接还原能力，数值在很大程度上受到污染物本身相对分子量的影响，而除以换算因子的目的在于消除这一影响，使当量电子通量这一概念能够更加真实客观地反映出各种污染物的电子竞争能力。当量电子通量（E_{eq}）的计算公式如下：

$$E_{eq} = \frac{J}{EW_s} = \frac{Q \times (S_o - S_e)}{A \times EW_s} \tag{5-1}$$

式中，Q —— 进水流量，m^3/d；

S_o、S_e —— 电子受体的进水、出水浓度，g/m^3；

A —— 膜面积，m^2；

EW_s —— 电子受体还原过程中的电子供体换算因子；

J——通量。

假定 1 mol BrO_3^-、ClO_4^-、NO_3^--N 和 NO_2^--N 还原为 Br^-、Cl^-和 N_2 分别需要 6 mol、8 mol、5 mol 和 3 mol 电子供体，则各物质的换算因子 EW_s 分别为 21.3（g BrO_3^-/e^- eq）、12.4（g ClO_4^-/e^- eq）、2.8（g N/e^- eq）和 4.7（g N/e^- eq）。

BrO_3^-、ClO_4^-、NO_3^--N 和 NO_2^--N 还原过程中的当量电子通量及其分配情况如表 5.3 所示。在氢分压、进水流速、pH 和回流比系列工况试验中，NO_3^--N 的当量电子通量较大，其分配比例均在 92%以上，ClO_4^-的当量电子通量及其分配比例则远小于 NO_3^--N，比 BrO_3^-略大。这说明在还原过程中，竞争电子供体的优先顺序为 NO_3^--N＞ClO_4^-＞BrO_3^-。在 NO_3^--N 和 NO_2^--N 系列试验中，随着 NO_3^--N 和 NO_2^--N 浓度的增加，两者的当量电子通量大幅提高，其分配比例分别由 23%和 45.1%上升至 99.2%和 98.9%，而 BrO_3^-和 ClO_4^-的当量电子通量及其分配比例则持续降低，说明 NO_3^--N 和 NO_2^--N 对电子供体的竞争作用均强于 BrO_3^-和 ClO_4^-。在氢分压一定时，BrO_3^-和 ClO_4^-两者浓度的升高会导致电子供体短缺，对 BrO_3^-和 ClO_4^-的还原具有抑制作用，由于 ClO_4^-的当量电子通量及其分配比例降低幅度较 BrO_3^-的降低幅度更大，因此 NO_3^--N 和 NO_2^--N 浓度的升高对 ClO_4^-的还原抑制作用更加明显。同时，在 TN 一定的情况下，NO_3^--N 的当量电子通量及其分配比例均高于 NO_2^--N，表明 NO_3^--N 对 BrO_3^-和 ClO_4^-还原的竞争抑制作用强于 NO_2^--N。

综上所述，在同一反应体系中，BrO_3^-对电子供体的竞争最弱，其次是 ClO_4^-，以 NO_3^--N 或 NO_2^--N 为氮源，均会对电子供体产生激烈竞争，进而对 BrO_3^-和 ClO_4^-还原产生抑制作用，其对 ClO_4^-的抑制作用更加明显，且 NO_3^--N 的抑制作用强于 NO_2^--N。该试验结果与 5.3.2.3 节和 5.3.2.4 节的研究结果相对应。

表 5.3 电子受体的当量电子通量及其分配情况

工况		当量电子通量/［10^{-3} eq/（m^2·d）］				通量总和/［10^{-3} eq/（m^2·d）］	通量分配/%			
		BrO_3^-	ClO_4^-	NO_3^--N	NO_2^--N		BrO_3^-	ClO_4^-	NO_3^--N	NO_2^--N
氢分压/MPa	0.02	0.40	0.75	18.4	—	19.55	2.0	3.8	94.1	—
	0.04	0.45	0.90	18.4	—	19.75	2.3	4.6	93.2	—
	0.06	0.46	0.91	18.4	—	19.77	2.3	4.6	93.1	—
	0.08	0.46	0.91	18.4	—	19.77	2.3	4.6	93.1	—
进水流速/（mL/min）	1	0.23	0.48	9.2	—	9.91	2.3	4.8	92.8	—
	2	0.45	0.90	18.4	—	19.75	2.3	4.6	93.2	—
	3	0.55	1.17	27.6	—	29.32	1.9	4.0	94.1	—
	4	0.66	1.34	36.7	—	38.7	1.7	3.5	94.8	—
pH	6	0.41	0.80	18.4	—	19.61	2.1	4.1	93.8	—
	7	0.45	0.90	18.4	—	19.75	2.3	4.6	93.2	—
	8	0.44	0.82	18.4	—	19.66	2.2	4.2	93.6	—
	9	0.39	0.38	18.4	—	19.17	2.0	2.0	96.0	—
NO_3^--N 负荷/（mg/L）	0.1	0.39	0.95	0.4	—	1.74	22.4	54.6	23.0	—
	0.5	0.34	0.86	1.8	—	3	11.3	28.7	60.0	—
	1	0.30	0.80	3.7	—	4.8	6.3	16.7	77.1	—
	2.5	0.25	0.61	9.2	—	10.06	2.5	6.1	91.5	—
	5	0.12	0.33	18.4	—	18.85	0.6	1.8	97.6	—
	7.5	0.10	0.23	27.6	—	27.93	0.4	0.8	98.8	—
	10	0.07	0.22	36.7	—	36.99	0.2	0.6	99.2	—
NO_2^--N 负荷/（mg/L）	0.5	0.42	0.92	—	1.1	2.44	17.2	37.7	—	45.1
	1	0.41	0.91	—	2.2	3.52	11.6	25.9	—	62.5
	5	0.35	0.83	—	10.9	12.08	2.9	6.9	—	90.2
	10	0.33	0.62	—	21.9	22.85	1.4	2.7	—	95.8
	20	0.21	0.28	—	43.8	44.29	0.5	0.6	—	98.9
回流比	2.5	0.26	0.58	18.4	—	19.24	1.3	3.0	95.6	—
	5	0.28	0.76	18.4	—	19.44	1.5	3.9	94.6	—
	7.5	0.38	0.95	18.4	—	19.73	1.9	4.8	93.3	—
	10	0.34	0.94	18.4	—	19.67	1.7	4.8	93.5	—
	15	0.30	0.83	18.4	—	19.52	1.5	4.2	94.3	—

5.3.4 氢自养微生物关键酶活性分析

如图 5.10 所示，自来水空白挂膜污泥（KM）与原始污泥（YN）相比，反硝化酶活性明显降低，主要原因为 YN 中存在异养反硝化菌，而 KM 是自养型菌，相比较而言生物量是降低的，所以酶活性降低。在此基础上，继续投加 10 mgN 驯化污泥（XN），自养反硝化菌生物量增加，反硝化酶活性增强，但是 NO_3^--N 还原酶活性稍微降低，这说明 NO_2^--N 还原酶活性明显增强。在 NO_3^--N 浓度为 10 mg/L 条件下的 XN 的反硝化酶和 NO_3^--N 还原酶活性分别为 226.87 U/L 和 70.98 U/L，在相同 NO_3^--N 浓度下同步降解 BrO_3^- 和 ClO_4^-（BGM-10）的两种酶活性分别为 343.47 U/L 和 76.67 U/L，反硝化酶活性明显提高，而 NO_3^--N 还原酶活性则变化不大，这说明添加 BrO_3^- 和 ClO_4^- 对 NO_3^--N 还原酶活性影响较小，而对反硝化酶活性影响较大。同时，当 NO_3^--N 浓度为 5 mg/L 条件下单一降解 BrO_3^-（BM）和 ClO_4^-（GM）的反硝化酶活性分别为 165.11 U/L 和 158.02 U/L，明显低于相同 NO_3^--N 浓度时同步降解 BrO_3^- 和 ClO_4^-（BGM-5）的反硝化酶活性 317.58 U/L，说明一部分反硝化酶起到还原 BrO_3^- 和 ClO_4^- 的作用。有研究表明，多数 ClO_4^- 还原菌属于反硝化菌[9-11]，BrO_3^- 在反硝化或 ClO_4^- 还原条件下能够被反硝化酶或 ClO_4^- 还原酶共代谢还原生成无毒的 Br^-[12-14]，与本研究观点一致。在不同的 NO_3^--N 浓度下，同步降解 BrO_3^- 和 ClO_4^- 的污泥酶活性显示，随着 NO_3^--N 浓度的升高，反硝化酶和 NO_3^--N 还原酶活性均呈线性增长。

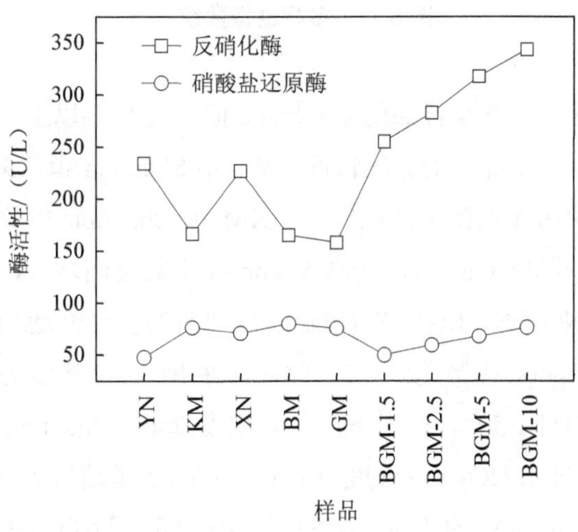

图 5.10 氢自养微生物关键酶活性

5.3.5 氢自养微生物群落结构研究

5.3.5.1 样品的多样性指数分析

样品中微生物多样性利用香农（Shannon）多样性指数来估算，香农指数越大，说明群落多样性越高。各样品文库的覆盖率用 Coverage 表示，反映出此次测序结果是否能代表样本的实际情况，Coverage 值越高，说明样本序列中未被测出的概率越低。样本多样性指数统计详见图 5.11。

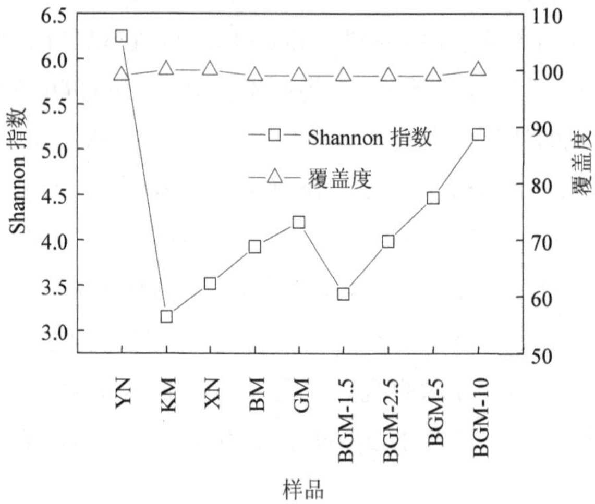

图 5.11 多样性指数统计

从图 5.11 中可以看出，9 个样品的 Coverage 值均在 99%以上，说明 9 个样品的测序量均比较合理，可以反映出样品的真实情况。YN 中 Shannon 指数最大，为 6.25，说明从污水处理厂取回的原始污泥细菌多样性较高。KM 中 Shannon 指数最小，为 3.15，随着反应器持续运行至单一降解 GM 时，样品 Shannon 指数逐渐增大，可能原因是向反应器中添加了一定浓度的 NO_3^--N、BrO_3^-和 ClO_4^-，使细菌的多样性增加，Shannon 指数增大，至单一降解 GM 时 Shannon 指数达到 4.2。此后，在 NO_3^--N 浓度为 1.5 mg/L 时，同步降解 BrO_3^-和 ClO_4^-（BGM-1.5），由于 NO_3^--N 浓度降低，Shannon 指数有少量降低，为 3.41。结合 5.3.2.3 节中进水 NO_3^--N 浓度对 BrO_3^-和 ClO_4^-降解影响和表 5.4 可知，NO_3^--N 浓度的升高，对 BrO_3^-和 ClO_4^-的还原产生抑制作用，因此，NO_3^--N 浓度较低（<5 mg/L）时，反应器中富集大量的 BrO_3^-和 ClO_4^-还原菌，抑制其他菌群的生长[15]，导致生物多样性较低。随着反应器继续运行，NO_3^--N 浓度的持续增加，导致 Shannon 指数持续增大，在 NO_3^--N 浓度为 1.5 mg/L 时最低，NO_3^--N 浓度为 10 mg/L 时最高。结果表明，低浓度

共存 NO_3^--N 尚未对专性或兼性 BrO_3^-和 ClO_4^-还原菌产生明显抑制作用，但是高浓度时导致反硝化菌优势逐渐增强，继而使微生物多样性持续增加。由此可知，为了保持 BrO_3^-和 ClO_4^-的还原效率，要适当控制水中共存 NO_3^-浓度，避免过高的 NO_3^-对 BrO_3^-和 ClO_4^-还原菌产生抑制作用。

表 5.4 生物膜取样时的运行工况及水质特征

	KM	XN	BM	GM	BGM-1.5	BGM-2.5	BGM-5	BGM-10
取样时间/d	52	87	118	150	183	216	248	283
电子受体	NO_3^--N	NO_3^--N	BrO_3^-、NO_3^--N	ClO_4^-、NO_3^--N	BrO_3^-、ClO_4^-、NO_3^--N			
进水 NO_3^--N 浓度/（mg/L）	1.5	10	5	5	1.5	2.5	5	10
进水 BrO_3^-浓度/（mg/L）	—	—	1	—	1	1	1	1
进水 ClO_4^-浓度/（mg/L）	—	—	—	1	1	1	1	1
氢分压/MPa	0.04	0.04	0.04	0.04	0.04	0.04	0.04	0.04
HRT/h	15	15	15	15	15	15	15	15
出水 NO_3^--N 浓度/（mg/L）	ND	0.31	ND	ND	ND	ND	0.23	0.35
出水 BrO_3^-浓度/（mg/L）	—	—	ND	—	0.01	ND	0.57	0.67
出水 ClO_4^-浓度/（mg/L）	—	—	—	ND	0.02	0.01	0.55	0.62

注：ND 表示未检出。

由此可知，专性或兼性 BrO_3^-和 ClO_4^-还原菌在较高浓度 NO_3^-共存时受到明显抑制，针对较高浓度的 NO_3^-共存对 BrO_3^-和 ClO_4^-还原将产生不利影响或抑制效应。

5.3.5.2 样品群落结构组分分析

根据 9 个样品在不同的分类水平的序列数，选取纲和属水平研究样品的微生物组分及其特性。9 个样品中共发现 52 个已知菌纲和 579 个已知菌属以及少量未被定类的菌纲和菌属，为了方便研究，选取相对丰度最大的前 15 个物种进行分析，剩余部分物种合并为其他（Other），结果如图 5.12 和图 5.13 所示。

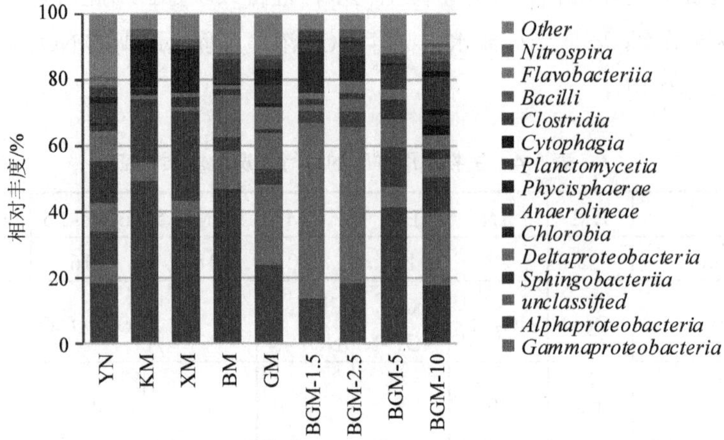

图 5.12 样品在纲水平上的群落结构分布

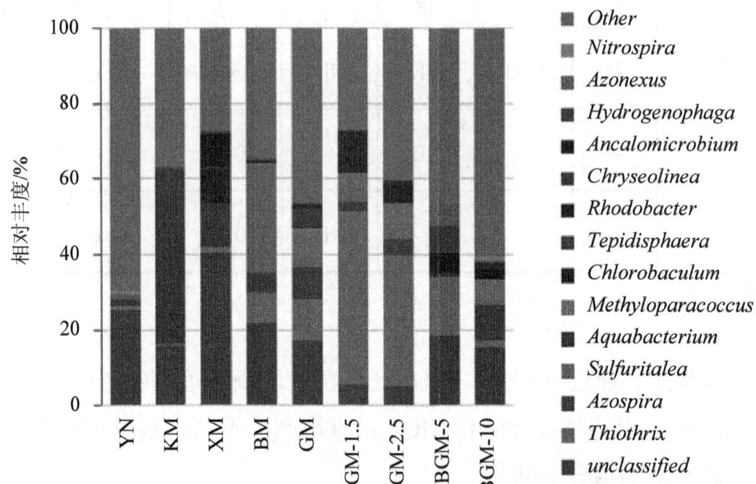

图 5.13 样品在属水平上的群落结构分布

由图 5.12 可知，9 个样品中优势菌门为变形菌门，主要的纲类微生物包括 α-变形菌纲、β-变形菌纲、γ-变形菌纲、δ-变形菌纲和鞘脂杆菌纲。YN 中，上述微生物分别占总菌纲数的 10.32%、18.57%、5.68%、8.96%和 12.77%，还含有 5.97%的浮霉状菌纲以及 8.21%的未分类菌纲。同时还含有种类繁多但含量较小的菌纲，共占总菌纲数的 29.52%。随着反应器的运行，KM 和 XN 中，β-变形菌纲和 α-变形菌纲的比例明显增加，γ-变形菌纲的比例变化不大，而 δ-变形菌纲和鞘脂杆菌纲的比例则明显降低。同时，KM 中噬纤维菌纲的比例升至 14.02%，在 XN 中并没有出现，而暗色球形菌纲在 XN 中的比例则达到 11.86%。说明在反应器驯化过程中，β-变形菌纲、α-变形菌纲、γ-变形菌纲和暗色球形菌纲更能适应反应器的驯化环境。NO_3^--N 浓度为 5 mg/L，单一降解 BM 时，微生物的优势菌纲为 β-变形菌纲和 γ-变形菌纲，所占比例分别为 47.06%和 11.7%，有研究表明，β-变形菌纲和 γ-变形菌纲是降解 BrO_3^-的主要优势菌[16,17]，与本研究结果一致。而 NO_3^--N 浓度为 5 mg/L，单一降解 GM 时，β-变形菌纲比例降至 23.97%，而 γ-变形菌纲比例升至 24.44%，同时，α-变形菌纲、δ-变形菌纲、厌氧绳菌纲以及暗色球形菌纲的比例均有少量增加。反应器运行后期，随着 NO_3^--N 浓度的升高，同步降解 BrO_3^-和 ClO_4^-的微生物中 β-变形菌纲的含量呈现先增大后减小的趋势，而 γ-变形菌纲的含量则呈现相反的趋势，同时，α-变形菌纲的相对丰度由 3.46%升至 10.83%，δ-变形菌纲的相对丰度则变化不大。总体来说，在 NO_3^--N 浓度从 1.5 mg/L 增至 10 mg/L 时，4 类变形菌纲的总和依次为 72.42%、78.99%、63.48%、54.48%，呈现先增后减的趋势。分析原因为，NO_3^--N 浓度较低时，H_2 较为充足，NO_3^--N 浓度的增加为微生物的生长提供了充足的营养物质，使其丰度升高，因而能将 BrO_3^-和 ClO_4^-完全去除。NO_3^--N 浓度的持续增加，导致电子供体不足，使微生物的生长受到抑制，从而呈现丰度降低的趋势。

观察图 5.13 可知，9 个生物膜样品菌群聚集较分散，其中在 NO_3^--N 浓度为 1.5 mg/L（BGM-1.5）和 2.5 mg/L（BGM-2.5）时，同步降解 BrO_3^-和 ClO_4^-的微生物菌群组成相似，而单一降解 BM 和单一降解 GM 的微生物菌群组成相似。YN 中并无优势菌属，反应器运行初始阶段，KM 中富集了水杆菌属和金线菌属，丰度分别为 31.75%和 13.09%，而经过驯化阶段，以上两种菌属在 XN 的丰度降低非常明显，说明这两种菌属并不适应驯化环境。XN 中固氮螺菌属为优势菌属，丰度为 25.03%，固氮螺菌属属于反硝化细菌[18]，说明驯化过程中反硝化菌得到大量富集。而微热球形菌属由 1.94%升至 11.86%，同时富集了 9.03%的红细菌属和 9.06%的柄微菌属。NO_3^--N 浓度为 5 mg/L，单一降解 BM 时，微生物的优势菌属为硫小管菌属，丰度为 28.2%，还含有发硫菌属和固氮螺菌属，丰度分别为 8.07%和 5.4%。NO_3^--N 浓度为 5 mg/L，单一降解 GM 时，微生物中含有发硫菌属、固氮螺菌属、甲基副球菌和微热球形菌属，丰度分别为 10.83%、8.34%、7.61%和 4.92%，单一降解 BM 和单一降解 GM 时，挂膜污泥中均含有 γ-变形菌纲的发硫菌属和 β-变形菌纲的固氮螺菌属，且含量较高，说明上述两种菌属对 BrO_3^-和 ClO_4^-的降解均起到重要作用。反应器运行后期，同步降解 BrO_3^-和 ClO_4^-时，在 NO_3^--N 浓度为 1.5 mg/L 和 2.5 mg/L 时，发硫菌属（丰度为 46.09%和 34.36%）、绿杆菌属（丰度为 10.96%和 5.34%）、硫单胞菌属（丰度为 3.13%和 4.15%）、固氮螺菌属（丰度为 2.55%和 4.46%）和甲基副球菌（丰度为 4.45%和 5.33%）为优势菌属，随着 NO_3^--N 浓度的升高，发硫菌属和绿杆菌属含量明显降低，说明 NO_3^--N 浓度的升高抑制了发硫菌属和绿杆菌属的生长，而硫单胞菌属和固氮螺菌属的含量在 NO_3^--N 浓度为 5 mg/L 和 10 mg/L 时均有所升高。同时，在 NO_3^--N 浓度为 5 mg/L 和 10 mg/L 时，硝化螺旋菌属有少量的富集，相对丰度分别为 0.01%和 1.3%，该菌在 YN 中有少量（0.86%）出现，在其他样品中并未出现，而硝化螺旋菌属作为硝化细菌，可将 NO_2^-氧化成 NO_3^-，说明 NO_3^--N 浓度大于 5 mg/L 时，反应器运行过程中会有少量 NO_2^-副产物的产生，而 NO_2^-对 BrO_3^-和 ClO_4^-的还原产生抑制作用[7]，与表 5.4 相对应。

5.4 本章小结

本章研究了 H_2-MBfR 对 BrO_3^-和 ClO_4^-的去除效果，主要包括反应器的启动驯化、影响因素、电子通量分析等方面，得出以下结论：

①反应器经过 19 d 的连续运行，出水中 NO_3^--N 和 NO_2^--N 浓度已达到稳定，其去除率几乎达到 100%，此时膜表面附着一层浅褐色的微生物；向进水中添加 BrO_3^-和 ClO_4^-，连续运行 11 d，检测到出水中目标污染物浓度达到稳定，此时膜表面附着大量的黄褐色微生物，认为驯化挂膜阶段完成。

②观察了氢分压、进水流速、pH、NO_3^--N、NO_2^--N 以及回流比对 BrO_3^-和 ClO_4^-去除的影响。提高氢分压增大了 H_2 的可利用率对 BrO_3^-和 ClO_4^-的还原降解具有明显的促进作用，使 BrO_3^-和 ClO_4^-的去除率升高，但其并不能呈线性升高。因此，基于节约成本考虑，将氢分压调节为 0.04 MPa 较为合适。H_2-MBfR 同步还原降解 BrO_3^-和 ClO_4^-的最适宜进水流速为 2 mL/min。当 pH 在 7.0～8.0 时，反应器同步降解 BrO_3^-和 ClO_4^-的效果最好，而当 pH 大于 9.0 或者小于 6.0 时，BrO_3^-和 ClO_4^-的生物还原受到抑制作用，去除率降低。在氢分压一定的情况下，NO_3^--N 和 NO_2^--N 对 BrO_3^-和 ClO_4^-还原产生电子供体的竞争作用，对 ClO_4^-的竞争作用更加明显。在 TN 一定的情况下，NO_2^--N 负荷对 BrO_3^-和 ClO_4^-降解的抑制作用略弱于 NO_3^--N 负荷。当回流比为 7.5 时，H_2-MBfR 同步降解 BrO_3^-和 ClO_4^-的效果最佳。

③电子通量分析结果表明，在同一反应体系中，对电子供体的竞争优势从大到小依次为 NO_3^--N＞NO_2^--N＞ClO_4^-＞BrO_3^-，以 NO_3^--N 或 NO_2^--N 为氮源，二者均会对电子供体产生激烈竞争，进而对 BrO_3^-和 ClO_4^-还原产生抑制，其中对 ClO_4^-的抑制作用更加明显，且 NO_3^--N 的抑制作用强于 NO_2^--N。

参考文献

[1] Rittmann B E，Nerenberg R，Lee K C，et al. The hydrogen-based hollow-fiber membrane biofilm reactor（HFMBfR）for removing oxidized contaminants[J]. Water Science & Technology Water Supply，2004，49（49）：223-230.

[2] Ju D H，Shin J H，Lee H K，et al. Effects of pH conditions on the biological conversion of carbon dioxide to methane in a hollow-fiber membrane biofilm reactor（H_2-MBfR）[J]. Desalination，2008，234（1-3）：409-415.

[3] Chen X，Liu Y，Peng L，et al. Perchlorate，nitrate，and sulfate reduction in hydrogen-based membrane biofilm reactor：Model-based evaluation[J]. Chemical Engineering Journal，2017，316：82-90.

[4] Demirel S，Bayhan I. Nitrate and bromate removal by autotrophic and heterotrophic denitrification processes：batch experiments[J]. Journal of Environmental Health Science and Engineering，2013，11（1）：1-8.

[5] Downing L S，Nerenberg R. Microbial bromate reduction in a hydrogen-based，membrane biofilm reactor：Inhibitory mechanisms [J]. AWWA Annual Conference and Exposition San Antonio，Texas，USA，June 11-15. 2006.

[6] Xia S，Li H，Zhang Z，et al. Bioreduction of para-chloronitrobenzene in drinking water using a continuous stirred hydrogen-based hollow fiber membrane biofilm reactor [J]. Journal of Hazardous Materials，2011，192（2）：593-598.

[7] Downing LS，Nerenberg R. Kinetics of microbial bromate reduction in a hydrogen-oxidizing，denitrifying biofilm reactor [J]. Biotechnology & Bioengineering，2007，98（3）：543.

[8] Chung J，Rittmann B E. Bio-reductive dichlorination of 1，1,1-trichoroethane and chloroform using a hydrogen-based membrane biofilm reactor [J]. Biotechnology and Bioengineering，2007，97（1）：52-60.

[9] Zhao H P，Ginkel S V，Tang Y，et al. Interactions between perchlorate and nitrate reductions in the biofilm of a hydrogen-based membrane biofilm reactor [J]. Environmental Science & Technology，2011，45（23）：10155-10162.

[10] Ye L，You H，Yao J，et al. Water treatment technologies for perchlorate：A review [J]. Desalination，2012，298（16）：1-12.

[11] 方齐乐，陈宝梁. ClO_4^-污染土壤及地下水的植物-微生物修复研究进展 [J]. 环境科学学报，2011，31（8）：1569-1579.

[12] Butler R，Ehrenberg S，Godley A R，et al. Remediation of bromate-contaminated groundwater in an ex situ fixed-film bioreactor[J]. Science of the Total Environment，2006，366（1）：12-20.

[13] Demirel S，Uyanık İ，Yurtsever A，et al. Simultaneous bromate and nitrate reduction in water using sulfur-utilizing autotrophic and mixotrophic denitrification processes in a fixed bed column reactor[J]. Clean-Soil Air Water：A Journal of Sustainability and Environmental Safety，2014，42（9）：1185-1189.

[14] Van Ginkel C G，Middelhuis B J，Spijk F，et al. Cometabolic reduction of bromate by a mixed culture of microorganisms using hydrogen gas in a gas-lift reactor[J]. Journal of Industrial Microbiology & Biotechnology，2005，32（1）：1-6.

[15] 钟宇，杨麒，李小明，等. RBER 生物降解 BrO_3^-及微生物群落结构分析[J]. 中国环境科学，2017（5）：1945-1953.

[16] 刘娟，于建伟，杨敏，等. 饮用水中 BrO_3^-的微生物降解及群落结构解析[J]. 环境水质学国家重点实验室，2010：1-5.

[17] Davidson A N，Chee-Sanford J，Lai H Y，et al. Characterization of bromate-reducing bacterial isolates and their potential for drinking water treatment [J]. Water Research，2011，45（18）：6051-6062.

[18] Zhang H，Zivel M，Rittmann B E，et al. Effect of dechlorination and sulfate reduction on the microbial community structure in denitrifying membrane-biofilm reactors[J]. Environmental Science & Technology，2010，44（13）：5159-5164.

第 6 章

氢基质生物膜反应器同步去除多种氧化性污染物研究

6.1 研究内容

近年来，饮用水中的一些氧化性物质逐渐对人体健康产生威胁，包括 NO_3^--N、SO_4^{2-}、CrO_4^{2-}、BrO_3^-、ClO_4^-、微量芳香族化合物（如 *p*-CNB）等。其中，NO_3^--N 和 SO_4^{2-}是饮用水中普遍存在的污染物质，其他的一般为突发性污染物质。虽然有能够同时处理两种或两种以上氧化性物质的技术存在，但是成本一般比较昂贵，如反渗透技术、离子交换技术等，而且有些技术还需要后续处理。H_2-MBfR 能够还原多种氧化性物质，如将 NO_3^--N 还原成 N_2、将 SO_4^{2-}还原成 S^{2-}或 H_2S、将 BrO_3^-还原成 Br^-、将 Cr（Ⅵ）还原成 Cr（Ⅲ）、将 *p*-CNB 还原成对氯苯胺（*p*-CAN）和苯胺（AN）。生物处理法无废液产生，且只需提供微生物生长必需的营养物质和电子供体。因此，利用 H_2-MBfR 同步去除多种氧化性物质是一种较为可行的技术。本章将在已有利用反应器对多种氧化性物质的同步去除进行试验研究的基础上，系统考察这些氧化性物质在同一反应系统中的去除效果、相互影响及转化机理，继而评价反应器对饮用水中氧化性物质的去除潜力及应用前景。

6.2 材料与方法

6.2.1 H_2-MBfR

本章使用的 CS-MBfR 装置及参数见图 6.1 和表 6.1。

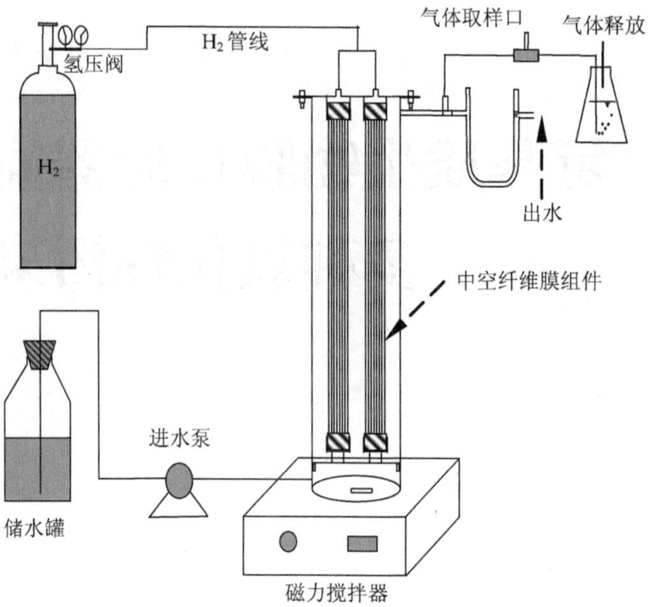

图 6.1　CS-MBfR 示意图

表 6.1　BrO_3^-还原试验中的 CS-MBfR 特征参数

参数	数值
反应器高度/cm	22
反应器内径/cm	6
HFM 数量/根	96
膜内径/cm	0.085
膜外径/cm	0.15
膜表面积/cm^2	633.3
孔隙率/%	95.8
进水流量/（mL/min）	2
反应器有效容积/cm^3	560
水力停留时间/h	4.7

6.2.2　氧化性物质的同步去除试验

由于反应器长期运行，膜外表面的生物膜逐渐老化，同时有矿质沉淀聚集在膜表面的现象发生（膜污染）。老化生物膜的活性较低，而膜污染会导致 H_2 传质效率及污染物质的去除效果降低。因此，进行同步去除试验之前，须先将反应器膜组件进行清洗，去除污染膜或老化生物膜，再分别从去除 *p*-CNB 和 BrO_3^-这两种单一污染物的 H_2-MBfR 中取出部分生物膜样品进行混合，机械打碎后通过离心取上部悬浮液作为接种菌种。由于两套反应器长期去除 NO_3^--N、SO_4^{2-}、*p*-CNB 和 BrO_3^-，接种细菌重新投加到反应器后具有良好的活性和适应性。通过间隙运行 HFM 外表面有少量生物膜富集，随后进入连续运行阶段。分别在不同运行阶段投加 NO_3^--N、SO_4^{2-}、BrO_3^-、*p*-CNB 和 Cr（Ⅵ）进行生物膜的驯化，经过大约 120 d 的驯化后，再进行不同底物浓度、氢分压和流速的工况试验，分别观察条件变化时反应器同步去除这些污染物质的性能或效果。驯化阶段和不同工况阶段的运行条件见表 6.2。

表 6.2 反应器同步去除氧化性物质的驯化阶段和工况条件

	NO_3^--N/（mg/L）	SO_4^{2-}/（mg/L）	BrO_3^-/（mg/L）	Cr（Ⅵ）/（mg/L）	*p*-CNB/（mg/L）	氢分压/MPa	流速/（mL/min）
驯化	10	50	0.1	0.25	0.5	0.06	2.0
工况 1	20	100	0.25	0.5	1.0	0.06	2.0
工况 2	20	100	0.25	0.5	1.0	0.08	2.0
工况 3	20	100	0.25	0.5	1.0	0.08	1.2

6.2.3 分子生物学试验

为了观察生物膜微生物群落结构的变化，试验人员在驯化阶段中的某些稳定阶段取出生物膜样品进行分子生物学上的分析，通过比较群落变化继而从微生物角度探索反应器的还原机理以及微生物对还原效果的影响。本研究中不同稳定阶段的主要区别是指电子受体加入的顺序或时间不同，因此导致生物膜对电子受体适应的时间不同。具体取样时间见 6.3.3 节。

6.3 试验结果

6.3.1 多种氧化性物质的同步去除

经过前期间隙运行，生物膜在 HFM 外表面逐渐富集并逐步成熟。随后进行连续运行阶段，进水流速为 2 mL/min（HRT=4.7 h），添加各种不同的氧化性物质对生物膜进行驯化。反应器驯化阶段各种污染物的进、出水浓度如图 6.2 所示。

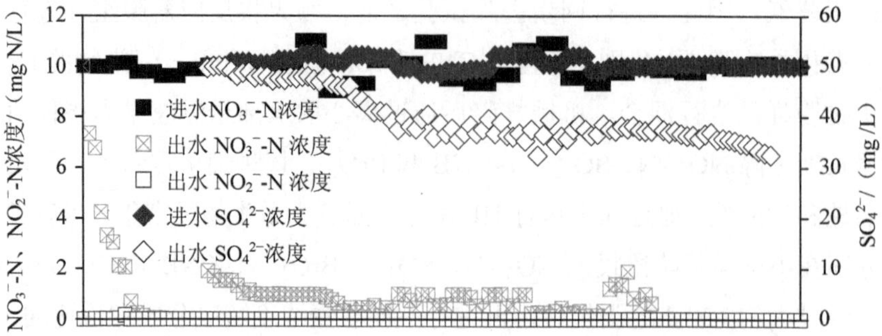

（a）驯化阶段反应器中 NO_3^--N、NO_2^--N 的进、出水浓度

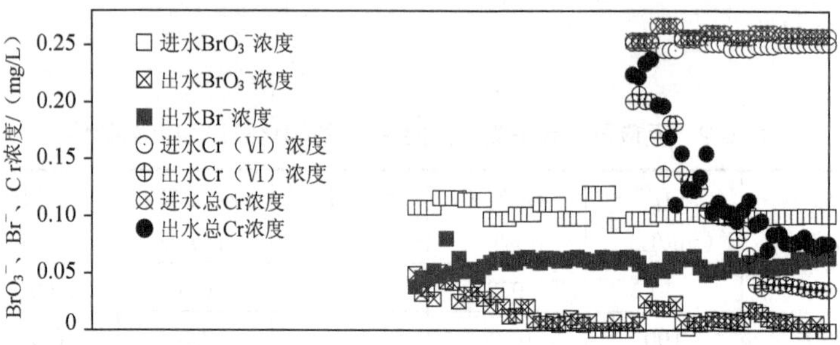

（b）驯化阶段反应器中 BrO_3^-、Br^-、Cr 的进、出水浓度

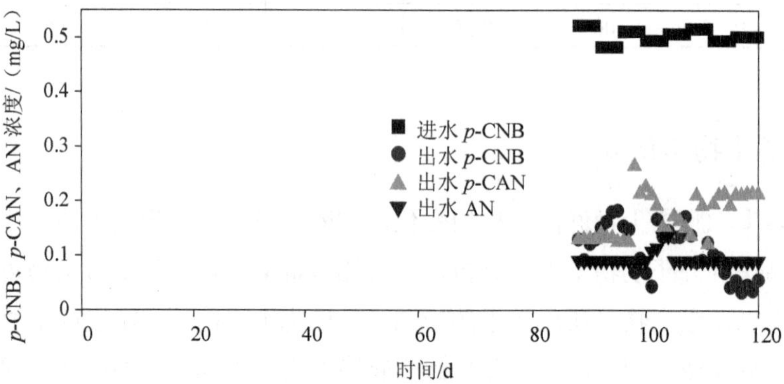

（c）驯化阶段反应器中 *p*-CNB、*p*-CAN、AN 的进、出水浓度

图 6.2 驯化阶段反应器中各种氧化性物质的进、出水浓度

反应器初期只投加 10 mg/L 的 NO_3^--N 对生物膜进行驯化，目的是使膜表面微生物能进一步富集和培养微生物的反硝化活性。从图 6.2 中可以看出，NO_3^--N 浓度随反应器运行逐渐降低，且还原速率较快，前 10 d 之内出水中 NO_3^--N 浓度降至 0.1 mg/L，而且出水中未检出 NO_2^--N。经过 20 d 的连续运行，反应器反硝化彻底，出水 NO_3^--N 和 NO_2^--N 浓度恒定，两者均无法检出，此时 NO_3^--N 去除通量达到 0.450 g/（m^2·d）。第 21 天开始投加 50 mg/L 的 SO_4^{2-}，进水投加 SO_4^{2-}后 5 d 内，SO_4^{2-}开始被生物还原，运行至 52 d 时，

出水 SO_4^{2-}浓度为 38.9 mg/L，去除率为 24.8%，去除通量达到 0.583 g/（$m^2·d$）。由于进水中有 SO_4^{2-}作为电子受体参与了对 H_2 的竞争性抢夺，出水中 NO_3^--N 浓度稍微上升，至 52 d 时出水 NO_3^--N 浓度为 0.32 mg/L。

第 53 天开始向进水中投加 0.1 mg/L 的 BrO_3^-到最后，同时维持 NO_3^--N 和 SO_4^{2-}浓度不变。从图 6.2 中可以看出，自养菌对 BrO_3^-的还原速率较快，第 55 天时（投加 BrO_3^-的第 2 天）出水浓度仅为 0.036 mg/L，此时还原速率高达 0.329 g/（$m^3·d$），去除通量和去除率分别为 0.003 g/（$m^2·d$）和 64.0%。在随后的运行阶段中，出水 BrO_3^-的浓度逐渐降低，在 72～87 d 已稳定在 0.01 mg/L 以下。随着 BrO_3^-的还原，出水中的 Br^-浓度也逐渐上升，至 87 d 时出水中的 Br^-浓度为 0.064 mg/L，这表明 BrO_3^-已经被自养细菌完全还原。

自第 88 天开始在进水中投加 *p*-CNB 和 Cr（Ⅵ）到最后以进一步驯化生物膜微生物。由于 *p*-CNB 和 Cr（Ⅵ）均为两种毒性较大的化合物，因此投加时间放在最后一步。进水中 *p*-CNB 和 Cr（Ⅵ）投加的浓度分别是 0.5 mg/L 和 0.25 mg/L。投加这两种毒性较大的化合物之后，出水 NO_3^--N 在 88～91 d 呈明显的先上升再下降的趋势，而 BrO_3^-和 SO_4^{2-}的浓度也有微小的上升。由此可知，*p*-CNB 和 Cr（Ⅵ）的毒性已经影响自养菌的活性，继而导致 NO_3^--N、SO_4^{2-}和 BrO_3^-的还原受到抑制。随着生物膜微生物的适应，NO_3^--N、SO_4^{2-}和 BrO_3^-的还原进一步加强，去除效果逐渐变好。至工况 3 结束时，反硝化很彻底，出水中基本检测不出 NO_3^--N 和 NO_2^--N；SO_4^{2-}浓度稳定在 32.3 mg/L 左右，其去除率和去除通量分别为 35.4%和 0.805 g/（$m^2·d$）；BrO_3^-经过略微上升之后又逐渐降低，工况运行的最后 10 d 内出水浓度一直维持在 0.01 mg/L 以下，近于 100%的去除率。

当进水投加 0.5 mg/L 的 *p*-CNB 后，自养菌对 *p*-CNB 的还原速率加快，第 89 天时出水 *p*-CNB 浓度仅为 0.1 mg/L 左右，此时还原速率高达 2.057 g/（$m^3·d$），去除通量达 0.018 g/（$m^2·d$）。随着 *p*-CNB 的还原，出水 *p*-CAN 浓度和 AN 浓度均呈现上升趋势。第 100～120 天，出水 *p*-CNB 浓度呈现上升的趋势，但随后又逐渐降低，且 *p*-CAN 浓度和 AN 浓度逐渐达到稳定。至 120 d 时，出水 *p*-CNB 浓度约为 0.05 mg/L，达到饮用水规定的卫生标准，去除通量和去除率分别为 0.020 g/（$m^2·d$）和 88.6%；出水 *p*-CAN 浓度和 AN 浓度分别为 0.21 mg/L 和 0.10 mg/L。出水中 *p*-CAN 浓度没有持续降低，说明还原脱氯作用已经受到制约。

根据文献查阅和前期研究，微生物可以在厌氧环境中利用 H_2 作为电子供体对重金属离子发生异化金属还原，而对于重金属 Cr（Ⅵ）的异化还原也有部分报道[1,2]。由于 Cr（Ⅵ）在饮用水尤其是地下水中的污染一直是被关注的焦点，利用 MBfR 去除 Cr（Ⅵ）具有非常重要的意义。向进水中投加 0.25 mg/L 的 Cr（Ⅵ），出水中的 Cr（Ⅵ）浓度随着运行时间的延长而逐渐降低。连续检测进水和出水中的总 Cr 浓度发现，总 Cr 浓度随

Cr（Ⅵ）还原逐步降低，至 120 d 时出水总 Cr 浓度降至 0.08 mg/L（去除率为 69.7%）。由于生物还原作用导致出水中的 pH 由初始的 7.5 上升至 7.8，继而导致反应器中液相处于偏碱性环境。以上试验结果表明，Cr（Ⅵ）被还原生成 Cr（Ⅲ），形成沉淀和大分子络合物，过滤之后被去除。这也证实了反应器中总 Cr 浓度持续降低，以及反应器去除总 Cr 效果较好。

6.3.2 不同工况下各种物质的去除效果

本阶段试验主要观察反应器对这 5 种物质的同步去除效果、转化机理以及它们之间的相互影响，继而评价反应器同步去除氧化性物质的潜力。本试验共设置了 3 个不同的工况，分别是提高进水浓度、提高氢分压及降低进水流速（表 6.2）。

6.3.2.1 NO_3^--N 和 SO_4^{2-}的去除

由于经过前期驯化，反应器已对各种物质有良好的去除效果，第 121 天开始，同时提高 5 种物质的进水浓度，氢分压维持在 0.06 MPa，进水流速维持在 2 mL/min（HRT=4.7 h）。图 6.3 显示了不同工况下反应器去除 NO_3^--N 和 SO_4^{2-}的情况。NO_3^--N 和 SO_4^{2-}的浓度分别从 10 mg/L 和 50 mg/L 提升至 20 mg/L 和 100 mg/L，表面负荷分别从 0.455 g/（m^2·d）和 2.274 g/（m^2·d）提高至 0.910 g/（m^2·d）和 4.548 g/（m^2·d）。可以看出，两种物质的负荷提高了 1 倍、还原速率稍微降低，但 NO_3^--N 和 SO_4^{2-}浓度均呈持续降低趋势，这表明反硝化菌和 SO_4^{2-}还原菌对负荷的提高有良好的抗冲击能力。第 141 天时，NO_3^--N 和 SO_4^{2-}的去除通量分别为 0.779 g/（m^2·d）和 0.530 g/（m^2·d），去除率分别达到 88.8%和 11.7%；当工况结束即 180 d 时，出水 NO_3^--N 和 SO_4^{2-}的浓度分别为 0.41 mg/L 和 72.2 mg/L，去除率相较于工况开始时分别提高了 25.1%和 18.8%，去除通量分别上升至 0.891 g/（m^2·d）和 1.258 g/（m^2·d）。上述结果表明，负荷虽然增加但并没有明显降低两者的还原速率，而且随时间延长两者还原效果均逐步达到稳定降低趋势。

第 181 天，维持进水浓度不变，氢分压由 0.06 MPa 提高至 0.08 MPa，相应提高了反应器中 H_2 的可利用率。从图 6.3 中可以看出，SO_4^{2-}的去除通量和去除率均明显增加，而 NO_3^--N 的去除通量和去除率相对不明显，这一结果说明 SO_4^{2-}的还原对电子供体的敏感性或竞争性强于 NO_3^--N。经过 30 d 的连续运行，至 210 d 时，反应器出水 NO_3^--N 浓度和 SO_4^{2-}浓度均大幅降低，NO_3^--N 已无法检出，SO_4^{2-}浓度为 65.4 mg/L（去除率为 34.6%）。氢分压的增高导致反硝化和 SO_4^{2-}还原效果受到反应器电子供体可利用率升高的直接影响，故而出水 NO_3^--N 浓度和 SO_4^{2-}浓度进一步降低。NO_3^--N 达到 100%的去除率，而且反硝化速率高于其他物质，说明 NO_3^--N 的还原几乎没有受到多种污染物共存的影响，这一结果与 NO_3^--N 作为第一电子受体，自养细菌会优先利用 H_2 作为电子供体将其还原这一性质相吻合[3]。

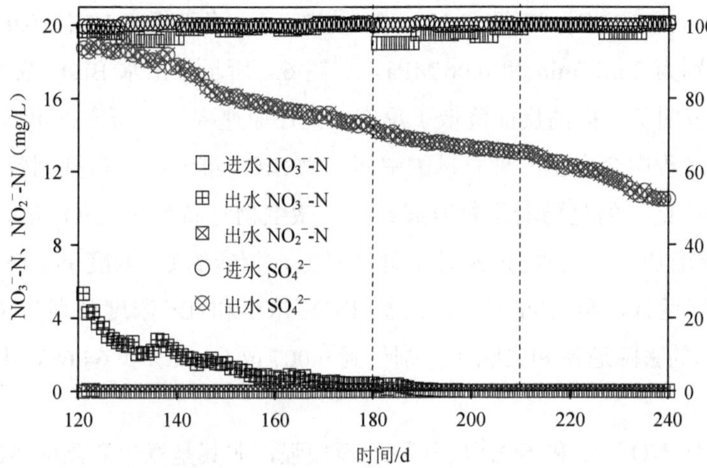

（a）不同工况条件下反应器对 NO_3^--N 的去除

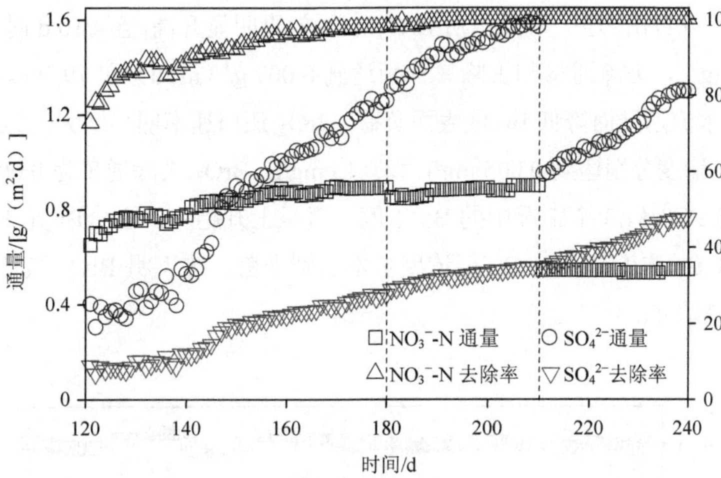

（b）不同工况条件下反应器对 SO_4^{2-}的去除

图 6.3　不同工况条件下反应器对 NO_3^--N 和 SO_4^{2-}的去除

为了进一步提高各种物质的去除率，维持进水浓度和氢分压不变，通过降低进水流速至 1.2 mL/min（HRT=7.8 h）来降低进水表面负荷，继续观察反应器还原这些物质的效果。由图 6.3 可知，NO_3^--N 的去除通量降低但去除率和还原速率无明显变化，表明反硝化已经很彻底，运行结束时出水中的 NO_3^--N 浓度和 NO_2^--N 浓度均达到无法检出的水平。SO_4^{2-}的还原速率和去除率明显升高，但去除通量随流速的降低而降低，运行结束时出水 SO_4^{2-}的浓度降低至 52.5 mg/L，去除率上升至 47.5%。

6.3.2.2 BrO_3^-的去除

自第121天起，提高BrO_3^-浓度至0.25 mg/L，使进水表面负荷提高1.5倍[0.011 g/（m^2·d）]，流速和氢分压分别为2 mL/min和0.06 MPa。如图6.4所示，出水BrO_3^-浓度随即上升至0.2 mg/L以上，表明负荷提高反而降低了反应器的还原速率。有研究指出，BrO_3^-在被氢自养菌逐步还原过程中会产生一种有毒的中间产物BrO_2^-继而产生自抑制效应，因而可能导致还原速率的降低。但是随着运行时间延长，微生物对高负荷BrO_3^-的适应性增强，BrO_3^-还原效果逐渐加强，出水BrO_3^-浓度逐渐降低，相应的Br^-浓度呈不断升高的趋势。经过60 d的连续运行，至180 d时，出水BrO_3^-浓度和Br^-浓度分别为0.09 mg/L和0.10 mg/L，BrO_3^-的去除通量和去除率分别达到0.007 g/（m^2·d）和64.6%，相较进水初始浓度已有大幅降低。

提高氢分压使NO_3^--N和SO_4^{2-}的还原逐步加强，尤其是竞争激烈的SO_4^{2-}还原更加明显。第2工况调节氢分压至0.08 MPa，目的是增强BrO_3^-的还原速率，继而降低出水浓度。从图6.4中可以看出，增大氢分压后BrO_3^-还原效果明显升高，至210 d时，出水BrO_3^-浓度降至0.05 mg/L，去除通量和去除率分别达到0.009 g/（m^2·d）和79.7%。自第211天起，通过降低进水流速继而降低BrO_3^-表面负荷，BrO_3^-还原速率明显增大，至工况结束时，出水BrO_3^-和Br^-浓度分别达到0.005 mg/L和0.15 mg/L，BrO_3^-去除通量为0.007 g/（m^2·d），去除率达到最高97.8%。3个工况中的Br^-浓度一直呈上升趋势，通过Br元素的物料平衡计算得知，出水Br^-浓度与进水BrO_3^-浓度基本达到平衡，这表明BrO_3^-被还原的最终产物是以Br^-形式存在的。

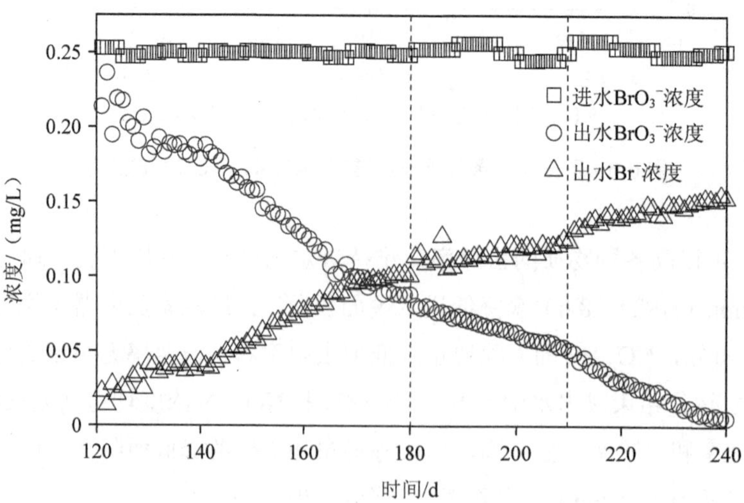

（a）不同工况条件下反应器对BrO_3^-的去除的浓度变化

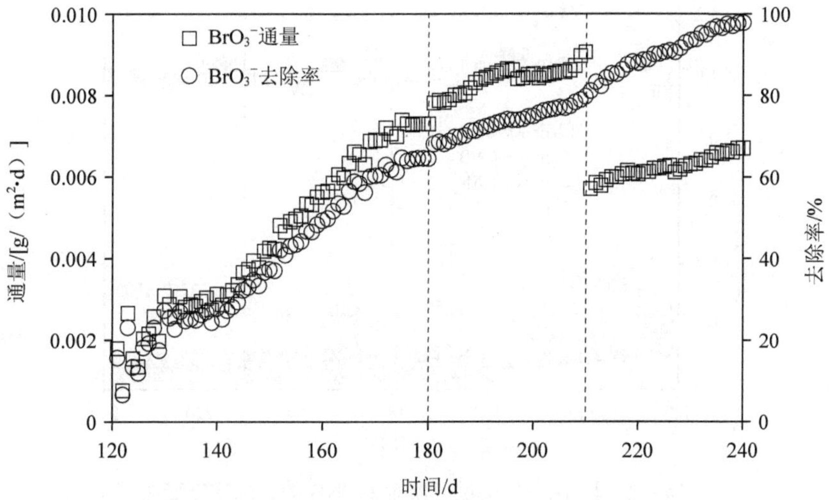

（b）不同工况条件下反应器对 BrO_3^-的去除通量变化

图 6.4　不同工况条件下反应器对 BrO_3^-的去除

6.3.2.3　*p*-CNB 的去除

通过 3 种不同工况观察反应器对 *p*-CNB 还原的情况，结果如图 6.5 所示。第 1 工况是 *p*-CNB 浓度由 0.5 mg/L 上升至 1.0 mg/L，进水流速和氢分压维持不变。提高 *p*-CNB 浓度后，出水中的 *p*-CNB 浓度呈现上升趋势，最高浓度达 0.39 mg/L，去除率最低时仅有 60.9%（第 135 天），说明进水负荷增大 1 倍导致了反应器对 *p*-CNB 还原效果的降低。随着微生物对高负荷的进水不断适应，反应器中的 *p*-CNB 还原速率逐渐增大。自第 150 天起，出水 *p*-CNB 浓度急剧下降，至 180 d 时仅为 0.04 mg/L，低于《生活饮用水卫生标准》（GB 5749—2022）规定的 0.05 mg/L，去除率接近 96%，*p*-CNB 和 *p*-CAN 去除通量分别为 0.043 g/（m^2·d）和 0.031 g/（m^2·d）。出水 *p*-CAN 浓度基本没有明显变化，说明提高 *p*-CNB 浓度后没有导致 *p*-CAN 的累积，还原脱氯效果没有受到负荷明显抑制。相应地，出水 AN 浓度进一步上升，由初始 120 d 的 0.09 mg/L 上升至 180 d 的 0.24 mg/L。第 181 天，提高氢分压至 0.08 MPa，出水 *p*-CNB 浓度无明显变化，均维持在 0.05 mg/L 以下，AN 浓度虽然上升但不明显，至 210 d 时的 *p*-CNB 去除通量及去除率与工况开始时相比均无明显上升。试验结果表明，提高氢分压至 0.08 MPa 时足以提供氧化性物质共存时还原所需的电子供体量，H_2 利用限制水平很低。第 3 工况是降低进水 *p*-CNB 的表面负荷，其结果是出水 AN 浓度明显提高，说明 *p*-CAN 的还原脱氯效果增强。出水 *p*-CNB 的浓度一直维持在 0.05 mg/L 以下，去除率继续保持在 95%以上。

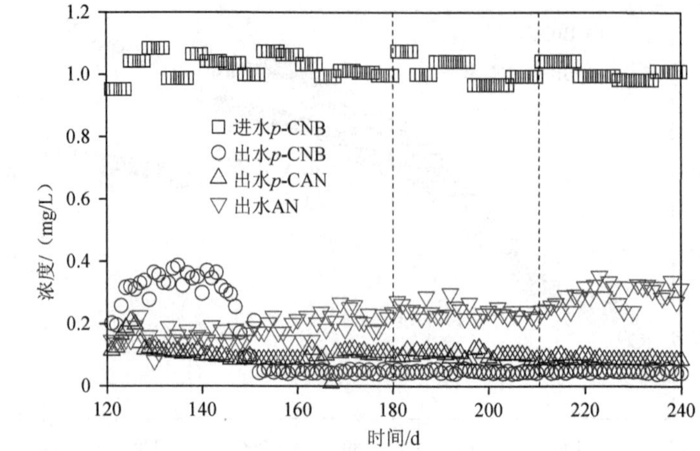

（a）不同工况条件下反应器对 *p*-CNB 的去除浓度变化

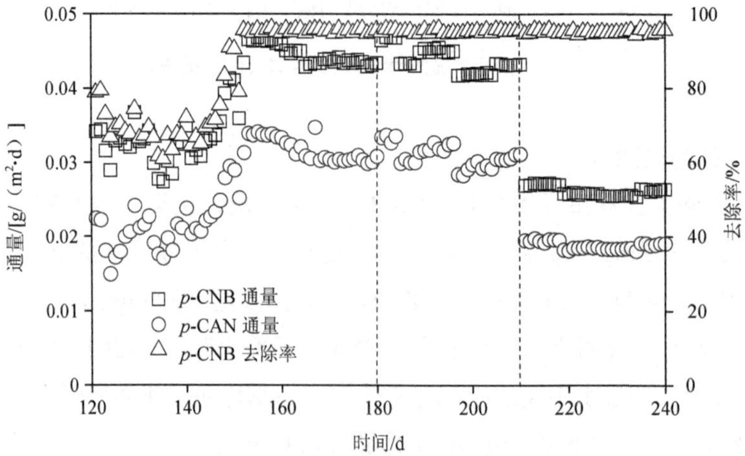

（b）不同工况条件下反应器对 *p*-CNB 的去除通量变化

图 6.5　不同工况条件下反应器对 *p*-CNB 的去除

6.3.2.4　六价铬的去除

经过大约 30 d 的驯化，反应器中的生物膜微生物已对 Cr（Ⅵ）有了一定的适应能力，并且对 0.25 mg/L 的进水 Cr（Ⅵ）有很好的去除效果。为了观察反应器对 Cr（Ⅵ）的去除性能，分别从提高 Cr（Ⅵ）的进水浓度、提高氢分压和降低进水流速 3 个工况进行观察，具体结果如图 6.6 所示。

第 121 天时，进水 Cr（Ⅵ）浓度由 0.25 mg/L 升高至 0.50 mg/L［表面负荷为 0.023 g/（m^2·d）］，氢分压和进水流速维持不变。从图 6.6 中可以看出，增加进水负荷可使 Cr（Ⅵ）的还原速率相对减缓但不明显，而且随着运行时间的延长，其还原速率逐渐加强。经过

60 d 的连续运行，至 180 d 时出水 Cr（Ⅵ）浓度为 0.20 mg/L，去除率达 60%，Cr（Ⅵ）去除通量高达 0.014 g/（m^2·d）。出水中的总 Cr 浓度也随运行时间的延长而不断降低，去除率升高明显，相应地，去除 Cr 浓度也不断升高。第 181 天时，提高氢分压以增强 Cr（Ⅵ）的还原效果。与预期结果一致的是，出水 Cr（Ⅵ）浓度降低和去除 Cr 浓度增高的幅度均较大，这说明氢分压已经明显影响了 Cr（Ⅵ）的生物还原速率。经过 30 d 的运行，至 210 d 时出水 Cr（Ⅵ）浓度和总 Cr 浓度已分别降至 0.02 mg/L 和 0.06 mg/L。继续降低流速以降低进水负荷，使 Cr（Ⅵ）的还原效果继续增强，运行结束时 Cr（Ⅵ）浓度和总 Cr 浓度均已低于 0.05 mg/L，Cr（Ⅵ）去除率高达 99%。

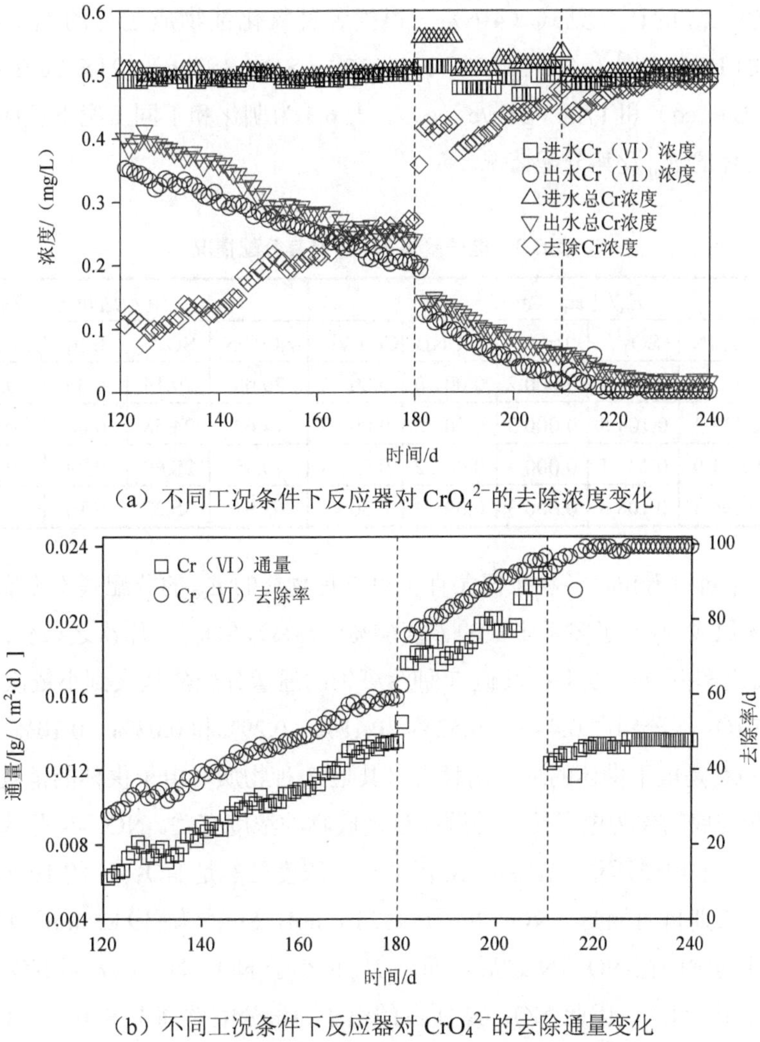

（a）不同工况条件下反应器对 CrO_4^{2-} 的去除浓度变化

（b）不同工况条件下反应器对 CrO_4^{2-} 的去除通量变化

图 6.6　不同工况条件下反应器对 CrO_4^{2-} 的去除

总体来看，3 个工况的连续运行使反应器对总 Cr 的去除效果逐渐增强并趋于稳定，出水总 Cr 浓度持续降至 0.02 mg/L。总 Cr 浓度的降低是由于 Cr（Ⅵ）还原产物 Cr（Ⅲ）形成沉淀［$Cr(OH)_3$］或大分子络合物［$Cr(OH)_3(H_2PO_4)_2^{2-}$］被滤膜过滤引起的，而形成沉淀的最适宜 pH 为 7.5～9.0，当 pH 大于 10 时沉淀又会溶解[1,4,5]。由于反应体系中各种还原反应导致 pH 上升，经过出水中的 pH 连续检测可知，出水中 pH 基本维持在 7.8 左右，正处于 $Cr(OH)_3$ 形成的最适宜 pH 范围之内。

6.3.3 生物膜利用 H_2 通量

本节中的 E_{eq} 的计算见式（4-6）。根据各种氧化性物质进行的完全反应计算，各电子受体的 EW_s 分别为 2.8（g N/e^- eq）、12（g SO_4^{2-}/e^- eq）、21.3（g BrO_3^-/e^- eq）、19.7（g *p*-CNB/e^- eq）和 17.3（g Cr/e^- eq）。表 6.3 为驯化和不同工况下反应器运行稳定阶段的电子受体的 E_{eq} 及其分配情况。

表 6.3　电子受体的 E_{eq} 及其分配情况

阶段/d	E_{eq}/［eq/（m^2·d）］					电子通量分配/%				
	NO_3^--N	SO_4^{2-}	BrO_3^-	*p*-CNB	Cr（Ⅵ）	NO_3^--N	SO_4^{2-}	BrO_3^-	*p*-CNB	Cr（Ⅵ）
118～120	0.162 2	0.067 5	0.000 2	0.001 0	0.000 6	70.08	29.14	0.09	0.44	0.24
178～180	0.318 3	0.104 8	0.000 3	0.002 2	0.000 8	74.64	24.58	0.08	0.52	0.18
208～210	0.321 9	0.131 1	0.000 4	0.002 2	0.001 3	70.45	28.69	0.09	0.48	0.29
238～240	0.196 3	0.108 3	0.000 3	0.001 3	0.000 8	63.94	35.27	0.10	0.44	0.26

从表 6.3 中可以看出，各种工况条件下对 5 种物质的 E_{eq} 的分配基本无影响。整体来看，NO_3^--N 还原成 N_2 占了多于半数的 E_{eq}（64%～75%），SO_4^{2-} 还原次之（达 25%～35%），且两者的 E_{eq} 之和占 99%以上；其他 3 种污染物的通量分配额从大到小依次为 *p*-CNB、Cr（Ⅵ）和 BrO_3^-，分别占 0.44%～0.52%、0.18%～0.29%和 0.08%～0.10%。结果表明，NO_3^--N 和 SO_4^{2-} 是电子供体的最大消耗者，其他 3 种物质对电子供体的消耗量较少。电子通量的分配与底物作为电子受体的顺序以及底物的浓度有关。NO_3^--N 作为第一电子受体，占到了最大的电子通量分配额；SO_4^{2-} 的进水浓度虽然是 NO_3^--N 的 10 倍，但是根据两者还原的吉布斯自由能变（NO_3^--N 为−112 kJ/mol，SO_4^{2-} 为−19 kJ/mol）可得到 SO_4^{2-} 作为电子受体的顺序在 NO_3^--N 之后，而且 E_{eq} 也小于 NO_3^--N，这表明 NO_3^--N 对 H_2 的竞争能力要高于 SO_4^{2-}，因此 NO_3^--N 所占的电子通量分配额高于 SO_4^{2-}。其余 3 种污染物的电子通量分配额与前两者不在同一数量级，可能是由于其进水浓度远小于前两者，而且即使相同的进水浓度，后三者的 E_{eq} 也会小于电子受体 NO_3^--N 或 SO_4^{2-}。通过比较，

在同一反应体系且 H_2 受限制的情况下，NO_3^--N 和 SO_4^{2-} 共存时对其他电子受体的竞争性影响值得关注。

连续检测反应器运行每一工况结束前最后 3 d 的出水 H_2 浓度并计算平均值，结果如图 6.7 所示。从图中可以看出，不同工况对出水 H_2 浓度的影响不同，主要是由各种物质对 H_2 的利用总量不同所致。驯化结束（118～120 d）时，出水 H_2 浓度约为 0.128 mg/L，但是增加各种物质的进水负荷之后，出水 H_2 浓度随反应器 H_2 利用量的增大而降低（0.102 mg/L）。增大氢分压相对提高反应器中的 H_2 可利用率，但是各种物质还原所需的 H_2 总量基本无变化，未利用的 H_2 总量相应升高，因此出水 H_2 浓度呈上升的趋势。降低流速后导致进水负荷降低，使各种物质的还原效果加强，对 H_2 的利用总量增大，因此出水 H_2 浓度降低。

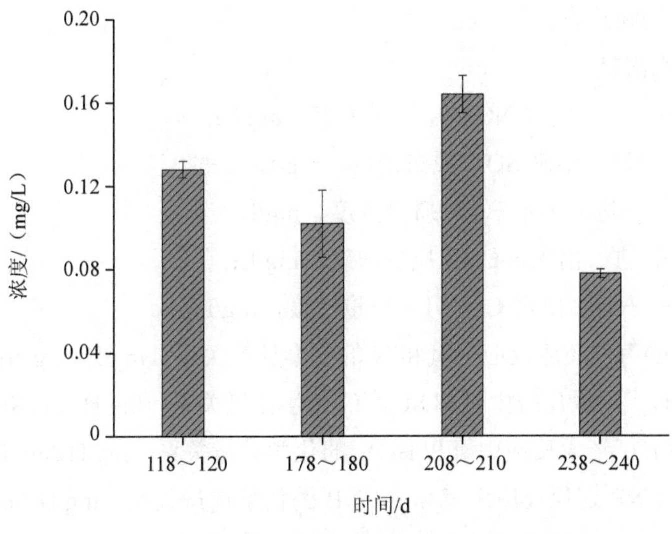

图 6.7 反应器运行过程中稳定阶段出水 H_2 的浓度

根据两点前提或假设：

①忽略底物被液相中悬浮微生物利用的部分，因为液相中的悬浮微生物相对生物膜微生物利用底物的比例或速率很小；

②进行质量平衡时不考虑生物膜生物量的增长，认为处于相对稳定状态，主要是因为自养微生物的生物产率很低从而忽略不计。

根据上述假设，反应器中 H_2 与 NO_3^--N、SO_4^{2-}、BrO_3^-、*p*-CNB 和 Cr（Ⅵ）的质量平衡方程式如下：

$$\begin{aligned} R_{HB}V_R = {} & a_{HN}Q(S_{Ni} - S_{Ne}) + a_{HS}Q(S_{Si} - S_{Se}) + a_{HBr}Q(S_{Bri} - S_{Bre}) \\ & + a_{Hp}Q(S_{pi} - S_{pe}) + a_{HCr}Q(S_{Cri} - S_{Cre}) \end{aligned} \tag{6-1}$$

$$J_{HT}A_B = R_{HB}V_R + QS_{He} \tag{6-2}$$

$$\begin{aligned} S_{Hu} &= a_{HN}(S_{Ni} - S_{Ne}) + a_{HS}(S_{Si} - S_{Se}) + a_{HBr}(S_{Bri} - S_{Bre}) \\ &+ a_{Hp}(S_{pi} - S_{pe}) + a_{HCr}(S_{Cri} - S_{Cre}) \end{aligned} \tag{6-3}$$

$$H_2 \text{ utilization} = \left(1 - \frac{S_{He}}{S_{Hu} + S_{He}}\right) \times 100\% \tag{6-4}$$

式中，R_{HB}——生物膜利用 H_2 速率，mg H_2/（$cm^3 \cdot d$）；

J_{HT}——生物膜利用 H_2 通量，mg H_2/（$cm^2 \cdot d$）；

H_2 utilization——H_2 被生物膜利用效率，%；

V_R——反应器的有效容积，cm^3；

A_B——生物膜总表面积，cm^2；

Q——进水流量，L/d；

S_{Ni}，S_{Ne}——进、出水 NO_3^--N 质量浓度，mg/L；

S_{Si}，S_{Se}——进、出水 SO_4^{2-}质量浓度，mg/L；

S_{Bri}，S_{Bre}——进、出水 BrO_3^-质量浓度，mg/L；

S_{pi}，S_{pe}——进、出水 *p*-CNB 质量浓度，mg/L；

S_{Cri}，S_{Cre}——进、出水 Cr（Ⅵ）质量浓度，mg/L；

α_{HN}——NO_3^--N 还原反应中氢和 N 的化学计量关系，mg H_2/mg N；

α_{HS}——SO_4^{2-}还原反应中氢和 SO_4^{2-}的化学计量关系，mg H_2/mg SO_4^{2-}；

α_{HBr}——BrO_3^-还原反应中氢和 BrO_3^-的化学计量关系，mg H_2/mg BrO_3^-；

α_{Hp}——*p*-CNB 还原反应中氢和 *p*-CNB 的化学计量关系，mg H_2/mg *p*-CNB；

α_{HCr}——Cr（Ⅵ）还原反应中氢和 Cr 的化学计量关系，mg H_2/mg Cr。

根据反应式化学计量关系可以算出，α_{HN} 为 0.357 mg H_2/mg N；α_{HS} 为 0.083 mg H_2/mg SO_4^{2-}；α_{HBr} 为 0.047 mg H_2/mg BrO_3^-；α_{Hp} 为 0.051 mg H_2/mg *p*-CNB；α_{HCr} 为 0.058 mg H_2/mg Cr。由此可以计算出 H_2-MBfR 运行过程中 H_2 利用速率、利用通量和利用效率。

图 6.8 显示了反应器驯化和 3 个工况运行最后 3 d 的平均 H_2 利用速率、利用通量和利用效率。从图中可以看出，H_2 利用速率、利用通量和利用效率在前 210 d 的运行过程中总体呈上升趋势，在降低进水流速之后除 H_2 利用效率外，其他两种指标均有所降低。说明 H_2 利用速率和利用通量与进水负荷有紧密联系。4 个稳定阶段的 H_2 利用速率为 0.026～0.051 mg H_2/（$cm^3 \cdot d$），H_2 利用通量为 0.024～0.046 mg H_2/（$cm^2 \cdot d$），H_2 利用效率为 97.5%～99.3%，三者均比反应器去除 *p*-CNB 或 BrO_3^-时要高，而且 H_2 利用效率近于 100%。上述结果表明，在氢分压不变的情况下，电子受体数量与浓度对 H_2 利用速率、H_2 利用通量和

H_2利用效率的数值有很大影响，同时验证了氢分压在运行参数中至关重要。

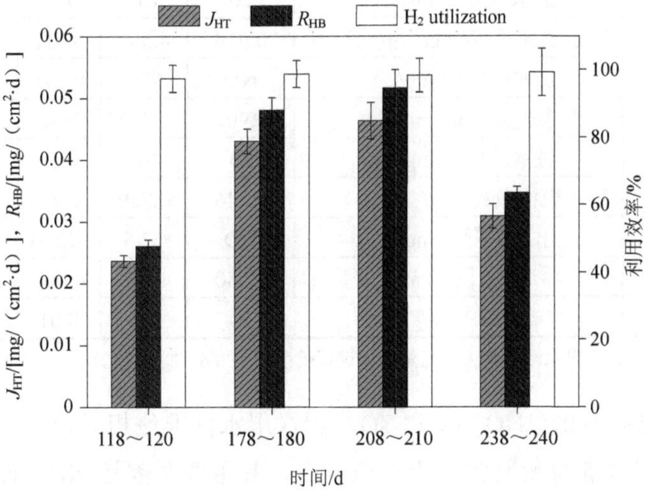

图 6.8　运行稳定阶段 H_2 的利用速率、利用通量和利用效率

6.3.4　多种物质共存时的去除潜力分析

饮用水中多种共存的氧化性物质已逐步成为一个威胁人类健康的问题。能同时去除多种氧化性物质的 H_2-MBfR 具有一定的应用前景和潜力。通过连续运行反应器对多种氧化性物质［NO_3^--N、SO_4^{2-}、BrO_3^-、*p*-CNB 和 Cr（Ⅵ）］的同步去除试验，分析去除这些物质的去除性能和影响因素将有利于评价反应器去除这些物质的潜力以及得出反应器的最佳运行参数。表 6.4 列出了不同运行条件下各稳定状态的不同物质的进出水浓度、进水负荷和去除通量，同时还列出了各种物质的饮用水卫生标准值。

表 6.4　不同运行条件下稳定状态的各物质进、出水浓度和去除通量

运行条件		NO_3^--N	SO_4^{2-}	BrO_3^-	*p*-CNB	Cr（Ⅵ）
氢分压（0.06 MPa） 流速（2 mL/min） HRT（4.7 h）	进水浓度/（mg/L）	10	50	0.1	0.5	0.25
	进水表面负荷/［g/（m^2·d）］	0.455	2.274	0.005	0.023	0.011
	出水浓度/（mg/L）	ND	32.3	<0.01	0.057	<0.05
	去除通量/［g/（m^2·d）］	0.455	0.810	0.004 5	0.020	0.010
	进水浓度/（mg/L）	20	100	0.25	1.0	0.5
	进水表面负荷/［g/（m^2·d）］	0.910	4.548	0.011	0.046	0.023
	出水浓度/（mg/L）	0.41	72.2	0.088	<0.05	0.204
	去除通量/［g/（m^2·d）］	0.891	1.258	0.007	0.043	0.013

运行条件		NO_3^--N	SO_4^{2-}	BrO_3^-	*p*-CNB	Cr（Ⅵ）
氢分压（0.08 MPa）流速（2 mL/min）HRT（4.7 h）	进水浓度/（mg/L）	20	100	0.25	1.0	0.5
	进水表面负荷/［g/（m^2·d）］	0.910	4.548	0.011	0.046	0.023
	出水浓度/（mg/L）	ND	65.4	0.051	<0.05	<0.05
	去除通量/［g/（m^2·d）］	0.901	1.573	0.009	0.043	0.022
氢分压（0.08 MPa）流速（1.2 mL/min）HRT（7.8 h）	进水浓度/（mg/L）	20	100	0.25	1.0	0.5
	进水表面负荷/［g/（m^2·d）］	0.546	2.729	0.007	0.027	0.014
	出水浓度/（mg/L）	ND	52.5	<0.01	<0.05	<0.05
	去除通量/［g/（m^2·d）］	0.550	1.299	0.007	0.026	0.013
饮用水卫生标准	浓度/（mg/L）	10	250	0.01	0.05	0.05

注：ND 表示为未检出；表中出水浓度和去除通量均为运行阶段最后 3 d 的平均值。

从表 6.4 中可以看出，NO_3^--N 和 SO_4^{2-}的饮用水标准值相对较高，而两者的出水浓度在所有运行条件下都能够达到标准限值以下，其主要原因是 NO_3^--N 和 SO_4^{2-}的进水浓度较低，因此评价最佳运行负荷时不考虑两者的进水表面负荷的影响。BrO_3^-、*p*-CNB 和 Cr（Ⅵ）的进水浓度分别至少是标准值的 10～25 倍、10～20 倍和 5～10 倍，此时相应的进水表面负荷分别为 0.005～0.011 g/（m^2·d）、0.023～0.046 g/（m^2·d）和 0.011～0.023 g/（m^2·d）。在氢分压为 0.06 MPa（HRT=4.7 h）时，能够使 BrO_3^-、*p*-CNB 和 Cr（Ⅵ）出水达标的进水负荷分别为 0.005 g/（m^2·d）、0.046 g/（m^2·d）和 0.011 g/（m^2·d）。当氢分压增至 0.08 MPa 时（维持 HRT=4.7 h 不变），*p*-CNB 和 Cr（Ⅵ）的进水表面负荷分别为 0.046 g/（m^2·d）和 0.023 g/（m^2·d），均能使 *p*-CNB 和 Cr（Ⅵ）的出水浓度低于标准值（0.05 mg/L）。降低流速至 1.2 mL/min（HRT 提高至 7.8 h）时，BrO_3^-、*p*-CNB 和 Cr（Ⅵ）的进水负荷分别为 0.007 g/（m^2·d）、0.027 g/（m^2·d）和 0.014 g/（m^2·d），此时三者的出水浓度均小于标准值。

综上所述，为确保反应器中各种污染物质的出水浓度均低于饮用水卫生标准，同时不考虑 NO_3^--N 和 SO_4^{2-}的负荷，得出反应器的最佳运行条件如下：氢分压为 0.06 MPa 时，BrO_3^-、*p*-CNB 和 Cr（Ⅵ）的进水负荷分别为 0.005 g/（m^2·d）、0.046 g/（m^2·d）和 0.011 g/（m^2·d）；氢分压为 0.08 MPa 时，BrO_3^-、*p*-CNB 和 Cr（Ⅵ）的进水负荷分别为 0.007 g/（m^2·d）、0.046 g/（m^2·d）和 0.023 g/（m^2·d）（表 6.5）。

表 6.5 反应器运行的最佳氢分压和进水表面负荷

氢分压/MPa	进水表面负荷/［g/（m^2·d）］		
	BrO_3^-	*p*-CNB	Cr（Ⅵ）
0.06	0.005	0.046	0.011
0.08	0.007	0.046	0.023

6.3.5 表面微生物群落结构研究

本节分析了 H_2-MBfR 处理多种氧化性物质过程中的微生物群落结构的动态变化。反应器运行工况见 6.3.1 节，HFM 外表面的生物膜共取样 3 次，具体取样时间和取样时间下反应器运行工况及水质特征见表 6.6。

表 6.6 生物膜取样时的运行工况及水质特征

	MBfR-NS	MBfR-Br	MBfR-Mix
取样时间/d	52	87	120
电子受体	NO_3^--N、SO_4^{2-}	BrO_3^-、NO_3^--N、SO_4^{2-}	Cr（Ⅵ）、*p*-CNB、BrO_3^-、NO_3^--N、SO_4^{2-}
进水 NO_3^--N 浓度/（mg/L）	10	10	10
进水 SO_4^{2-}浓度/（mg/L）	50	50	50
进水 BrO_3^-浓度/（mg/L）	—	0.1	0.1
进水 *p*-CNB 浓度/（mg/L）	—	—	0.5
进水 Cr（Ⅵ）浓度/（mg/L）	—	—	0.25
氢分压/MPa	0.06	0.06	0.06
HRT/h	4.7	4.7	4.7
出水 NO_3^--N 浓度/（mg/L）	0.32	0.31	ND
出水 SO_4^{2-}浓度/（mg/L）	38.9	38.4	32.3
出水 BrO_3^-浓度/（mg/L）	—	ND	ND
出水 *p*-CNB 浓度/（mg/L）	—	—	0.057
出水 Cr（Ⅵ）浓度/（mg/L）	—	—	0.036

注：ND 表示未检出。

由表 6.6 可知，取样时间均为反应器运行至每一稳定状态的最后一天，分别是第 52 天（H_2-MBfR-NS）、第 87 天（H_2-MBfR-Br）和第 120 天（H_2-MBfR-Mix），其工况差异为电子受体（污染物）的投加时间不同。从表中的水质特征可以看出，不同工况条件下反应器对各种污染物的去除效果明显不同。本节借助 PCR-DGGE、Real-time PCR、16S rRNA 克隆文库等分子生物学技术对 H_2-MBfR 还原 NO_3^--N、SO_4^{2-}、BrO_3^-、*p*-CNB 和 Cr（Ⅵ）的不同运行阶段的总细菌群落结构进行了深入系统的分析，揭示微生物对污染物去除效果及去除机理的影响。

6.3.5.1 膜表面总细菌 PCR-DGGE 分析

试验采用 PCR-DGGE 技术分析了反应器运行不同阶段的总细菌群落结构的变化，每个阶段生物膜样品均在该工况结束时取样，以保证系统处于稳定状态。为了提高 DGGE

分离的特性，试验采用嵌套 PCR 对总细菌进行扩增。产物使用 D-Code 系统进行 DGGE 分离，聚丙烯酰胺（37.5∶1）浓度为 8%，变性剂浓度梯度为 55%～35%，DGGE 试验重复 3 次，以确保结果具有良好的重现性。

6.3.5.2 膜表面总细菌 Real-time PCR 分析

H_2-MBfR-NS 和 H_2-MBfR-Br 的相似性为 65%，而两者与 H_2-MBfR-Mix 的相似性为 59%，这说明相似性越大，两者的微生物群落结构越近。当在进水中添加 BrO_3^-之后，DGGE 图谱的条带数或亮度变化较大，说明 BrO_3^-对微生物的优势群落起到驯化或筛选作用。当进水投加 *p*-CNB 和 Cr（Ⅵ）以后，H_2-MBfR-NS、H_2-MBfR-Br 和 H_2-MBfR-Mix 相似性进一步降低，由此可知，微生物群落结构发生较大变化，从图中的条带数和亮度也可以看出相似的规律。由于进水组成对微生物群落结构的影响比较显著[6]，随着反应器运行过程中不同电子受体的投加，微生物逐渐被驯化，继而使优势种属越来越丰富，因此与进水只有 NO_3^--N 和 SO_4^{2-}时的群落结构差异较大。分析 DGGE 图谱中亮带及 DNA 测序可知，不同运行条件下导致的优势微生物种属变化不同。总体来看，H_2-MBfR-NS 的亮带条数最多，其他 2 个工况条件下的条带数稍微减少，说明不同工况条件导致微生物群落逐渐产生变化。如条带 11 和条带 6 在 H_2-MBfR-NS 中存在，却在 H_2-MBfR-Br 和 H_2-MBfR-Mix 的工况中逐步消失。条带 7、条带 8 和条带 10 在 H_2-MBfR-NS 中没有或亮度较低，却在 H_2-MBfR-Mix 中出现而且亮度变亮。如条带 2、条带 3、条带 4、条带 5 和条带 9 在 3 种工况条件下均出现，说明这些条带所代表的微生物种属一直是反应器中的优势种群，而条带 3 的亮度明显变亮则说明此种微生物的优势地位进一步增强。

根据 DGGE 图谱中各个样品的条带数量和亮度计算出 Shannon 多样性指数（H'）、平衡指数（EI）和种群丰度（d），结果如表 6.7 所示。通过计算，H_2-MBfR-NS、H_2-MBfR-Br 和 H_2-MBfR-Mix 的多样性指数分别为 1.99、1.83 和 1.17，丰度分别为 48.2、12.6 和 23.1，均呈逐渐降低的趋势，表明膜表面微生物群落多样性随反应器运行逐渐降低。H_2-MBfR-NS 与 H_2-MBfR-Br 和 H_2-MBfR-Mix 的多样性相比差异明显，说明进水中投加 BrO_3^-、*p*-CNB 和 Cr（Ⅵ）对微生物群落结构的影响较大。有研究认为，进水中的成分是影响系统中微生物群落结构的首要原因[6]。H_2-MBfR-NS 的多样性指数和种群丰度高于其他 2 个工况，侧面反映了 H_2-MBfR-NS 的生物膜存在功能冗余的微生物，当系统环境出现变化时能够为系统的稳定性提供一定的保障。多样性和种群丰度的降低表明，随着工况运行，膜表面微生物群落结构越来越简单化，导致抗外界抵抗力稳定性降低。

表 6.7 膜表面微生物群落结构的多样性指数、平衡指数和种群丰度

	H_2-MBfR-NS	H_2-MBfR-Br	H_2-MBfR-Mix
H'	1.99	1.83	1.17
EI	1.44	2.16	1.08
d	48.2	12.6	23.1

将目标条带割下进行 PCR 扩增并测序，已检测到的微生物种属系统发育树如图 6.9 所示。系统发育分析表明，检测到的微生物种属已超过 73%属于 *Proteobacteria*，居其次的优势门是拟杆菌门（Bacteroidetes）和酸杆菌门（Acidobacteria）。由图可知，条带序列中有常见的反硝化细菌，如 *Dechloromonas* sp.（9）、*Azospira* sp.（4）、*Azovibrio* sp.（2）、*Uncultured Rhodocyclaceae bacterium*（5）和 *Geothrix* sp.（8）[7]，它们的条带在 3 个工况下多次出现，说明这些微生物在反应器运行过程中占据优势地位。由于进水中一直投加 NO_3^--N，长时间运行使生物膜中自养反硝化菌活性加强，反硝化效果一直维持良好状态，此结果从另一个角度验证了自养反硝化菌的富集。检测条带序列中还出现了硫化细菌 *Thiobacillus* sp.（6），说明反应器中有无机硫化物（H_2S/S^{2-}）的富集。

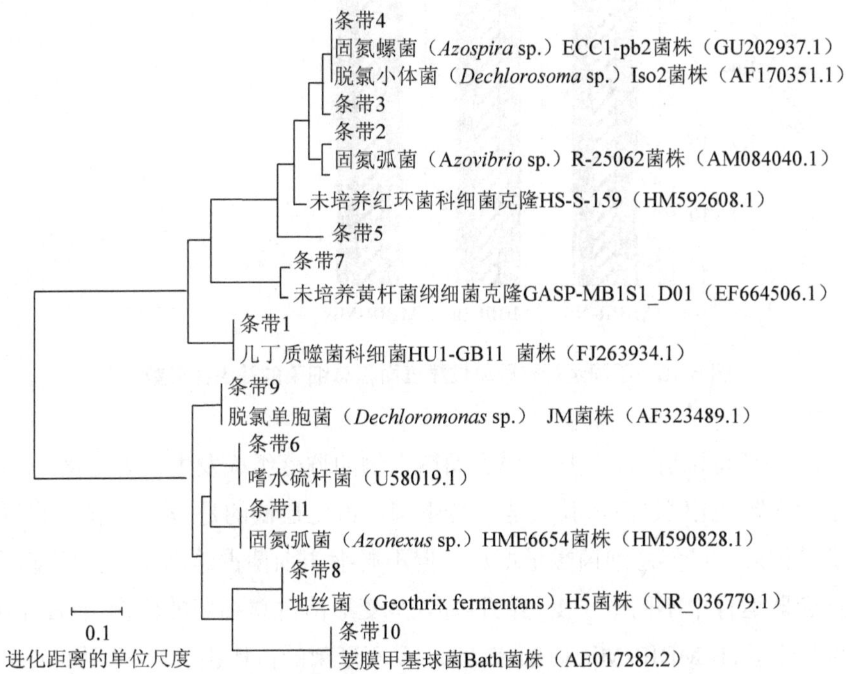

图 6.9 DGGE 回收条带微生物种属的系统发育树

6.3.5.3 膜表面总细菌 16S rRNA 克隆文库分析

图 6.10 显示了不同运行阶段时单位面积膜表面总细菌的基因拷贝数的动态变化。H_2-MBfR-NS 时的进水中只添加了 NO_3^--N 和 SO_4^{2-}对生物进行驯化，由于处于初始阶段，单位膜表面积总细菌（*General bacteria*）的含量为 2.87×10^9 基因拷贝数/cm^2，*α*-变形菌、*β*-变形菌和 *γ*-变形菌的含量分别是 1.52×10^8 基因拷贝数/cm^2、1.95×10^9 基因拷贝数/cm^2 和 8.62×10^7 基因拷贝数/cm^2。随着反应器运行时间的延长，单位膜表面积总细菌、*α*-变形菌、*β*-变形菌和 *γ*-变形菌的含量均呈上升趋势。由此可知，长时间的连续运行导致生物膜逐渐富集，活性细菌的含量也相对增加。H_2-MBfR-Mix 时反应器单位膜面积总细菌、*α*-变形菌、*β*-变形菌和 *γ*-变形菌的含量分别达到 5.71×10^{10} 基因拷贝数/cm^2、3.03×10^8 基因拷贝数/cm^2、4.74×10^{10} 基因拷贝数/cm^2 和 1.71×10^9 基因拷贝数/cm^2。总细菌、*α*-变形菌、*β*-变形菌和 *γ*-变形菌含量的连续增长表明，进水中不断投加的不同电子受体以及反应器的长时间运行使生物膜内活性微生物不断得到富集。

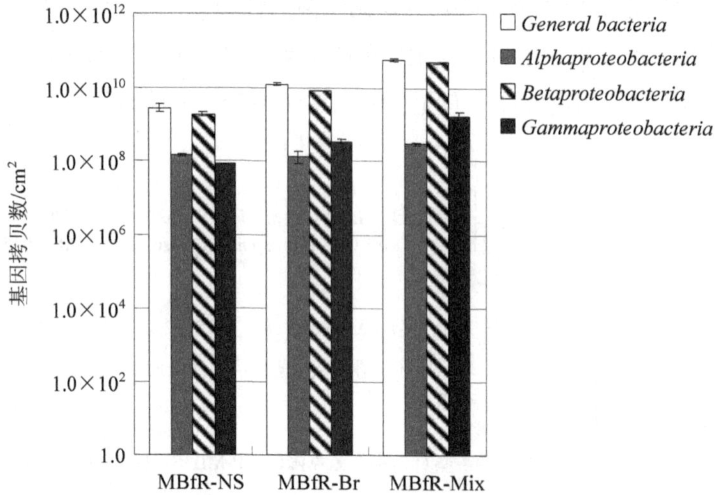

图 6.10 不同运行阶段单位膜表面积总细菌的基因拷贝数

从图 6.10 中还可以看出，反应器膜表面微生物的群落组成发生较大变化。总体来看，*β*-变形菌占总细菌的比例最高，其次是 *γ*-变形菌，占比最低的是 *α*-变形菌。自进水中依次投加电子受体后，虽然总细菌数量增加，但不同纲类细菌占总细菌的比例却不是一致升高。随反应器运行中不同电子受体的投加，*β*-变形菌占总细菌的比例由 H_2-MBfR-NS 时的 67.9%上升至 H_2-MBfR-Mix 时的 83.0%，*α*-变形菌的占比由 5.3%降至 0.5%，*γ*-变形菌的占比基本维持在 3.0%左右。由此可知，电子受体的不同对总细菌群落组成的变化有一定影响，尤其是对占有优势地位的 *β*-变形菌。*β*-变形菌为优势种群且占比逐步升高意味着该类细菌在氧化性物质还原过程中发挥了重要作用。

试验进一步采用16S rRNA克隆文库方法对3个不同阶段（H_2-MBfR-NS、H_2-MBfR-Br和H_2-MBfR-Mix）的膜表面生物膜总细菌进行了系统发育分析。按照序列间相似性高于97%的归为一个操作单元（OTU）的方式，对序列进行分类，最终H_2-MBfR-NS、H_2-MBfR-Br和H_2-MBfR-Mix分别被分为50个OTUs、54个OTUs和53个OTUs，大部分OTUs都只包含一个克隆子，仅有少部分包含多个克隆子。最后利用MEGA软件基于邻位连接法构建系统发育树，分析不同运行阶段膜表面微生物群落分布情况和系统发育关系。

图6.11为反应器运行至52 d时（H_2-MBfR-NS）的膜表面总细菌系统发育树。100个克隆子按照97%的相似性被分为50个OTUs，分别隶属6个不同的门类（变形菌门、酸杆菌门、浮霉菌门、绿菌门、厚壁菌门和疣微菌门）。变形菌门是最丰富的门，约占总克隆子的77.0%，其中α-变形菌、β-变形菌和γ-变形菌占总克隆子的相对百分比分别为3.0%、70.0%和3.0%，与Real-time PCR检测到的5.3%、67.9%和3.0%的结果相近。其次检测到频率较高的是浮霉菌门（Planctomycetes）和酸杆菌门（Acidobacteria），比例分别约为12.0%和6.0%；其他频率较少的门类所占比例约为5.0%。相较其他种群，β-变形菌在整个克隆文库中占据绝对优势。这些β-变形菌主要隶属脱氯单胞菌属（未定种）、固氮纽带菌属sp.、硫杆菌属sp.、未分类红环菌科、红环菌属sp.、水杆菌属sp.、乔治富克斯菌属sp.、固氮螺菌属sp.、未分类草酸杆菌科、未分类丛毛单胞菌科、未分类伯克霍尔德菌科、甲基嗜甲基菌属sp.、未分类β-变形菌纲等。其中检测到的有普通的反硝化细菌，如脱氯单胞菌属sp.、乔治福克斯氏菌属sp.[8]、固氮螺菌属sp.等，说明反应器中存在的NO_3^--N为它们的生长代谢提供电子受体。典型的硫化细菌硫杆菌属sp.也被检测到，说明SO_4^{2-}还原产物产生的无机硫化物（H_2S/S^{2-}）为其生长繁殖提供有利条件。红环菌属sp.广泛分布于淡水、池塘和活性污泥中[9]，其可以利用H_2为电子供体进行异化SO_4^{2-}还原。

图6.12为反应器运行至87 d时（H_2-MBfR-Br）的膜表面总细菌系统发育树。100个克隆子按照97%的相似性被分为54个OTUs，分别隶属5个不同的门类（变形菌门、酸杆菌门、浮霉菌门、绿菌门和未分类门）。变形菌门（Proteobacteria）是最丰富的门（85.0%），其中α-变形菌、β-变形菌和γ-变形菌占总克隆子的相对百分比分别为1.0%、81.0%和2.0%。酸杆菌门（Acidobacteria）、浮霉菌门（Planctomycetes）和绿菌门（Chlorobi）占总克隆子的比例分别为3.0%、7.0%和1.0%。β-变形菌在整个克隆文库中占绝对优势地位，主要隶属固氮弓菌属sp.、固氮纽带菌属sp.、脱硝小体菌属sp.、硫杆菌属sp.、脱氯单胞菌属sp.、乔治福克斯氏菌属sp.、甲基利比菌属sp.、食酸菌属sp.、伯克霍尔德菌科未分类菌属、未分类丛毛单胞菌科、未分类β-变形菌纲等。与第52天的情况相似的是，反硝化细

菌较为常见，如脱硝小体菌属 sp.[10]、脱氯单胞菌属 sp.、乔治福克斯氏菌属 sp.、固氮弓菌属 sp.[9]等。克隆子中也检测到了食酸菌属（*Acidovorax* sp.），此类细菌能利用 CO_2 和 H_2 为能源物资进行自养代谢，可以利用有机物为碳源进行反硝化[9]。固氮弓菌属 sp.为典型的反硝化细菌，但有研究指出其对芳香族化合物有降解功能[9]。硫杆菌属 sp.也被检测到，而且其比例有所增加，说明反应器的长期运行和无机硫化物含量的不断升高导致此类细菌生长繁殖迅速。

图 6.13 为反应器运行至 120 d 时（H_2-MBfR-Mix）的膜表面总细菌系统发育树。100 个克隆子按照 97%的相似性被分为 53 个 OTUs，分别隶属 4 个不同的门类（Proteobacteria、Acidobacteria、Bacteroidetes 和未分类门）。变形菌门仍占有绝对优势地位（85.3%），其中 α-变形菌、β-变形菌和 γ-变形菌占总克隆子的相对百分比分别为未检出、79.5%和 3.9%。检测频率较低的酸杆菌门和拟杆菌门的比例分别为 1.0%和 2.0%。β-变形菌为绝对优势种群，主要隶属 *Acidovorax* sp.、固氮弓菌属 sp.、乔治福克斯氏菌属 sp.、噬氢菌属 sp.、硫杆菌属 sp.、未分类红环菌科、未分类丛毛单胞菌科、未分类嗜氢菌科、未分类 β-变形菌纲等。与第 87 天的情况（H_2-MBfR-Br）相比，食酸菌属 sp.、固氮弓菌属 sp.、乔治福克斯氏菌属 sp.、硫杆菌属 sp.等种属依然存在。克隆子还检测到噬氢菌属（*Hydrogenophaga* sp.）的存在，该类细菌可以利用 H_2 为电子供体进行自养型代谢，具有反硝化作用[9]。通过比较发现，H_2-MBfR-Mix 时的种群结构相比 H_2-MBfR-Br 和 H_2-MBfR-NS 时更加简单化，这说明不同电子供体的投加及反应器运行时间的延长对膜表面微生物有筛选或驯化作用。

图 6.14 显示了 H_2-MBfR 不同运行阶段膜表面总细菌群落组成的动态变化。总体来看，3 个运行阶段下 β-变形菌和 γ-变形菌均为优势菌纲，β-变形菌的相对百分比为 70.0%～81.0%，γ-变形菌的百分比为 2.0%～3.9%，且 β-变形菌的百分比有逐步上升的趋势。α-变形菌的百分比逐渐由 3.0%（H_2-MBfR-NS）降至未检出（H_2-MBfR-Mix），δ-变形菌的相对百分比由未检出逐渐增至 1.0%（H_2-MBfR-Mix）。浮霉菌纲（Planctomycetacia）的相对百分比也变化很大，由 H_2-MBfR-NS 时的 12.0%降至 H_2-MBfR-Mix 时的未检出水平。酸杆菌纲（Acidobacteria）随着反应器运行逐渐降低，由 4.0%降至 1.0%。从图中还可以看出，随着反应器运行，一些细菌纲在初始工况下出现（H_2-MBfR-NS），而在后续的工况条件下（MBfR-Br 和 H_2-MBfR-Mix）不再出现，如厚壁菌门、疣微菌门、全噬菌纲等，说明这些种群不再适应新的工况而逐渐消失。有些纲类，如 δ-变形菌、鞘脂杆菌纲，在后期的工况下逐渐富集或成为优势种群。由此可知，进水组成及反应器的长期驯化对膜表面生物膜的群落组成及结构产生显著影响，而经过长期驯化产生的优势种群可能在氧化性物质的还原过程中发挥重要功能。

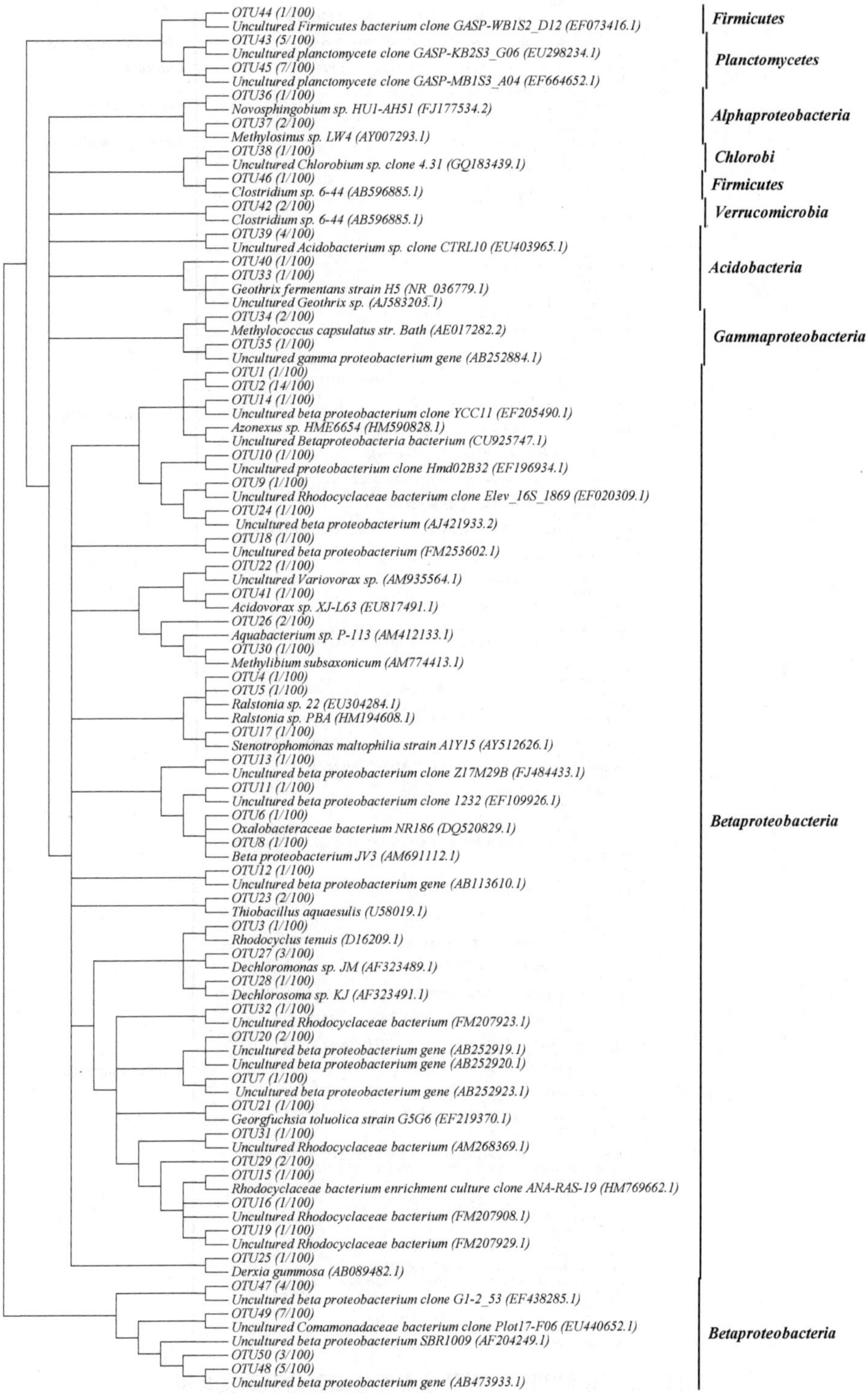

图 6.11 H_2-MBfR-NS 样品膜表面总细菌的系统发育树

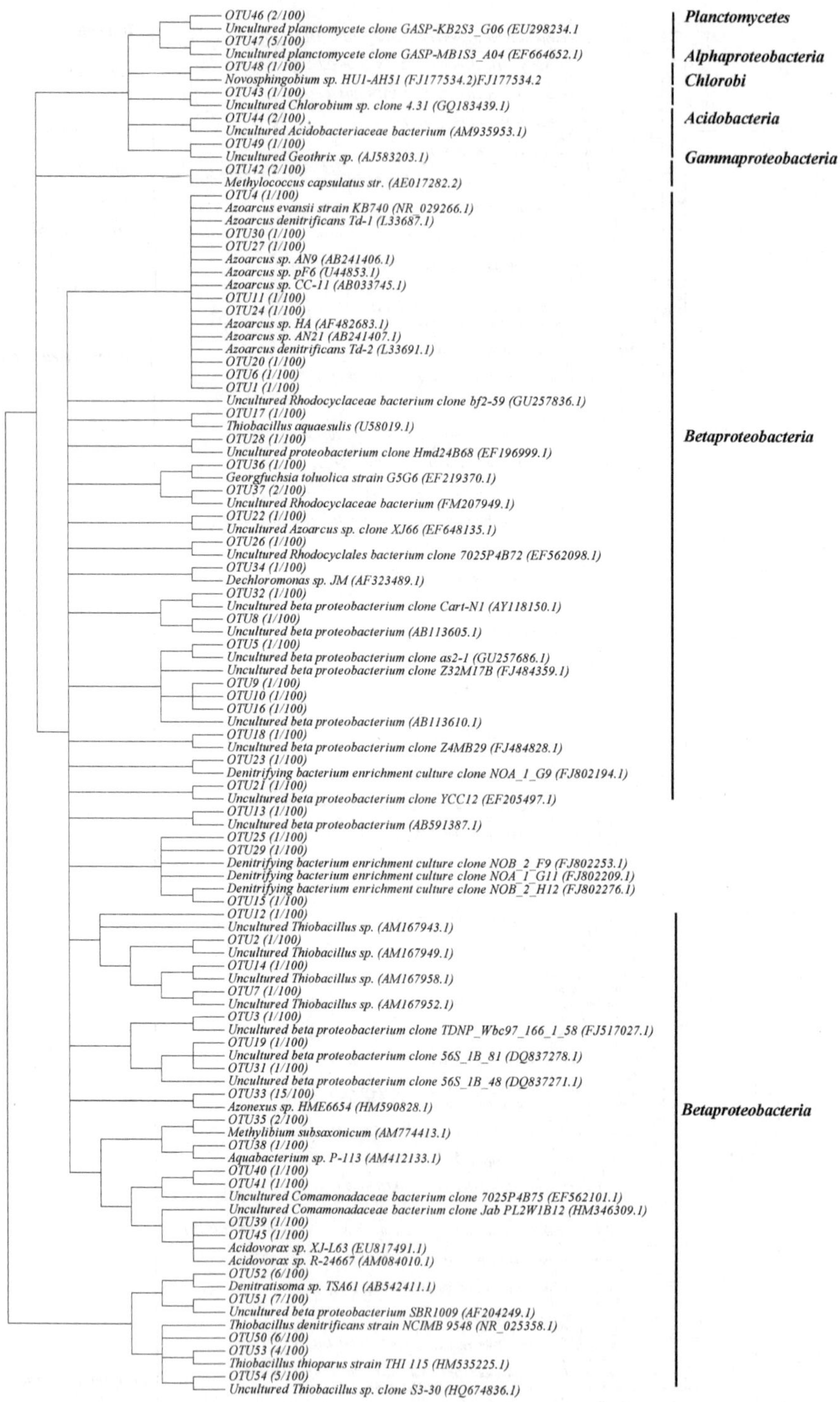

图 6.12 H_2-MBfR-Br 样品膜表面总细菌的系统发育树

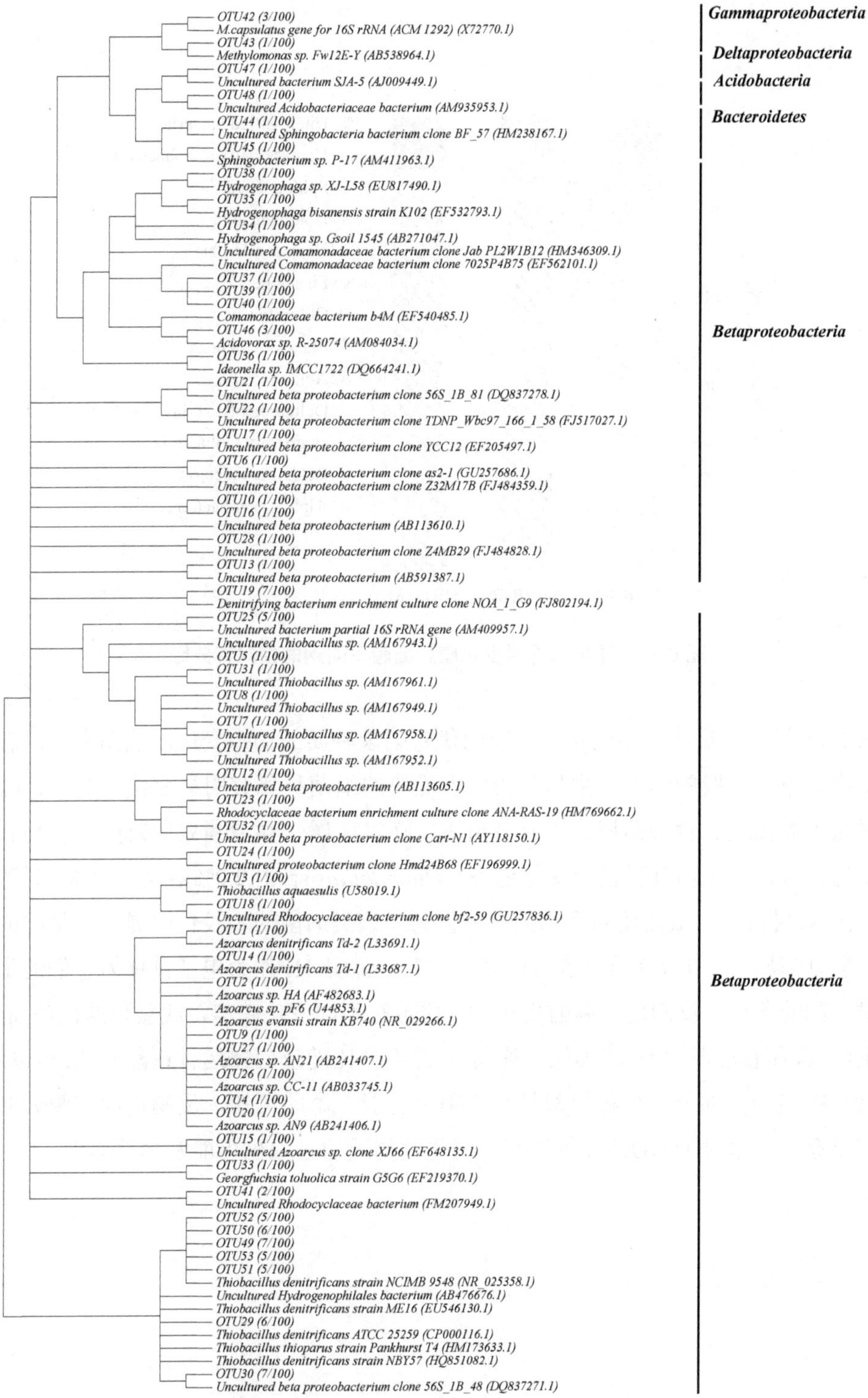

图 6.13 H_2-MBfR-Mix 样品膜表面总细菌的系统发育树

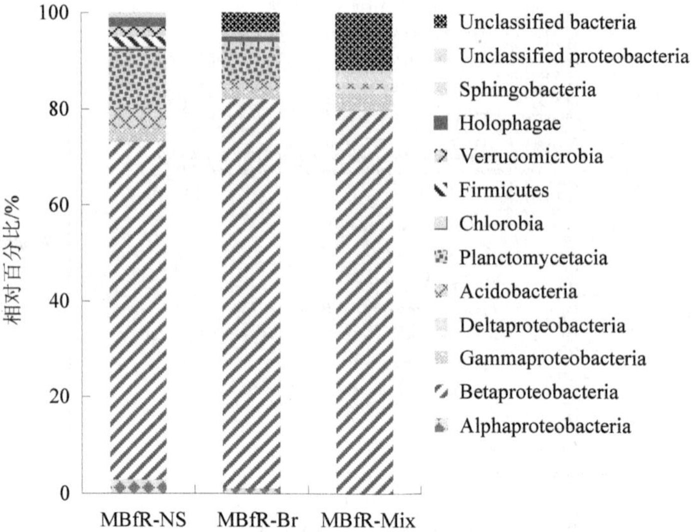

图 6.14 不同取样时生物膜总细菌不同纲的相对百分比

图 6.15 显示了反应器不同运行阶段的优势细菌种属的动态变化。从图中可以看出，随着反应器不同阶段的运行，生物膜表面占优势的细菌种属有明显变化，其中，硫杆菌属、脱氯单胞菌属、食酸菌属、固氮弓菌属、噬氢菌属、乔治福克斯氏菌属等种属占总克隆子的相对百分比均有明显的变化趋势。*Thiobacillus* sp.由 2.0%增至 34.3%，说明进水 SO_4^{2-}还原效果很好，故而还原产物无机硫化物为该类细菌的生长代谢提供了足够的电子供体。噬氢菌属 sp.和未分类氢嗜菌科显著升高，说明 H_2 作为电子供体为它们的生长繁殖提供有利的条件。反硝化细菌的相对百分比也有不同变化趋势，脱氯单胞菌属 sp.百分比逐渐降低，而食酸菌属 sp.和固氮弓菌属 sp.的百分比随反应器运行逐渐升高。可以看出，变化趋势明显的大部分优势种属都具有反硝化功能。由此可知，反硝化菌在膜表面生物膜内广泛存在，这对于 NO_3^--N 外的其他氧化性物质的去除也可能发挥其作用。

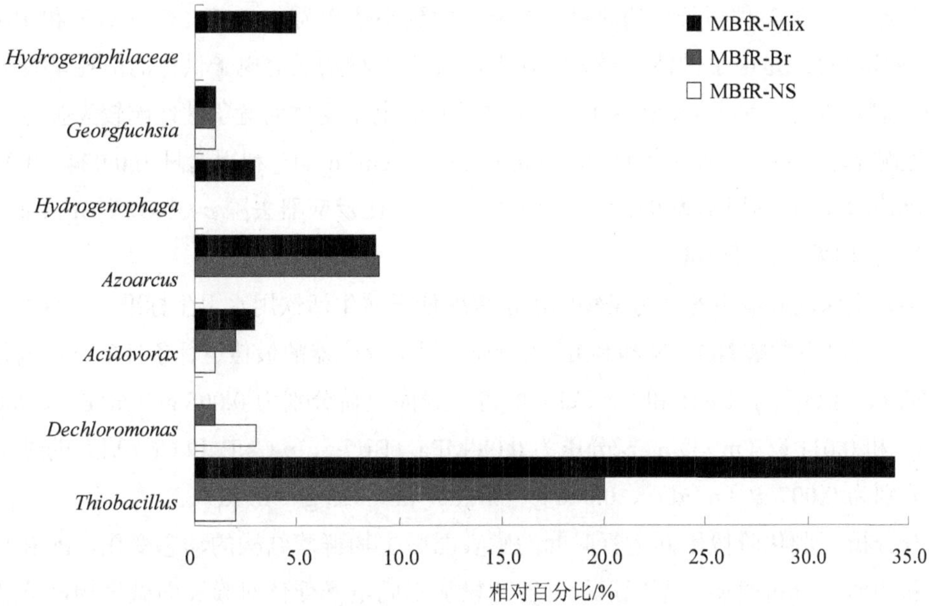

图 6.15　不同阶段克隆文库中优势种属相对百分比的比较

6.4　本章小结

本章在前几章研究的基础上，利用 H_2-MBfR 对多种氧化性物质的同步去除进行了试验研究，系统观察了这些氧化性物质在同一反应系统中的去除效果、相互影响、转化机理及生物膜微生物群落结构的动态变化，主要得出以下结论。

①反应器对先后投加的不同电子供体均具有还原作用，经过 120 d 的长期驯化，反应器微生物对 NO_3^--N、SO_4^{2-}、BrO_3^-、*p*-CNB 和 Cr（Ⅵ）共存时有良好的适应性，尤其是对 Cr（Ⅵ）的还原性较好。驯化结束时，各种氧化性物质的去除效率达到稳定，对于低浓度的 BrO_3^-和 *p*-CNB 的去除均能达到《生活饮用水卫生标准》（GB 5749—2022）。Cr（Ⅵ）被还原生成 Cr（Ⅲ）形成沉淀和大分子络合物，过滤之后被去除。

②增大各种污染物的进水浓度导致反应器的去除通量增大和还原速率降低，但各种物质的去除效率又随反应器运行逐渐增大。继续提高氢分压可增强各种物质的还原速率和去除通量，尤其是 BrO_3^-和 Cr（Ⅵ）的去除通量增幅较为明显，去除率上升幅度较大。通过延长水力停留时间降低污染物的负荷，至工况结束时，反应器对 5 种物质的同步去除效果进一步提高。

③分析了 5 种氧化性物质共存时的 E_{eq} 的分配。NO_3^--N 还原成 N_2 的 E_{eq} 最高，SO_4^{2-}

还原次之，其他 3 种污染物的通量分配额从大到小依次为 *p*-CNB、Cr（Ⅵ）和 BrO_3^-。NO_3^--N 和 SO_4^{2-}是电子供体的最大消耗者，其他 3 种物质对电子供体的消耗量较少。当 H_2 为限制条件时，NO_3^--N 和 SO_4^{2-}共存时对其他电子受体的竞争性影响较为强烈。不同运行工况下的 H_2 利用速率为 0.026～0.051 mg H_2/(cm^3·d)，H_2 利用通量为 0.024～0.046 mg H_2/（cm^2·d），H_2 利用率为 97.5%～99.3%，三者均比反应器去除 *p*-CNB 或 BrO_3^-时要高，而且 H_2 利用效率近于 100%。

④为确保反应器中各种污染物的出水浓度低于《生活饮用水卫生标准》（GB 5749—2022），同时不考虑 NO_3^--N 和 SO_4^{2-}的负荷，得出反应器的最佳运行条件如下：氢分压为 0.06 MPa，BrO_3^-、*p*-CNB 和 Cr（Ⅵ）的进水表面负荷分别为 0.005 g/（m^2·d）、0.046 g/（m^2·d）和 0.011 g/（m^2·d）；氢分压为 0.08 MPa，BrO_3^-、*p*-CNB 和 Cr（Ⅵ）的进水表面负荷分别为 0.007 g/（m^2·d）、0.046 g/（m^2·d）和 0.023 g/（m^2·d）。

⑤分析了驯化阶段不同运行时间的膜表面微生物群落结构的动态变化。PCR-DGGE 图谱和相似性分析表明，不同运行工况即投加不同电子受体对膜表面微生物群落结构有一定影响，导致结构更加简单化，微生物群落多样性逐步降低。Real-time PCR 分析了单位膜表面总细菌的基因拷贝数，结果表明，总细菌包括 α-变形菌、β-变形菌和 γ-变形菌的含量均逐步上升，且 β-变形菌占总细菌的比例最高，显示出 β-变形菌是绝对优势种群。通过克隆文库技术定性分析了各种工况下总细菌的结构与组成。动态变化显示，β-变形菌是优势种群，在整个克隆文库中占主导地位。由于电子受体的先后投加及反应器的长期运行，膜表面总细菌的种群数目逐渐降低，一些优势细菌种属的相对百分比呈现明显升高或降低的趋势。由此可知，进水组成对微生物的群落结构改变有着重要作用。

参考文献

[1] Chung J，Nerenberg R，Rittmann B E. Bio-reduction of soluble chromate using a hydrogen-based membrane biofilm reactor[J]. Water Research，2006，40（8）：1634-1642.

[2] Lovley D R. Bioremediation of organic and metal contaminants with dissimilatory metal reduction[J]. Journal of Industrial Microbiology，1995，14（2）：85-93.

[3] Nerenberg R，Rittmann B E. Hydrogen-based，hollow-fiber membrane biofilm reactor for reduction of perchlorate and other oxidized contaminants[J]. Water Science and Technology，2004，49（11-12）：223-230.

[4] Rai D，Moore D A，Hess N J，et al. Chromium（Ⅲ）hydroxide solubility in the aqueous Na^+-OH^--$H_2PO_4^-$-HPO_4^{2-}-PO_4^{3-}-H_2O system：A thermodynamic model[J]. Journal of Solution

Chemistry，2004，33（10）：1213-1242.

[5] Rai D，Sass B M，Moore D A. Chromium（III）hydrolysis constants and solubility of chromium（III）hydroxide[J]. Inorganic Chemistry，1987，26（3）：345-349.

[6] Chen R，Lapara T M. Aerobic biological treatment of low-strength synthetic wastewater in membrane-coupled bioreactors：The structure and function of bacterial enrichment cultures as the net growth rate approaches zero[J]. Microbial Ecology，2006，51（1）：99-108.

[7] Zhang H S，Ziv-El M，Rittmann B E，et al. Effect of dechlorination and sulfate reduction on the microbial community structure in denitrifying membrane-biofilm reactors[J]. Environmental Science & Technology，2010，44（13）：5159-5164.

[8] Weelink S，Van Doesburg W，Saia F T，et al. A strictly anaerobic betaproteobacterium Georgfuchsia toluolica gen. nov.，sp nov degrades aromatic compounds with Fe（III），Mn（IV）or nitrate as an electron acceptor[J]. Fems Microbiology Ecology，2009，70（3）：575-585.

[9] Bernner D J，Krieg N R，Staley J T. Bergey's manual of systematic bacteriology（2nd edition），Vol. Two：The Proteobacteria[M]. Philadelphia：Williams & Wilkins，2005.

[10] Fahrbach M，Kuever J，Meinke R，et al. Denitratisoma oestradiolicum gen. nov. ，sp nov. ，a 17beta-oestradiol-degrading，denitrifying betaproteobacterium[J]. International Journal of Systematic and Evolutionary Microbiology，2006，56（7）：1547-1552.